趣味编程三剑客

从 Scratch 迈向 Python 和 C++

◎ 谢声涛 编著

清华大学出版社

北京

内 容 简 介

本书采用 Scratch、Python、C++ 三种语言对照学习的方式讲授编程知识，通过大量数学和算法方面的编程案例，培养青少年的计算思维，帮助青少年从 Scratch 迈向 Python 和 C++ 编程的广阔天地。

本书有 12 章，共 105 个妙趣横生的编程案例，涵盖古算趣题、几何绘图、数学广角、趣味数字、数字黑洞、妙算圆周率、曲线之美、神奇分形图、数学游戏、逻辑推理、竞赛趣题、玩扑克学算法等内容。本书最大的特点是案例丰富，让人脑洞大开，每个案例同时使用 Scratch、Python、C++ 三种编程语言实现，便于学习者对照学习，快速实现编程知识的迁移。希望通过本书的学习，能够提高青少年用编程来解决问题的能力，帮助青少年从 Scratch 顺利过渡到 Python 和 C++ 编程。

本书适合有一定编程基础的中小学生、编程爱好者和参加中小学信息学竞赛的学生作为参考读物，也适合青少年编程培训机构作为课程设计的参考读物。

图书在版编目(CIP)数据

趣味编程三剑客：从 Scratch 迈向 Python 和 C++/谢声涛编著. —北京：清华大学出版社，2020.5
(2024.11重印)

ISBN 978-7-302-55315-1

Ⅰ.①趣…　Ⅱ.①谢…　Ⅲ.①程序设计－青少年读物　Ⅳ.①TP311.1-49

中国版本图书馆 CIP 数据核字(2020)第 057552 号

责任编辑：王剑乔
封面设计：刘　键
责任校对：李　梅
责任印制：宋　林

出版发行：清华大学出版社
　　网　　址：https://www.tup.com.cn，https://www.wqxuetang.com
　　地　　址：北京清华大学学研大厦 A 座　　　　邮　　编：100084
　　社 总 机：010-83470000　　　　　　　　　邮　　购：010-62786544
　　投稿与读者服务：010-62776969，c-service@tup.tsinghua.edu.cn
　　质量反馈：010-62772015，zhiliang@tup.tsinghua.edu.cn
印 装 者：涿州市般润文化传播有限公司
经　　销：全国新华书店
开　　本：185mm×260mm　　印　　张：21.25　　　字　　数：511 千字
版　　次：2020 年 6 月第 1 版　　　　　　　　　印　　次：2024 年 11 月第 3 次印刷
定　　价：119.00 元

产品编号：087077-01

历史的车轮滚滚向前，时代的潮流浩浩荡荡，青少年编程正以燎原之势席卷神州大地。从小学习编程，掌握计算思维，才能从容应对未来人工智能革命的挑战。

在这个悄然而至的人工智能时代，除了母语和外语，我们还应该至少掌握一种编程语言，如 Scratch、Python、C/C++ 等。青少年学习编程，从 Scratch 起步，用 Python 接力，向 C++ 挑战，最终成为未来科技的弄潮儿。

本书创造性地采用 Scratch、Python、C++ 三种语言对照学习的方式讲授编程知识，通过大量数学和算法方面的编程案例，培养青少年的计算思维，帮助青少年从 Scratch 迈向 Python 和 C++ 编程的广阔天地。

本书内容介绍

本书精心挑选和设计了 105 个妙趣横生的编程案例，涵盖古算趣题、几何绘图、数学广角、趣味数字、数字黑洞、妙算圆周率、曲线之美、神奇分形图、数学游戏、逻辑推理、竞赛趣题、玩扑克学算法等内容，为广大中小学生提供了一本编程进阶的参考教材。

我国的诗词文化源远流长，古代数学家文理兼修，为考生出的"应用题"也是那么富有诗意。比如，这道"诗"题——

远望巍巍塔七层，红灯点点倍加增；

共灯三百八十一，请问尖头几盏灯？

像这样的古算诗题，直到今天读起来依然朗朗上口，理解起来又浅显易懂。本书收集了一些妙趣横生的古算诗题，意在与读者分享和感受这份数学的诗意。

在浩瀚的宇宙中有能吞噬一切的神秘黑洞，连光也无法逃脱，而在数学上也有类似奇特的现象，人们称之为"数字黑洞"，它们会按照自身的规则"吞噬"掉一切数字，比如西西弗斯黑洞，它会将一切数字转换为 123，并无限重复下去；而被称为"冰雹猜想"的数字黑洞，它会把任意自然数最终变换为 1，而且它的变换过程有时简直"惊心动魄"，本书将带你领略这些妙趣横生的数字黑洞。

宇宙间万物极其复杂，而其构成却是简单的细胞、原子、分子等极微小的事物。在数学中，一条线段、一个三角形、一个四边形或一个六边形等这些看似简单无比的几何图形，按一定规则重复之后，却能产生令人称奇的复杂图案。本书将带领读者利用分形技术模拟大自然中的树木，创造一棵姿态万千的美丽分形树。

算法是程序的灵魂，可学起来并不容易。学习编程不仅要勤于思考，更要动手实践。在学习算法原理时，明明感觉自己懂了，但当编写代码时却又无从下手或是不得要领。本书将带领读者不用编程就能学习排序算法，通过扑克纸牌游戏来领悟排序算法原理，反复练习就能掌握它们，之后再编程自然倍感简单，小学生也能轻松掌握。

此外，本书还将带领读者感受数学之美，只要一个简洁的曲线参数方程，就能一笔画出妙趣横生的曲线图案，比如笛卡儿心形线、玫瑰曲线、蝴蝶曲线、菊花曲线等；还将带你触摸"数学皇冠上的明珠"，编程验证被称为世界近代三大数学难题之一的"哥德巴赫猜想"……

一言以蔽之，本书通过105个妙趣横生的编程案例，激发学生的求知欲望，引导学生向数学和算法领域前进。

编程工具的选择

本书涉及 Scratch、Python、C++三种编程语言，下面介绍各种语言使用的编程工具和下载方式。

1. Scratch 编程工具

本书的 Scratch 案例程序使用 Scratch 3.0 编写，读者可根据个人习惯使用 Scratch 2.0，两者只是软件界面上的差异，实际功能相差无几。在本书资源包中提供有 Scratch 3.0 和 Scratch 2.0 两种版本的案例程序，以方便读者使用。

2. Python 编程工具

本书的 Python 案例程序使用 Python 3.7 编写，理论上可用所有的 Python 3.x 版本。读者可用 Python 3.7 自带的 IDLE 环境或是 Thonny 3.1.2 中文版编写 Python 程序。

3. C++编程工具

本书的 C++案例程序使用 Dev-C++编写，该软件只能在 Windows 操作系统中运行。如果读者使用的是 Mac 操作系统，可以通过在虚拟机中安装 Windows 系统的方式使用 Dev-C++软件。另外，本书中 C++绘图案例程序使用 GoC 软件编写和运行，该软件也只限于在 Windows 操作系统中运行。

4. 编程工具下载方式

读者可通过下面的百度网盘地址下载以上介绍的编程工具的软件安装包。

https://pan.baidu.com/s/1_5TrLMJagMWy8bHu3KjcrA

如果不方便输入以上网址或者由于某种原因无法访问，可以在"小海豚科学馆"微信公众号的菜单"资源"→"软件安装"中获取以上介绍的编程工具的下载链接。

推荐学习资源

1. 在线学习网站

从 Scratch 迈向 Python 和 C++之路并不平坦,读者需要具备一定的 Python 和 C++编程基础,推荐读者使用免费的菜鸟教程网站(RUNOOB. COM)作为 Python 和 C++学习手册。通过这个网站,读者可以随时查阅 Python 和 C++的各种函数用法、语法规则等。RUNOOB. COM 网站的 Python 和 C++教程的链接如下:

http://www. runoob. com/python3

http://www. runoob. com/cplusplus

对于具有英语阅读能力的读者,还可以通过专业的 cplusplus. com 网站查阅 C++参考手册,其链接如下:

http://www. cplusplus. com/reference

2. 推荐学习图书

学习专业编程语言 Python 和 C++是一件颇具挑战的事情,如果读者已经具有 Scratch 语言的编程基础,那么将对学习 Python 和 C++起到事半功倍的作用。对于打算学习 Python 和 C++编程的小学生,建议先学习 Scratch 编程。推荐使用下面这本 Scratch 教材进行学习。

《Scratch 编程从入门到精通》,ISBN 978-7-302-50837-3,清华大学出版社。

对于年龄偏小的编程者,从图形化编程语言 Scratch 转向学习 C++语言可能会感到困难,那么,可以先学习 Python 语言作为过渡,之后再转入 C++语言的学习。推荐使用下面这本 Python 教材进行学习。

《Python 趣味编程:从入门到人工智能》,ISBN 978-7-302-52820-3,清华大学出版社。

3. 本书案例程序

本书附带的资源包中提供书中所有案例程序的源文件,包括 Scratch、Python、C++三种不同语言编写的源文件。为方便 Scratch 编程者,提供 Scratch 2.0 和 Scratch 3.0 两个版本的源文件。

读者可以关注微信公众号"小海豚科学馆",在公众号菜单"资源"→"图书资源"中获取本书资源包的下载方式。

另外,在公众号菜单"课程"→"Python 编程百例"和"C++编程百例"里分别提供了 100 个 Python 和 C++的编程案例方便读者练习。

在线答疑平台

本书提供 QQ 群(450816902)、微信群和"三言学堂"知识星球社区等多种在线平台为读者解答疑难问题和交流学习。添加微信号 87196218 并说明来意,可获得邀请进入微信群和"三言学堂"知识星球社区。

关注微信公众号"小海豚科学馆"，在公众号菜单"资源"→"图书资源"中可查看本书最新的勘误信息。由于作者水平所限，本书疏漏在所难免，敬请读者朋友批评指正。

本书适用对象

本书适合有一定 Scratch、Python、C++ 编程基础的中小学生和编程爱好者使用。如果读者想进一步提高编程能力，本书将是一个非常好的选择。

千里之行，始于足下。让我们一起开始妙趣横生的编程之旅吧！

谢声涛

2020 年 3 月

本书配套资源包.zip（扫描可下载使用）

目　录

第1章 古算趣题

我国的诗词文化源远流长,意韵优美的诗词歌赋也影响到数学领域。古代数学家文理兼修,他们使用趣味生动且富有韵味的语言,把抽象难懂的数学题编写成通俗易懂、适合传诵的诗词、口诀和歌谣。

从汉代到唐代的一千多年间,先后出现了《周髀算经》《九章算术》《海岛算经》《张丘建算经》《夏侯阳算经》《五经算术》《缉古算经》《缀术》《五曹算经》《孙子算经》十部著名的数学著作,后世通称为"算经十书",它们是着中国古代数学的瑰宝。

为便于传诵,后世数学家巧妙地将"算经十书"中的经典算题以诗歌的形式进行表达。我们可以在元代朱世杰的《算学启蒙》和《四元玉鉴》、明代吴敬的《九章算法比类大全》、程大位的《算法统宗》、清代梅毂成的《增删算法统宗》等诸多数学著作中找到数量众多、风格各异的古算诗词题。这些流传久远的算题,闪耀着古算家智慧的光芒,直到今天读起来依然朗朗上口,易于理解和背诵。它带给人们丰富的数学知识,启迪人们的心智,激发人们对数学的兴趣。

本章收录了浮屠增级、李白沽酒、凫雁相逢、出门望堤、鸡兔同笼、百钱百鸡和物不知数等许多经典算题。这些以四言诗、五言诗、七言诗、西江月、水仙子、浪淘沙等作为载体的古算诗词题,可以说是诗词文化和数学文化的完美结合。现在,让我们通过编程的方式求解这些妙趣横生的古算诗词题,一起来感受这份数学的诗意。

1.1 浮屠增级

问题描述

远望巍巍塔七层,红灯点点倍加增;

共灯三百八十一,请问尖头几盏灯?

这是出自明代数学家吴敬《九章算法比类大全》中的一道算题,它的意思是:

从远处看到一座雄伟的 7 层宝塔,每层都挂着红灯笼。宝塔从上到下每层灯笼数量都是上一层的 2 倍。已知整座宝塔总共有 381 盏灯,请问宝塔顶层有几盏灯?

编程思路

这个问题是简单的"等比问题",运用按比例分配的方法即可求解出答案。

按题意可知,这座 7 层宝塔上的灯是上少下多。从上到下计算,假设第 1 层(最上层)的灯数为 1 份,则第 2 层至第 7 层(在地面的一层),每层的灯数比上一层多 1 倍,分别是 2、4、

8、16、32、64 份,把它们加起来就得到灯的总份数。

又已知灯的总数为 381 盏,则用总灯数除以总份数就能得到 1 份所占的灯数,之后就可以按各层所占份数求出各层的灯数。

 程序清单

Scratch 程序清单(见图 1-1)

运行程序,得到答案：顶层有 3 盏灯。

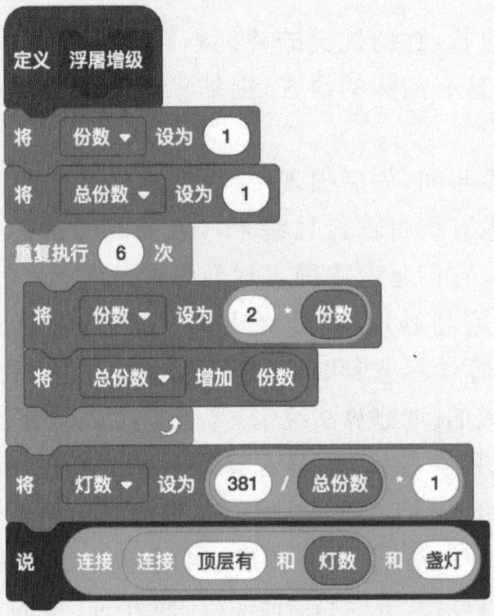

```
定义  浮屠增级

将  份数 ▼  设为  1
将  总份数 ▼  设为  1
重复执行  6  次
    将  份数 ▼  设为  2 * 份数
    将  总份数 ▼  增加  份数

将  灯数 ▼  设为  381 / 总份数 * 1
说  连接 连接 顶层有 和 灯数 和 盏灯
```

图 1-1 "浮屠增级"Scratch 程序清单

Python 程序清单

```python
def main():
    '''浮屠增级'''
    n, t = 1, 1
    for i in range(6):
        n = 2 * n
        t += n
    d = 381 // t * 1
    print('顶层有 %s 盏灯' % d)

if __name__ == '__main__':
    main()
```

C++ 程序清单

```cpp
#include <bits/stdc++.h>
using namespace std;
//浮屠增级
int main()
{
    int n = 1, t = 1;
    for (int i = 0; i < 6; i++) {
        n = 2 * n;
        t += n;
    }
    int d = 381 / t * 1;
    cout << "顶层有" << d << "盏灯";
    return 0;
}
```

拓展练习

在《歌词古体算题》书中有一道"五官分金"的数学题:

公侯伯子男,五四三二一;

有金七十五,依率要分明。

这道题的意思是:

今有公、侯、伯、子、男 5 个不同级别的官员,打算按照官位高低分配 75 斤黄金,其比率为 5∶4∶3∶2∶1,请问每人各分得多少?

请你想一想,编程求解答案。

1.2 诵课倍增

问题描述

有个学生资性巧,一部孟子三日了。

每日增添整一倍,问君每日读多少?

这是出自明代数学家程大位《算法统宗》中的一道算题,它的意思是:

有一个聪明的学生,一部 34685 字的《孟子》只用 3 天就看完了。已知他每天阅读的字数比前一天多一倍,请问他每天阅读多少字?

编程思路

此题和"浮屠增级"题一样,也是简单的"等比问题",运用按比例分配的方法即可求解。

由题意可知,这个学生每天阅读的字数比前一天多一倍,且 3 天就看完了一本书。由此,假设这个学生第 1 天阅读的字数为 1 份,那么第 2 天就是 2 份,第 3 天就是 4 份。把各份数加起来就是总份数,然后根据每天阅读的份数算出阅读的字数即可。

程序清单

Scratch 程序清单(见图 1-2)

运行程序,得到答案:这个学生 3 天阅读的字数分别是 4955、9910、19820。

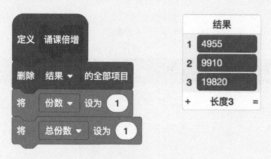

图 1-2 "诵课倍增"Scratch 程序清单

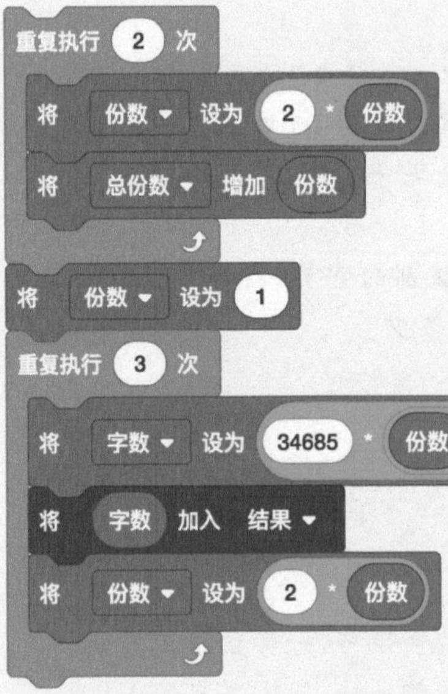

图　1-2（续）

Python 程序清单

```python
def main():
    '''诵课倍增'''
    n, t = 1, 1
    for i in range(2):
        n = 2 * n
        t += n

    n = 1
    for i in range(1, 4):
        x = 34685 * n // t
        print('第%d天读了%d字' % (i, x))
        n = 2 * n

if __name__ == '__main__':
    main()
```

C++ 程序清单

```cpp
#include < bits/stdc++.h >
using namespace std;
//诵课倍增
int main()
{
```

```
int n = 1, t = 1;
for (int i = 0; i < 2; i++) {
    n = 2 * n;
    t += n;
}


n = 1;
for (int i = 1; i <= 3; i++) {
    int x = 34685 * n / t;
    cout << "第" << i << "天读了" << x << "字" << endl;
    n = 2 * n;
}
return 0;
}
```

拓展练习

在《九章算术》中有一道"女子善织"的数学题：

今有女子善织，日自倍，五日织五尺，问日织几何？

这道题的意思是：

今有一位女子善于织布，每天织布的数量是前一天的 2 倍，已知她 5 天共织布 5 尺，问该女子每天织布多少？

请你想一想，编程求解答案。

1.3　日行几里

问题描述

　　　　　三百七十八里关，初行健步不为难。

　　　　　次日脚痛减一半，六朝才得到其关。

　　　　　要见次日行里数，请公仔细算相还。

这是出自明代数学家程大位《算法统宗》中的一道算题，它的意思是：

有一个人步行 378 里去边关，第 1 天健步如飞，从第 2 天起因脚痛每天走的路比前一天减少一半，这样走了 6 天才到达边关。请你算一算，这个人第 2 天走了多少里路？

编程思路

这是一个等比例递减问题，为方便计算，可以反过来，把它变成一个递增的问题。

假设这个人第 6 天行走的路程为 1 份，则第 5 天行走的路程为 2 份，第 4、3、2、1 天的份数分别为 4、8、16、32，由此可以计算出总份数。又知道 6 天行走的总路程是 378 里，按每天行走的份数就可以算出每天行走的路程。

程序清单

Scratch 程序清单(见图1-3)

运行程序,得到答案：第2天走了96里路。

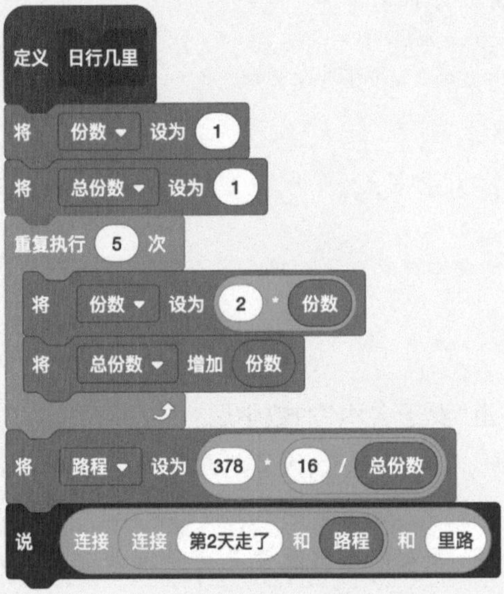

图1-3 "日行几里"Scratch程序清单

Python 程序清单

```python
def main():
    '''日行几里'''
    n, t = 1, 1
    for i in range(5):
        n = 2 * n
        t += n
    d = 378 * (16 / t)
    print('第2天走了%d里路' % d)


if __name__ == '__main__':
    main()
```

C++ 程序清单

```cpp
#include < bits/stdc++.h>
using namespace std;
```

```
//日行几里
int main()
{
    int n = 1, t = 1;
    for (int i = 0; i < 5; i++) {
        n = 2 * n;
        t += n;
    }
    int d = 378 * (16.0 / t);
    cout << "第2天走了" << d << "里路" << endl;
    return 0;
}
```

拓展练习

在《张丘建算经》中有一道类似的数学题：

今有马行转迟，次日减半，疾七日，行七百里，问末日行几何？

这道题的意思是：

现有一匹马行走速度越来越慢，每天行走的路程比前一天减少一半，连续行走7天，共走了700里，问最后一天行走的路程是多少？

请你想一想，编程求解答案。

1.4 出门望堤

问题描述

今有出门，望见九堤。

堤有九木，木有九枝。

枝有九巢，巢有九禽。

禽有九雏，雏有九毛。

毛有九色，问各几何？

这是出自《孙子算经》中的一道算题，它的意思是：

出门望见9个河堤，每个河堤上有9棵树，每棵树上有9个树枝，每个树枝上有9个鸟巢，每个巢中有9只鸟，每只鸟生有9只雏鸟，每只雏鸟有9片羽毛，每片羽毛有9种颜色。请问堤、木、枝、巢、禽、雏、毛、颜色各有多少？

编程思路

由题意可知，堤、木、枝、巢、禽、雏、毛、颜色的数量是一个等比数列，即 9^1、9^2、9^3、9^4、9^5、9^6、9^7、9^8。使用编程方式解题时，在循环结构中计算并输出各值即可。

程序清单

Scratch 程序清单（见图 1-4）

运行程序得到答案：堤、木、枝、巢、禽、雏、毛、颜色的数量分别是 9、81、729、6561、59049、531441、4782969、43046721。

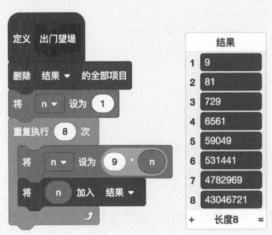

图 1-4 "出门望堤"Scratch 程序清单

Python 程序清单

```python
def main():
    '''出门望堤'''
    n = 1
    for i in range(8):
        n = 9 * n
        print(n)

if __name__ == '__main__':
    main()
```

C++ 程序清单

```cpp
#include < bits/stdc++.h>
using namespace std;
//出门望堤
int main()
{
    int n = 1;
    for (int i = 0; i < 8; i++) {
        n = 9 * n;
        cout << n << endl;
    }
    return 0;
}
```

拓展练习

在清代数学家梅毅成《增删算法统宗》中有一道"孔明统兵"的算题：

诸葛统领八员将，每将又分八个营。

每营里面排八阵，每阵先锋有八人。

每人族头俱八个，每个族头八队成。

> 每队更该八个甲,每个甲头八个兵。
>
> 请你仔细算一算,孔明共领多少兵?

这道诗题直白易懂,其中所说的"诸葛""孔明"就是童叟皆知的三国风云人物诸葛亮。请你想一想,编程求解答案。

1.5　李白沽酒

问题描述

> 李白沽酒探亲朋,路途遥远有四程。
>
> 一程酒量添一倍,却被安童喝六升。
>
> 行到亲朋家里面,半点全无空酒瓶。
>
> 借问高明能算士,瓶内原有多少升?

这是出自清代数学家梅毂成《增删算法统宗》中的一道算题,它的意思是:

大诗人李白买了酒要去探望亲朋,路途遥远分四段才能走到。每走一段路,李白就按瓶中的酒量添加一倍,但是被随行的书童偷偷喝去 6 升,当李白到达亲朋家里时,发现酒瓶是空的,请问瓶中原有多少升酒?

编程思路

可以用反推法解决这个问题。假设时光可以倒流,让李白从亲朋家倒着走回去,让书童由喝酒 6 升(减 6)变为加酒 6 升(加 6),添酒一倍(乘以 2)变为减酒一半(除以 2),那么经过 4 次迭代,就可以算出瓶中原有多少升酒了。

程序清单

Scratch 程序清单(见图 1-5)

运行程序,得到答案:瓶内原有酒 5.625 升。

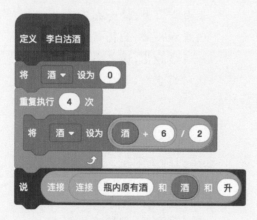

图 1-5　"李白沽酒"Scratch 程序清单

Python 程序清单

```python
def main():
    '''李白沽酒'''
    n = 0
    for i in range(4):
        n = (n + 6) / 2
    print('瓶内原有酒%s升' % n)


if __name__ == '__main__':
    main()
```

C++程序清单

```cpp
#include < bits/stdc++.h>
using namespace std;
//李白沽酒
int main()
{
    float n = 0;
    for (int i = 0; i < 4; i++) {
        n = (n + 6) / 2;
    }
    cout << "瓶内原有酒" << n << "升" << endl;
    return 0;
}
```

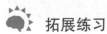

拓展练习

诗仙李白爱喝酒，后人常把他编入数学题，比如下面这道题：

> 李白街上走，提壶去买酒。
>
> 遇店加一倍，见花喝一斗。
>
> 三遇店和花，喝光壶中酒。
>
> 试问此壶中，原有多少酒？

请你想一想，编程求解答案。

1.6　凫雁相逢

问题描述

> 烟海隔凫雁，相思不相见。
>
> 凫从南海飞，七日至海北。

雁自北海来，九日到海南。

二鸟同展翅，相逢在何日？

这道诗题改编自《九章算术》均输章第 20 题，原题为"今有凫起南海，七日至北海；雁起北海，九日至南海。今凫雁俱起，问何日相逢？"译文如下：

野鸭从南海飞到北海需要 7 天，大雁从北海飞到南海需要 9 天。野鸭和大雁分别从两地同时出发，请问在哪一天能相遇？

 ### 编程思路

这道算题是一个简单的相遇问题，用算术方法就能快速求解。把南海到北海的距离看作是 1，野鸭每天飞行的速度是 $\frac{1}{7}$，大雁每天飞行的速度是 $\frac{1}{9}$，则两者相遇需要的时间为 $1 \div \left(\frac{1}{7} + \frac{1}{9} \right)$，计算结果约等于 4 天。

这道题还可以使用模拟策略编程求解。在一个循环结构内，让记录时间的变量"天"的值每次增加 1，变量"行程"的值每次增加 $\frac{1}{7} + \frac{1}{9}$，表示凫雁每天飞行的距离。当变量"行程"的值大于或等于 1 时，表示凫雁相逢，可结束循环。然后输出变量"天"的值即可知凫雁相逢在哪一天。

程序清单

Scratch 程序清单（见图 1-6）

运行程序得到答案：凫雁在第 4 天相逢。

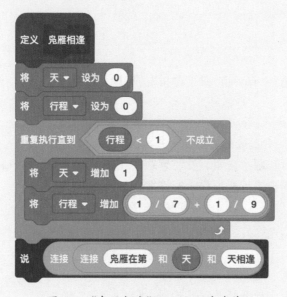

图 1-6　"凫雁相逢"Scratch 程序清单

Python 程序清单

```python
def main():
    '''凫雁相逢'''
    d, n = 0, 0
    while n < 1:
        d += 1
        n += 1 / 7 + 1 / 9
    print('凫雁在第%s天相逢' % d)


if __name__ == '__main__':
    main()
```

C++程序清单

```cpp
#include <bits/stdc++.h>
using namespace std;
//凫雁相逢
int main()
{
    int d = 0;
    float n = 0;
    while (n < 1) {
        d += 1;
        n += 1.0 / 7 + 1.0 / 9;
    }
    cout << "凫雁在第" << d << "天相逢" << endl;
    return 0;
}
```

拓展练习

在《歌词古体算题》中有一道"蜗牛爬树"的算题：

> 一棵树高九丈八，一只蜗牛往上爬。
>
> 白天往上爬一丈，晚上下滑七尺八。
>
> 试问需要多少天，爬到树顶不下滑。

这道诗题浅显易懂，题意自明。要注意题中使用的度量单位是旧制，一丈为十尺。

请你想一想，采用模拟策略编程求解答案。

1.7 群羊逐草

问题描述

> 甲赶群羊逐草茂，乙拽肥羊，一只随其后。
>
> 戏问甲及一百否？甲云所说无差谬。

若得这般一群凑，再添半群，又添小半群，

得你一只来方凑，玄机奥妙谁猜透?

这是出自明代数学家程大位《算法统宗》书中以词牌"凤栖梧"填词的一道算题，它的意思是:

甲赶着一群羊去寻找茂盛的草地放牧，这时乙牵着一只肥羊从后面跟了上来。乙问甲: "你赶的这群羊有100只吗?"甲回答:"我的羊不是100只。如果这一群羊加上一倍，再加上原来这群羊的一半，又加上原来这群羊的四分之一，连你牵着的这只肥羊也算进去，才刚好凑满100只。"请你猜一猜，这群羊一共有多少只?

 编程思路

这个问题可以通过列一元一次方程来求解。设这群羊一共有 x 只，根据题意可得如下等式:

$$x + x + \frac{1}{2}x + \frac{1}{4}x + 1 = 100$$

或将其变换为

$$x\left(1 + 1 + \frac{1}{2} + \frac{1}{4}\right) + 1 = 100$$

使用编程方式解题时，可以采用枚举策略。从1开始列举这群羊的数量，并判断羊数是否能使上述等式成立。若成立，则找到该问题的解。

程序清单

Scratch 程序清单(见图1-7)

运行程序得到答案:这群羊一共有 36 只。

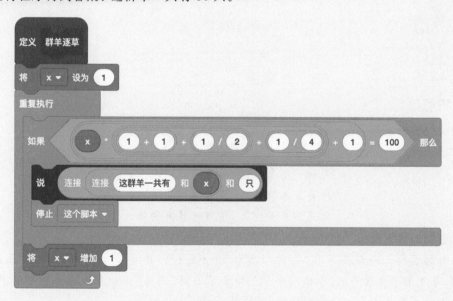

图 1-7 "群羊逐草"Scratch 程序清单

Python 程序清单

```python
def main():
    '''群羊逐草'''
    x = 1
    while True:
        if x * (1 + 1 + 1/2 + 1/4) + 1 == 100:
            print('这群羊一共有 %d 只' % x)
            break
        x += 1


if __name__ == '__main__':
    main()
```

C++ 程序清单

```cpp
#include < bits/stdc++.h>
using namespace std;
//群羊逐草
int main()
{
    int x = 1;
    while (true) {
        if (x * (1 + 1 + 1/2.0 + 1/4.0) + 1 == 100) {
            cout << "这群羊一共有" << x << "只" << endl;
            break;
        }
        x += 1;
    }
    return 0;
}
```

拓展练习

在明代数学家程大位《算法统宗》中有一道"书生分卷"的数学题:

毛诗春秋周易书,九十四册共无余。

毛诗一册三人读,春秋一本四人呼,

周易五人读一本,要分每样几多书,

就见学生多少数,请君布算莫踌躇。

这道题的意思是:

现有儒家的三部经典著作《毛诗》《春秋》和《周易》,共计 94 册。每 3 个学生读一册《毛诗》,每 4 个学生读一册《春秋》,每 5 个学生读一册《周易》。如果知道每种书有多少册,就能知道学生有多少人。请你别犹豫,赶快算一算。

请你想一想,编程求解答案。

1.8 将军追校

问题描述

> 小校先行约五十,将军马上后驱驰。
>
> 行程三百二十步,欠行十步不能追。
>
> 休暂住,莫停迟,更追几步得相齐。
>
> 此般妙法人稀会,算得无错敬重伊。

这是明代数学家吴敬的《九章算法比类大全》中以词牌"鹧鸪天"填词的一道算题,它的意思是:

小校(低级武官)先行 50 步,将军起步开始追赶,当将军走了 320 步时,小校和将军还相距 10 步,问将军再走多少步才能追上小校?

编程思路

在这个问题中,小校和将军都是匀速运动,即在相同时间里小校和将军行走的距离之比是不变的。由题意可知,将军走 320 步可以追上小校先行的 40 步(即 50−10)。设将军再走 x 步可以追上小校,则可列出如下等式:

$$\frac{x}{10} = \frac{320}{40}$$

使用编程方式解题时,可以采用枚举策略。从 1 开始列举 x 的值,并判断 x 的值是否能使上述等式成立。若成立,则找到该问题的解。

程序清单

Scratch 程序清单(见图 1-8)

运行程序得到答案:将军再走 80 步可追上小校。

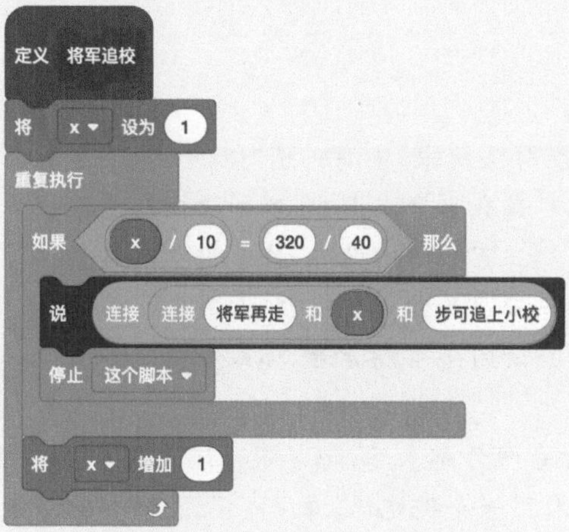

图 1-8 "将军追校"Scratch 程序清单

Python 程序清单

```python
def main():
    '''将军追校'''
    x = 1
    while True:
        if x / 10 == 320 / 40:
            print('将军再走%d步可追上小校' % x)
            break
        x += 1


if __name__ == '__main__':
    main()
```

 C++程序清单

```cpp
#include < bits/stdc++.h >
using namespace std;
//将军追校
int main()
{
    int x = 1;
    while (true) {
        if (x / 10 == 320 / 40) {
            cout << "将军再走" << x << "步可追上小校" << endl;
            break;
        }
        x += 1;
    }
    return 0;
}
```

 拓展练习

在明代数学家程大位《算法统宗》中有一道"以碗知僧"的数学题：

> 巍巍古寺在山中，不知寺内几多僧。
>
> 三百六十四只碗，恰合用尽不差争。
>
> 三人共食一碗饭，四人共尝一碗羹。
>
> 请问先生能算者，都来寺内几多僧。

这道题的意思是：

在山中有一座巍巍古寺叫作都来寺，但是不知道寺内有多少僧人，只知道在吃饭的时候要用掉364个碗，每3个人用一个碗吃饭，每4个人用一个碗喝汤。请你来算一算，都来寺里一共有多少僧人？

请你想一想，编程求解答案。

1.9 牧童分瓜

问题描述

> 昨日独看瓜,因事来家,牧童盗去眼昏花。
>
> 信步庙东墙外过,听得争哗。
>
> 十三俱分咱,十五增加;每人十六少十八。
>
> 借问人瓜各有几? 会者先答。

这是《歌词古体算题》书中以词牌"浪淘沙"填词的一道算题,不用全译,只要弄清题中的数量关系即可,其中的关键句是"十三俱分咱,十五增加;每人十六少十八"。这道词题说的问题是:

一群牧童在分瓜,每人分 13 个就多出 15 个,每人分 16 个就还少 18 个。请问牧童和瓜各有几个?

编程思路

这个问题可以通过列一元一次方程来求解。设这群牧童有 x 人,根据题意可得如下等式:

$$13x + 15 = 16x - 18$$

使用编程方式解题时,可以采用枚举策略。从 1 开始列举 x 的值,并判断 x 的值是否能使上述等式成立。若成立,则求得牧童人数。然后,根据牧童人数即可算出瓜的数量。

程序清单

Scratch 程序清单(见图 1-9)

运行程序得到答案:牧童 11 人,瓜 158 个。

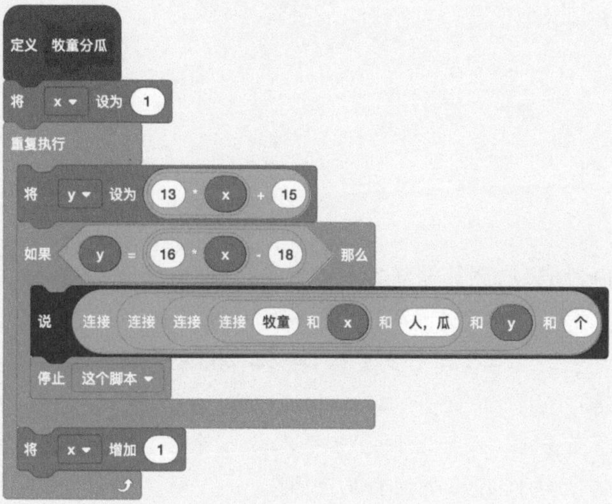

图 1-9 "牧童分瓜"Scratch 程序清单

Python 程序清单

```python
def main():
    '''牧童分瓜'''
    x = 1
    while True:
        y = 13 * x + 15
        if y == 16 * x - 18:
            print('牧童%d人,瓜%d个' % (x, y))
            break
        x += 1


if __name__ == '__main__':
    main()
```

C++程序清单

```cpp
#include < bits/stdc++.h >
using namespace std;
//牧童分瓜
int main()
{
    int x = 1;
    while (true) {
        int y = 13 * x + 15;
        if (y == 16 * x - 18) {
            cout << "牧童" << x << "人,瓜" << y << "个" << endl;
            break;
        }
        x += 1;
    }
    return 0;
}
```

拓展练习

在清代数学家梅毂成《增删算法统宗》中有一道"牧童分杏"的算题：

牧童分杏各竞争,不知人数不知杏；

三人五个多十枚,四人八枚两个剩。

这道题的意思是：

有一群牧童在争着分杏,只知道按每3个人分5个杏,就多出10个杏；按每4个人分8个杏,就剩下2个杏。请问有几个牧童几个杏?

请你想一想,编程求解答案。

1.10　客有几人

问题描述

妇人洗碗在河滨，试问家中客几人？

答曰不知人数目，六十五碗自分明。

二人共餐一碗饭，三人共吃一碗羹。

四人共肉无余数，请君布算莫差争。

这是出自清代数学家梅毂成《增删算法统宗》中的一道算题，它的意思是：

一个妇人在河边洗碗，有人问她家中来了几个客人？妇人回答不知客人数，但是知道一共用了 65 只碗，平均 2 人共用一个饭碗，3 人共喝一碗汤，4 人共吃一碗肉。请你算算有多少客人？

编程思路

这个问题可以通过列一元一次方程来求解。设有客人 x 个，根据题意可得如下等式：

$$\frac{x}{2} + \frac{x}{3} + \frac{x}{4} = 65$$

使用编程方式解题时，可以采用枚举策略。从 1 开始列举 x 的值，并判断 x 的值是否能使上述等式成立。若成立，则求得客人数量。

程序清单

Scratch 程序清单（见图 1-10）

运行程序得到答案：客有 60 人。

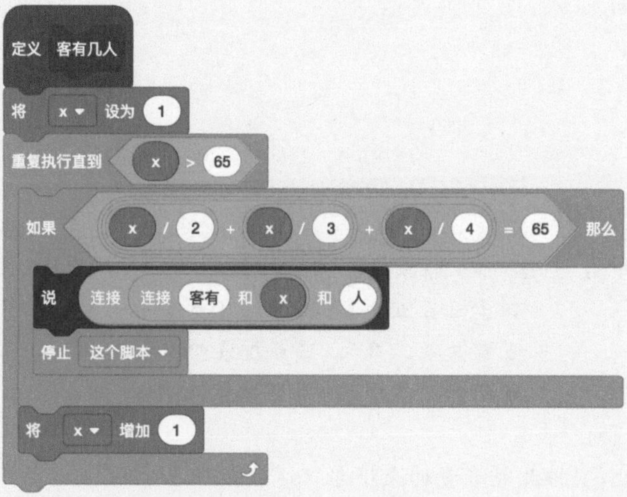

图 1-10　"客有几人"Scratch 程序清单

Python 程序清单

```python
def main():
    '''客有几人'''
    x = 1
    while x <= 65:
        if x / 2 + x / 3 + x / 4 == 65:
            print('客有%d人' % x)
            break
        x += 1


if __name__ == '__main__':
    main()
```

C++ 程序清单

```cpp
#include < bits/stdc++.h>
using namespace std;
//客有几人
int main()
{
    int x = 1;
    while (x <= 65) {
        if (x / 2 + x / 3 + x / 4 == 65) {
            cout << "客有" << x << "人" << endl;
            break;
        }
        x += 1;
    }
    return 0;
}
```

拓展练习

在《歌词古体算题》中有一道"船载盐忙"的算题：

> 四千三百五十盐，大小船只要齐肩。
>
> 五百盐装三只大，三百盐装四小船。
>
> 请问船只多少数？每只船装几引盐？

这道题的意思是：

今有 4350 引盐，安排相等数量的大小船只运载，3 只大船装 500 引，4 只小船装 300 引。请问分别需要大、小船多少只？每只船装盐几引？（注："引"在这里是重量单位）

请你想一想，编程求解答案。

1.11 酒有几瓶

问题描述

肆中听得语吟吟,薄酒名醨厚酒醇。

好酒一瓶醉三客,薄酒三瓶醉一人。

共同饮了一十九,三十三客醉醺醺。

试问高明能算士,几多醨酒几多醇?

这是出自明代数学家程大位《算法统宗》中的一道算题,它的意思是:

在一家酒馆里人声嘈杂,客人们喝着低度的醨酒和高度的醇酒。一瓶醇酒能醉 3 个人,3 瓶醨酒能醉 1 个人,33 个客人共喝了 19 瓶酒全部醉倒。请你算一算,他们喝了几瓶醇酒、几瓶醨酒?

编程思路

这个问题可以通过列二元一次方程组来求解。设醇酒为 x 瓶,醨酒为 y 瓶,根据题意可得如下等式:

$$\begin{cases} x + y = 19 \\ 3x + \dfrac{y}{3} = 33 \end{cases}$$

使用编程方式解题时,可以采用枚举策略。从 1 开始列举醇酒的数量,并计算出醨酒的数量,再把醇酒和醨酒的数量代入上述等式判断是否成立。若成立,则找到该问题的解。

程序清单

Scratch 程序清单(见图 1-11)

运行程序得到答案:醇酒 10 瓶,醨酒 9 瓶。

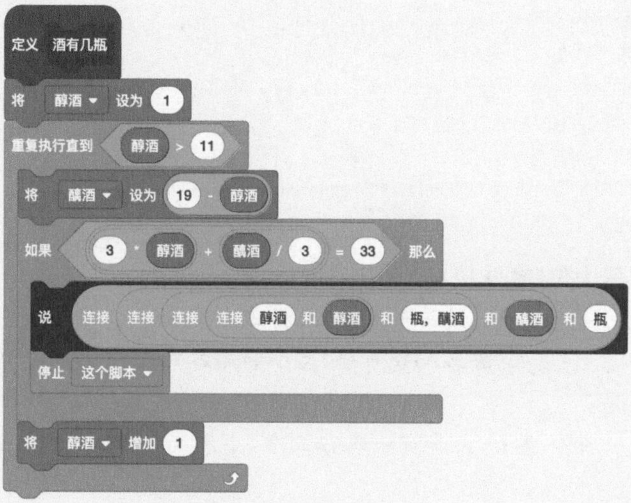

图 1-11 "酒有几瓶"Scratch 程序清单

Python 程序清单

```python
def main():
    '''酒有几瓶'''
    x = 1
    while x <= 11:
        y = 19 - x
        if 3 * x + y / 3 == 33:
            print('醇酒%d瓶,醨酒%d瓶' % (x, y))
            break
        x += 1

if __name__ == '__main__':
    main()
```

C++程序清单

```cpp
#include <bits/stdc++.h>
using namespace std;
//酒有几瓶
int main()
{
    int x = 1;
    while (x <= 11) {
        int y = 19 - x;
        if (3 * x + y / 3 == 33) {
            cout << "醇酒" << x << "瓶,醨酒" << y << "瓶" << endl;
            break;
        }
        x += 1;
    }
    return 0;
}
```

拓展练习

在明代数学家程大位《算法统宗》中有一道"百僧分馍"的算题：

一百馒头一百僧，大僧三个更无争；

小僧三人分一个，大小和尚各几丁？

这道题的意思是：

一百个和尚分一百个馒头，大和尚一人分三个，小和尚三人分一个，正好分完。问大、小和尚各几人？

请你想一想，编程求解答案。

1.12　争强斗胜

问题描述

> 八臂一头号夜叉，三头六臂是哪吒。
>
> 两处争强来斗胜，不相胜负正交加。
>
> 三十六头齐出动，一百八手乱相抓。
>
> 傍边看者殷勤问，几个哪吒与夜叉？

这是明代数学家吴敬《九章算法比类大全》书中的一道算题，它的意思是：

一群八臂一头的夜叉和三头六臂的哪吒在混战，从旁边看去有 36 个头和 108 只手，请问有几个哪吒和几个夜叉？

编程思路

这个问题可以通过列二元一次方程组来求解。设夜叉有 x 人，哪吒有 y 人，根据题意可得如下等式：

$$\begin{cases} 8x + 6y = 108 \\ x + 3y = 36 \end{cases}$$

使用编程方式解题时，可以采用枚举策略。从 1 开始列举夜叉的数量，并计算出哪吒的数量，再把夜叉和哪吒的数量代入上述等式判断是否成立。若成立，则找到该问题的解。

程序清单

Scratch 程序清单（见图 1-12）

运行程序得到答案：夜叉 6 人，哪吒 10 人。

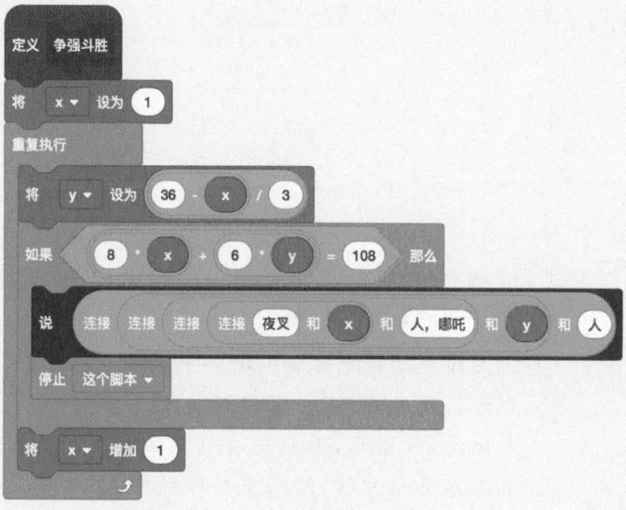

图 1-12　"争强斗胜"Scratch 程序清单

Python 程序清单

```python
def main():
    '''争强斗胜'''
    x = 1
    while True:
        y = (36 - x) / 3
        if 8 * x + 6 * y == 108:
            print('夜叉%d人,哪吒%d人' % (x, y))
            break
        x += 1


if __name__ == '__main__':
    main()
```

C++程序清单

```cpp
#include < bits/stdc++.h>
using namespace std;
//争强斗胜
int main()
{
    int x = 1;
    while (true) {
        int y = (36 - x) / 3;
        if (8 * x + 6 * y == 108) {
            cout << "夜叉" << x << "人,哪吒" << y << "人" << endl;
            break;
        }
        x += 1;
    }
    return 0;
}
```

拓展练习

在清代数学家梅毂成《增删算法统宗》中有一道以词牌"鹧鸪天"填词的"鳖龟有几"
算题：

> 三足团鱼六眼龟,共同山下一深池。
>
> 九十三足乱浮水,一百二眼将人窥。
>
> 或出没,往东西,倚栏观看不能知。
>
> 有人算得无差错,好酒重斟赠数杯。

这道题的意思是：

在山下的深池中生活着一群3足2眼的团鱼(即鳖)和4足6眼的乌龟,只见93只足在水里乱划水,102只眼睛偷偷看人。它们在水中出没,游来游去,靠着栏杆观看也数不清有多少只。如果有人能正确算出它们的数量,就把好酒送他几杯。

请你想一想,编程求解答案。

1.13 隔沟算羊

 问题描述

> 甲乙隔沟放牧,二人暗里参详。
>
> 甲云得乙九个羊,多你一倍之上。
>
> 乙说得甲九只,两家之数相当。
>
> 两边闲坐恼心肠,画地算了半晌。

这是出自明代数学家程大位《算法统宗》中以词牌"西江月"填词的一道算题,它的意思是:

甲、乙牧人隔着山沟放羊,两人心里都在想对方有多少羊。甲对乙说:"我若得你9只羊,我的羊就多你一倍"。乙说:"我若得你9只羊,我们两家的羊数就相等"。两人闲坐山沟两边,心里烦恼,各自在地上列算式计算了半天也没算出来。请问甲、乙各有多少只羊?

编程思路

这个问题可以通过列二元一次方程组来求解。设甲有 x 只羊,乙有 y 只羊,根据题意可得如下等式:

$$\begin{cases} 2(y-9)=x+9 \\ y+9=x-9 \end{cases}$$

使用编程方式解题时,可以采用枚举策略。从1开始列举甲的羊数,并计算出乙的羊数,再把甲、乙羊数代入上述等式判断是否成立。如果成立,则找到该问题的解。

程序清单

Scratch 程序清单(见图1-13)

运行程序得到答案:甲有羊63只,乙有羊45只。

图1-13 "隔沟算羊"Scratch程序清单

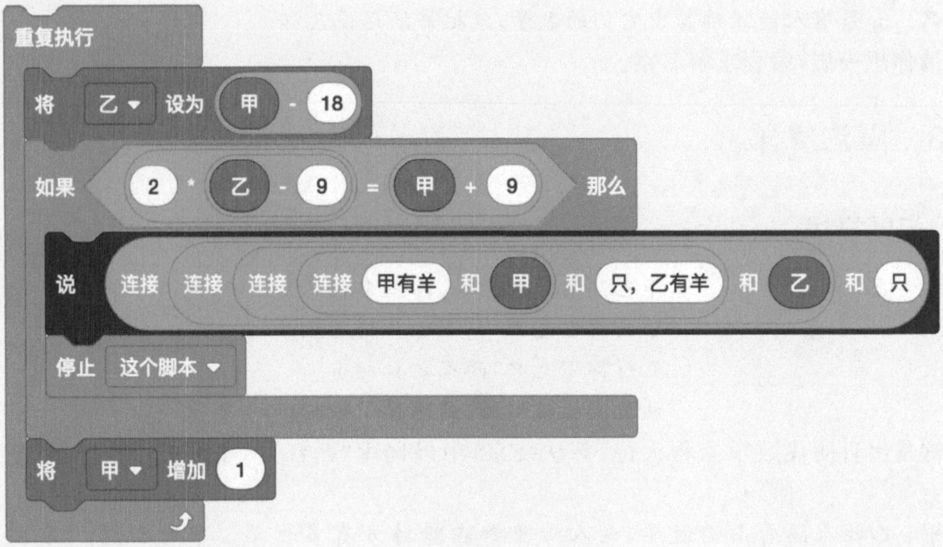

图 1-13(续)

Python 程序清单

```python
def main():
    '''隔沟算羊'''
    x = 1
    while True:
        y = x - 18
        if 2 * (y - 9) == x + 9:
            print('甲有羊%d只,乙有羊%d只' % (x, y))
            break
        x += 1

if __name__ == '__main__':
    main()
```

C++程序清单

```cpp
#include < bits/stdc++.h >
using namespace std;
//隔沟算羊
int main()
{
    int x = 1;
    while (true) {
        int y = x - 18;
        if (2 * (y - 9) == x + 9) {
```

```
            cout << "甲有羊" << x << "只,乙有羊" << y << "只" << endl;
            break;
        }
        x += 1;
    }
    return 0;
}
```

拓展练习

在《歌词古体算题》中有一道以词牌"西江月"填词的"甲乙沽酒"算题：

甲乙二人沽酒,不知谁多谁少。

乙钞少半甲相和,二百无零堪可。

乙得甲钱中半,亦然二百无那。

英贤算得的无讹,将堪法儿方可？

这道题的意思是：

甲、乙两人去买酒,不知道谁买得多谁买得少。只知道乙买酒钱的三分之一与甲买酒钱之和恰好为 200 文。若乙得到甲买酒钱的一半,也有 200 文。请问甲、乙两人买酒各用了多少钱？

请你想一想,编程求解答案。

1.14　鸡鸭若干

问题描述

鸡鸭共一栏,鸡为鸭之半。

八鸭展翅飞,六鸡在生蛋。

再点鸡鸭数,鸭为鸡倍三。

请你算一算,鸡鸭原若干？

这是出自清代数学家梅毂成《增删算法统宗》中的一道算题,它的意思是：

今有一群鸡、鸭被关在一个栏圈里,已知鸡为鸭的一半。主人在清点鸡、鸭时,发现有 8 只鸭展翅飞出了栏圈,又有 6 只鸡躲在窝里生蛋。这时再清点,鸭为鸡的 3 倍。请你算一算,鸡、鸭原有多少只？

编程思路

这个问题可以通过列二元一次方程组来求解。假设鸡有 x 只,鸭有 y 只,根据题意可得如下等式：

$$\begin{cases} y = 2x \\ y - 8 = 3(x-6) \end{cases}$$

使用编程方式解题时,可以采用枚举策略。从 1 开始列举鸡的数量,并计算出鸭的数量，再把鸡和鸭的数量代入上述等式判断是否成立。若成立，则找到该问题的解。

 程序清单

Scratch 程序清单(见图 1-14)

运行程序得到答案：鸡有 10 只，鸭有 20 只。

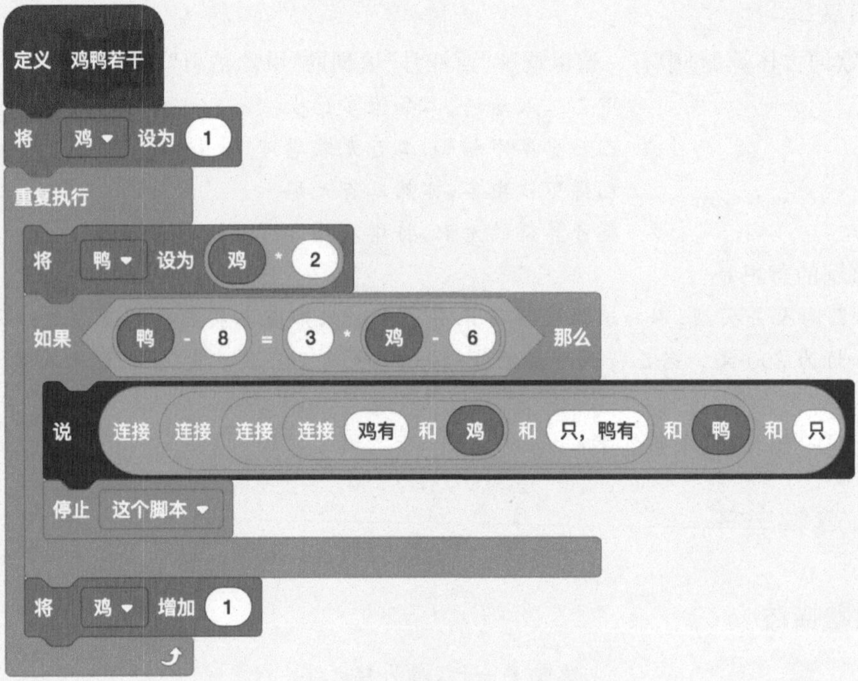

图 1-14 "鸡鸭若干"Scratch 程序清单

Python 程序清单

```python
def main():
    '''鸡鸭若干'''
    x = 1
    while True:
        y = x * 2
        if y - 8 == 3 * (x - 6):
            print('鸡有%d只,鸭有%d只' % (x, y))
            break
        x += 1


if __name__ == '__main__':
    main()
```

C++程序清单

```cpp
#include <bits/stdc++.h>
using namespace std;
//鸡鸭若干

int main()
{
    int x = 1;
    while (true) {
        int y = x * 2;
        if (y - 8 == 3 * (x - 6)) {
            cout << "鸡有" << x << "只,鸭有" << y << "只" << endl;
            break;
        }
        x += 1;
    }
    return 0;
}
```

拓展练习

在《歌词古体算题》中有一道以词牌"西江月"填词的"巧算笔砚"算题：

> 甲借乙家七砚，还他三管毛锥，
>
> 贴钱四百又八十，恰好齐同了毕。
>
> 丙却借乙九笔，还他三个端溪，
>
> 一百八十贴乙齐，二色价该各几？

这道题的意思是：

甲向乙家借了7个砚台，还了他3支上等的毛笔，再补给他480文钱，刚好等价。丙向乙家借了9支毛笔，还了他3个端溪砚台，再补给他180文钱，恰好等价。请问，毛笔、砚台各价值多少文钱？

请你想一想，编程求解答案。

1.15　二果问价

问题描述

> 九百九十九文钱，甜果苦果买一千。
>
> 甜果九个十一文，苦果七个四文钱。
>
> 试问甜苦果几个？又问各该几个钱？

这是出自元代数学家朱世杰《四元玉鉴》中的一道算题，它的意思是：

999文钱买了1000个甜果和苦果，甜果9个要11文钱，苦果7个要4文钱。试问甜果和苦果各买了几个？分别要多少钱？

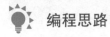 编程思路

这个问题可以通过列二元一次方程组来求解。设甜果 x 个，苦果 y 个，根据题意可得如下等式：

$$\begin{cases} x + y = 1000 \\ \dfrac{11}{9}x + \dfrac{4}{7}y = 999 \end{cases}$$

使用编程方式解题时，可以采用枚举策略。从 1 开始列举甜果的数量，并计算出苦果的数量，再把甜果和苦果的数量代入上述等式判断是否成立。若成立，则找到该问题的解。

 程序清单

Scratch 程序清单（见图 1-15）

运行程序得到答案：买了甜果 657 个，花了 803 文钱；买了苦果 343 个，花了 196 文钱。

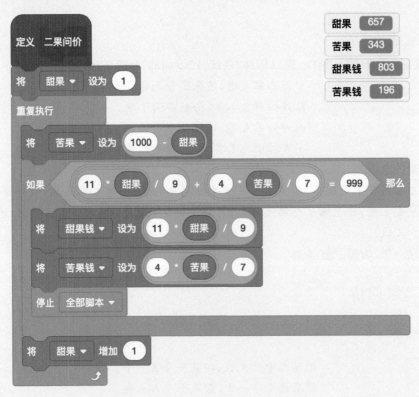

图 1-15　"二果问价"Scratch 程序清单

Python 程序清单

```python
def main():
    '''二果问价'''
    x = 1
    while True:
        y = 1000 - x
        if 11 * x / 9 + 4 * y / 7 == 999:
            xm = 11 * x / 9
            ym = 4 * y / 7
            print('买了甜果%d个,花了%d文钱' % (x, xm))
            print('买了苦果%d个,花了%d文钱' % (y, ym))
            break
        x += 1


if __name__ == '__main__':
    main()
```

C++ 程序清单

```cpp
#include <bits/stdc++.h>
using namespace std;
//二果问价
int main()
{
    int x = 1;
    while (true) {
        int y = 1000 - x;
        if (11 * x / 9 + 4 * y / 7 == 999) {
            int xm = 11 * x / 9;
            int ym = 4 * y / 7;
            cout << "买了甜果" << x << "个,花了" << xm << "文钱" << endl;
            cout << "买了苦果" << y << "个,花了" << ym << "文钱" << endl;
            break;
        }
        x += 1;
    }
    return 0;
}
```

拓展练习

在《孙子算经》中有一道著名的"鸡兔同笼"算题：

今有雉兔同笼,上有三十五头,

下有九十四足，问雉兔各几何？

这道题已成为现在小学奥数的经典问题，译文如下：

今有鸡、兔关在一个笼子里，从上面数有 35 个头，从下面数有 94 只脚。问笼中各有多少只鸡和兔？

请你想一想，编程求解答案。

1.16　千钱百鸡

问题描述

今有千文买百鸡，五十雄价不差池。

草鸡每个三十足，小者十文三个只。

这是出自明代数学家程大位《算法统宗》中的一道算题（由张丘建百鸡问题修改而来），它的意思是：

今有 1000 文钱要去买 100 只鸡。公鸡每只 50 文，母鸡每只 30 文，小鸡 3 只 10 文。请问公鸡、母鸡和小鸡各可以买多少只？

编程思路

这个问题可以通过列三元一次方程组来求解。设 1000 文钱能买公鸡、母鸡和小鸡的数量分别为 x、y 和 z，根据题意可得如下等式：

$$\begin{cases} x+y+z=100 \\ 50x+30y+\dfrac{10}{3}z=1000 \end{cases}$$

使用编程方式解题时，可以采用枚举策略。使用双重循环分别从 1 开始列举公鸡和母鸡的数量，小鸡的数量为 100 减去公鸡和母鸡的数量，再把公鸡、母鸡和小鸡的数量代入上述等式判断是否成立。若成立，则找到该问题的解。

程序清单

Scratch 程序清单（见图 1-16）

运行程序得到 3 组解，公鸡、母鸡和小鸡的数量分别如下：

```
4,18,78
8,11,81
12,4,84
```

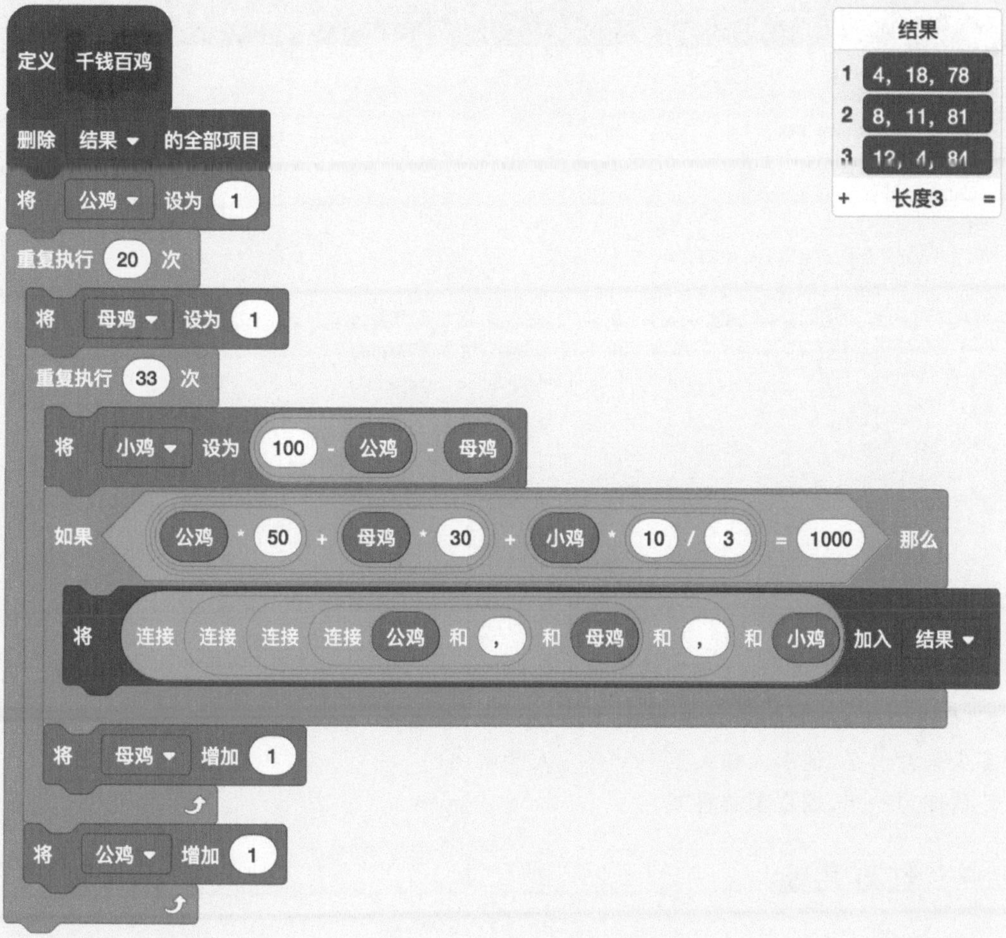

图 1-16　"千钱百鸡"Scratch 程序清单

Python 程序清单

```python
def main():
    '''千钱百鸡'''
    for x in range(1, 21):
        for y in range(1, 34):
            z = 100 - x - y
            if x * 50 + y * 30 + z * 10 / 3 == 1000:
                print(x, y, z, sep = ', ')


if __name__ == '__main__':
    main()
```

C++ 程序清单

```cpp
#include <bits/stdc++.h>
using namespace std;
//千钱百鸡
int main()
{
    for (int x = 1; x < 21; x++) {
        for (int y = 1; y < 34; y++) {
            int z = 100 - x - y;
            if (x * 50 + y * 30 + z * 10 / 3 == 1000)
                cout << x << ", " << y << ", " << z << endl;
        }
    }
    return 0;
}
```

拓展练习

相传清代嘉庆皇帝曾仿照"百钱买百鸡"题编了一道"百钱买百牛"题给大臣们做，题目是："有银百两，买牛百头，大牛一头十两，小牛一头五两，牛犊一头半两。问大、小、牛犊各买多少头？"但是，他本人和大臣中没有一人能解出。

请你想一想，编程求解答案。

1.17 红灯几盏

问题描述

> 元宵十五闹纵横，来往观灯街上行。
>
> 我见灯上下红光映，绕三遭，数不真。
>
> 从头儿三数无零，五数时四瓯不尽。
>
> 七数时六盏不停，端的是几盏明灯。

这是出自明代数学家程大位《算法统宗》中以词牌"水仙子"填词的一道算题，译文如下：

正月十五元宵节，到街上赏灯的人来来往往。我看见一座花灯上下红光一片，围着它转3圈也数不清有几盏灯笼。若是从顶端往下数，3盏3盏地数正好数尽，5盏5盏地数还剩4盏，7盏7盏地数还剩6盏。请问这座花灯从头到底共有几盏灯笼？

编程思路

根据题意，设这座花灯上的灯笼数量为 x，则其必须同时满足以下3个条件。

条件1：x 除以3的余数为0。

条件2：x 除以5的余数为4。

条件3：x 除以7的余数为6。

使用编程方式解题时,可以采用枚举策略。从 1 开始列举灯笼数量,如果灯笼数量同时满足以上三个条件,则找到该问题的解。

 程序清单

Scratch 程序清单(见图 1-17)

运行程序得到答案:有灯笼 69 盏。

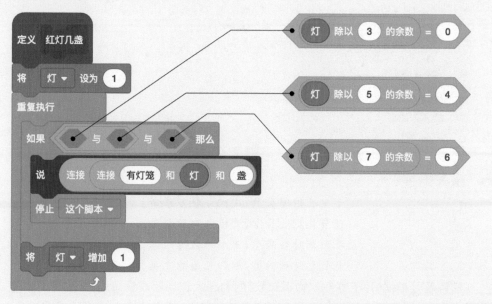

图 1-17　"红灯几盏"Scratch 程序清单

Python 程序清单

```python
def main():
    '''红灯几盏'''
    x = 1
    while True:
        if x % 3 == 0 and x % 5 == 4 and x % 7 == 6:
            print('有灯笼%d盏' % x)
            break
        x += 1

if __name__ == '__main__':
    main()
```

C++ 程序清单

```cpp
#include <bits/stdc++.h>
using namespace std;
//红灯几盏
int main()
{
    int x = 1;
    while (true) {
        if (x % 3 == 0 and x % 5 == 4 and x % 7 == 6) {
            cout << "有灯笼" << x << "盏" << endl;
            break;
        }
        x += 1;
    }
    return 0;
}
```

拓展练习

十里长街闹盈盈，庆祝成就万象新。

佳节礼花破长空，天桥红灯胜繁星。

七七数时余两个，五个一数恰为零。

九数之时剩四盏，红灯几盏放光明。

这道诗题是根据《孙子算经》"物不知数"题和程大位词题改编而成，其数学模型是：有一个数，可同时满足被 7 除余 2、被 5 除余 0、被 9 除余 4，问这个数是多少？

请你想一想，编程求解答案。

第 2 章　几何绘图

绘画是人类的天性。通过绘图方式学习编程，能够让枯燥的学习过程充满乐趣，在不知不觉中掌握编程知识和技能。

如图 2-1 所示，这里有 40 个从简单到复杂的几何图形，要求学习者认真观察并找出图

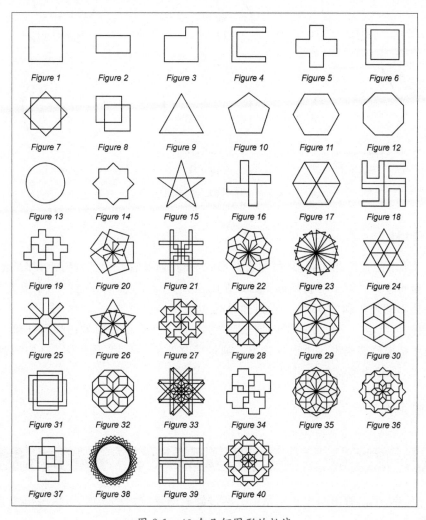

图 2-1　40 个几何图形的挑战

形的变化规律,然后使用基本的几何图形,通过平移、旋转等方式构造出复杂的几何图案。这些富有挑战的几何图形来源于巴里 · 纽威尔(Barry Newell)1988 年出版的书 *Turtle Confusion:Logo Puzzles and Riddles*。

现在,就让我们一起来绘制这些富有挑战的几何图形吧!

2.1　简单图形

问题描述

编程画出如图 2-2 所示的一些简单的几何图形。

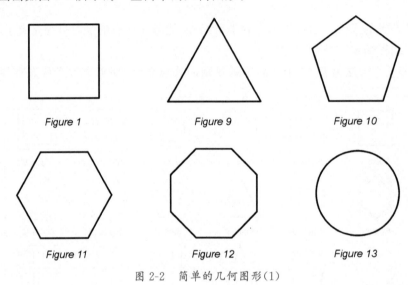

Figure 1　　　　　Figure 9　　　　　Figure 10

Figure 11　　　　　Figure 12　　　　　Figure 13

图 2-2　简单的几何图形(1)

编程思路

图 2-2 所示的这组几何图形,虽然它们形状不同,但是有一个共同特点,都是正多边形。当正多边形的边数足够多时就趋近于圆。在画正 n 边形时,需要知道的一个重要参数是外角。正 n 边形的外角和为 360°,一个外角就是 360°÷n。

在编程时,给定一个正 n 边形的周长,就可以求这个正 n 边形的边长和外角。然后,通过一个循环结构就能画出这个正 n 边形。通过修改 n 值,就可以画出图 2-2 中的各个图形。当 n 值变大,正 n 边形就接近于圆。

编程实现

 Scratch 程序清单(见图 2-3)

运行程序,可以画出一个正三角形。通过修改变量"边数"的值,可以画出图 2-2 中的其他图形。

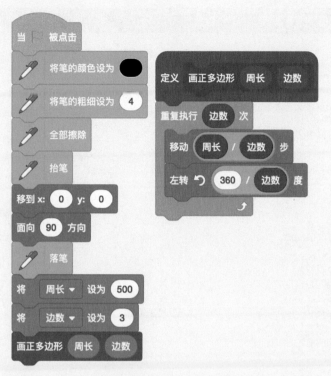

图 2-3 "画正多边形"Scratch 程序清单

Python 程序清单

```python
from turtle import *

def draw_polygon(c, n):
    '''画正多边形'''
    for i in range(n):
        fd(c/n)
        left(360/n)

def main():
    '''主程序'''
    mode('logo')
    pencolor('black')
    pensize(4)
    seth(90)
    c = 500                          #周长
    n = 3                            #边数
    draw_polygon(c, n)               #绘制正n边形

if __name__ == '__main__':
    main()
```

C++ (GoC)程序清单

```
//画正多边形
void draw_polygon(int c, int n)
{
    for (int i = 0; i < n; i++) {
        pen.fd(c/n);
        pen.lt(360.0/n);
    }
}

//主程序
int main()
{
    pen.color(_black);
    pen.size(4);
    pen.angle(90);
    int c = 500;                    //周长
    int n = 3;                      //边数
    draw_polygon(c, n);             //绘制正 n 边形
    return 0;
}
```

拓展练习

编程画出图 2-4 中所示的 6 个简单的几何图形。

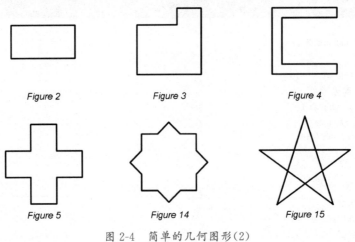

图 2-4　简单的几何图形(2)

2.2　绕顶点旋转

问题描述

编程画出如图 2-5 所示的由基本几何图形构成的图案。

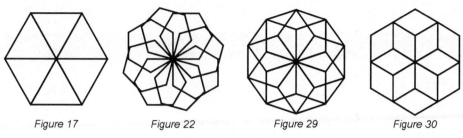

Figure 17　　　　Figure 22　　　　Figure 29　　　　Figure 30

图 2-5　由基本几何图形构成的图案

 编程思路

如图 2-5 所示,这 4 个图案的基本图形分别是正三角形、正六边形、正五边形、正六边形。在画图时,围绕某个基本图形左下角的顶点旋转一周画出 n 个基本图形就能得到这些图案。每次旋转的角度为 $360° \div n$。

在图 2-5 中,Figure 17 由 6 个正三角形构成,Figure 22 由 8 个正六边形构成,Figure 29 由 10 个正五边形构成,Figure 30 由 6 个正六边形构成。

编程实现

Scratch 程序清单(见图 2-6)

运行程序,可以画出图 2-5 中 Figure 17 的图案。通过修改变量“边数”和“个数”的值,就可以画出图 2-5 中的其他图案。

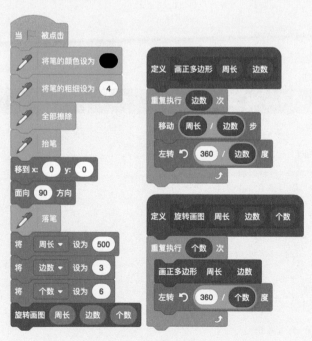

图 2-6　“绕顶点旋转画图”Scratch 程序清单

Python 程序清单

```python
from turtle import *

def draw_polygon(c, n):
    '''画正多边形'''
    for i in range(n):
        fd(c/n)
        left(360/n)

def rotate_figure(c, n, t):
    '''绕顶点旋转图形'''
    for i in range(t):
        draw_polygon(c, n)
        left(360/t)

def main():
    '''主程序'''
    mode('logo')
    pencolor('black')
    pensize(4)
    seth(90)
    c = 500                      #周长
    n = 3                        #边数
    t = 6                        #个数
    rotate_figure(c, n, t)       #旋转画图

if __name__ == '__main__':
    main()
```

C++（GoC）程序清单

```cpp
//画正多边形
void draw_polygon(int c, int n)
{
    for (int i = 0; i < n; i++) {
        pen.fd(c/n);
        pen.lt(360.0/n);
    }
}

//绕顶点旋转图形
void rotate_figure(int c, int n, int t)
{
    for (int i = 0; i < t; i++) {
        draw_polygon(c, n);
```

```
        pen.lt(360.0/t);
    }
}

//主程序
int main()
{
    pen.color(_black);
    pen.size(4);
    pen.angle(90);
    int c = 500;                //周长
    int n = 3;                  //边数
    int t = 6;                  //个数
    rotate_figure(c, n, t);     //旋转画图
    return 0;
}
```

拓展练习

编程画出如图 2-7 所示的由基本图形旋转得到的图案。

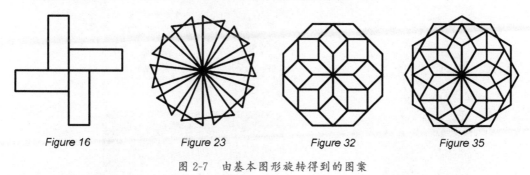

Figure 16   Figure 23   Figure 32   Figure 35

图 2-7　由基本图形旋转得到的图案

2.3　绕边的中点旋转

问题描述

画出如图 2-8 所示的由正三角形构成的图案。

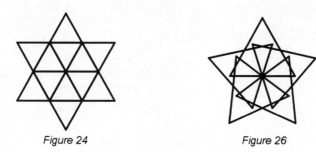

Figure 24   Figure 26

图 2-8　由正三角形构成的图案

编程思路

　　如图 2-8 所示，这两个图案的基本图形都是正三角形，旋转中心点位于正三角形一条边的中点。Figure 24 由 6 个正三角形构成，Figure 26 由 5 个正三角形构成。修改上一个案例中的"画正多边形"函数，将旋转中心放在正多边形某条边的中点即可。

编程实现

Scratch 程序清单(见图 2-9)

　　运行程序，可以画出图 2-8 中 Figure 24 的图案。通过修改变量"边数"和"个数"的值，可以画出由其他正多边形构成的图案。

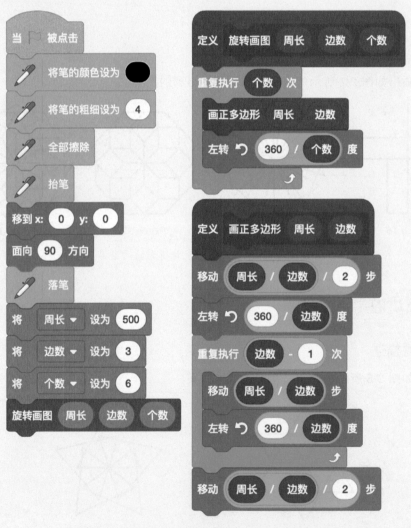

图 2-9　"绕边的中点旋转画图"Scratch 程序清单

Python 程序清单

```python
from turtle import *

def draw_polygon(c, n):
    '''画正多边形'''
    fd(c/n/2)
    left(360/n)
    for i in range(n - 1):
        fd(c/n)
        left(360/n)
    fd(c/n/2)

def rotate_figure(c, n, t):
    '''绕边的中点旋转图形'''
    for i in range(t):
        draw_polygon(c, n)
        left(360/t)

def main():
    '''主程序'''
    mode('logo')
    pencolor('black')
    pensize(4)
    seth(90)
    c = 500              #周长
    n = 3                #边数
    t = 6                #个数
    rotate_figure(c, n, t)   #旋转画图

if __name__ == '__main__':
    main()
```

 C++（GoC）程序清单

```cpp
//画正多边形
void draw_polygon(int c, int n)
{
    pen.fd(c/n/2);
    pen.lt(360.0/n);
    for (int i = 0; i < n - 1; i++) {
        pen.fd(c/n);
        pen.lt(360.0/n);
    }
    pen.fd(c/n/2);
}

//绕边的中点旋转图形
void rotate_figure(int c, int n, int t)
{
    for (int i = 0; i < t; i++) {
        draw_polygon(c, n);
        pen.lt(360.0/t);
    }
}

//主程序
int main()
{
    pen.color(_black);
    pen.size(4);
    pen.angle(90);
    int c = 500;            //周长
    int n = 3;              //边数
    int t = 6;              //个数
    rotate_figure(c, n, t); //旋转画图
    return 0;
}
```

 拓展练习

编程画出图 2-10 所示的由正方形旋转得到的图案。

Figure 20

图 2-10 由正方形旋转得到的图案

2.4 绕几何中心旋转

问题描述

画出如图 2-11 所示的由正方形旋转构成的图案。

编程思路

如图 2-11 所示,这个图案的基本图形是正方形,旋转中心点位于正方形的几何中心。在画正方形时,将画笔的初始位置放在正方形的中心,然后移动画笔到正方形某条边的中点,再移动到该边的一端,接着画出正方形的四条边,最后移动画笔回到正方形的中心。

Figure 7

图 2-11 由正方形旋转构成的图案

编程实现

Scratch 程序清单(见图 2-12)

运行程序,可以画出图 2-11 所示的图案。通过修改变量"个数"的值,可以画出其他图案。

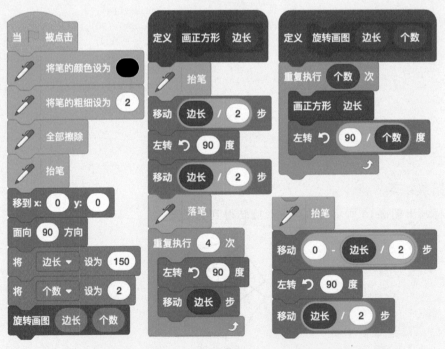

图 2-12 "绕几何中心旋转画图"Scratch 程序清单

Python 程序清单

```python
from turtle import *

def draw_polygon(c):
    '''画正多边形'''
    up()
    fd(c/4/2); left(90); fd(c/4/2)
    down()
    for i in range(4):
        left(90)
        fd(c/4)
    up()
    fd(0 - c/4/2); left(90); fd(c/4/2)

def rotate_figure(c, t):
    '''绕几何中心旋转图形'''
    for i in range(t):
        draw_polygon(c)
        left(90/t)

def main():
    '''主程序'''
    mode('logo')
    pencolor('black')
    pensize(4)
    seth(90)
    c = 500                          #周长
    t = 2                            #个数
    rotate_figure(c, t)              #旋转画图

if __name__ == '__main__':
    main()
```

C++（GoC）程序清单

```cpp
//画正多边形
void draw_polygon(int c)
{
    pen.up();
    pen.fd(c/4/2); pen.lt(90); pen.fd(c/4/2);
    pen.down();
    for (int i = 0; i < 4; i++) {
        pen.lt(90);
        pen.fd(c/4);
```

```
    }
    pen.up();
    pen.fd(0 - c/4/2); pen.lt(90); pen.fd(c/4/2);
}

//绕几何中心旋转图形
void rotate_figure(int c, int t)
{
    for (int i = 0; i < t; i++) {
        draw_polygon(c);
        pen.lt(90.0/t);
    }
}

//主程序
int main()
{
    pen.color(_black);
    pen.size(4);
    pen.angle(90);
    int c = 500;                          //周长
    int t = 2;                            //个数
    rotate_figure(c, t);                  //旋转画图
    return 0;
}
```

拓展练习

编程画出图 2-13 所示的由正方形旋转得到的图案。

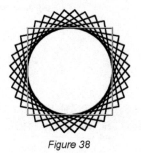

Figure 38

图 2-13　由正方形旋转得到的图案

2.5　U形图案

问题描述

编程画出如图 2-14 所示的由 U 形构成的图案。

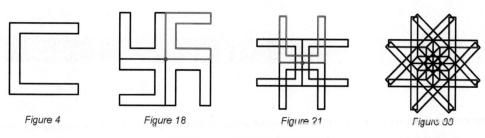

Figure 4   Figure 18   Figure 21   Figure 33

图 2-14　由 U 形构成的图案

 编程思路

如图 2-14 所示,Figure 4 是一个 U 形的基本图形,通过旋转可以构成其他几个图案。

在画图时,以基本图形 U 形(绿色部分)左下角的顶点作为旋转中心(红点处),旋转 4 次可得到 Figure 18 图案;以基本图形 U 形(绿色部分)左侧一条边的中点作为旋转中心(红点处),分别旋转 4 次和 8 次可以得到 Figure 21 和 Figure 33 两个图案。

接下来介绍 Figure 21 图案的画法。

 编程实现

 Scratch 程序清单(见图 2-15)

运行程序,可以画出图 2-14 中的 Figure 21 图案。通过修改变量"个数"的值为 8,可以画出 Figure 33 图案。

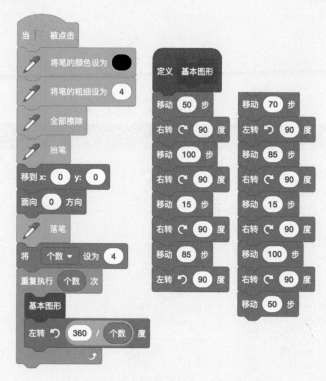

图 2-15　"画 U 形图案"Scratch 程序清单

Python 程序清单

```python
from turtle import *

def draw_figure():
    '''画基本图形 U 形'''
    fd(50)
    right(90); fd(100)
    right(90); fd(15)
    right(90); fd(85)
    left(90); fd(70)
    left(90); fd(85)
    right(90); fd(15)
    right(90); fd(100)
    right(90); fd(50)

def main():
    '''画 U 形图案'''
    mode('logo')
    pencolor('black')
    pensize(4)
    seth(0)
    t = 4                            #个数
    for i in range(t):              #旋转画图
        draw_figure()
        left(360/t)

if __name__ == '__main__':
    main()
```

C++（GoC）程序清单

```cpp
//画基本图形 U 形
void draw_figure()
{
    pen.fd(50);
    pen.rt(90); pen.fd(100);
    pen.rt(90); pen.fd(15);
    pen.rt(90); pen.fd(85);
    pen.lt(90); pen.fd(70);
    pen.lt(90); pen.fd(85);
    pen.rt(90); pen.fd(15);
    pen.rt(90); pen.fd(100);
    pen.rt(90); pen.fd(50);
}
```

```
//画 U 形图案
int main()
{
    pen.color(_black);
    pen.size(4);
    pen.angle(0);
    int t = 4,                      //个数
    for (int i = 0; i < t; i++) {   //旋转画图
        draw_figure();
        pen.lt(360.0/t);
    }
    return 0;
}
```

拓展练习

编程画出图 2-16 所示的由 U 形构成的图案。

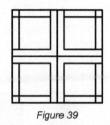

Figure 39

图 2-16　由 U 形构成的图案

提示: 图 2-16 可以分解为两个图案画出,如图 2-17 所示。

图 2-17　U 形图案的分解画法

2.6　十字形图案

问题描述

编程画出如图 2-18 所示的由十字形构成的图案。

编程思路

如图 2-18 所示,Figure 5 是一个十字形的基本图形,通过旋转可以构成其他图案。
认真观察可以发现,以十字形左侧的一个顶点(红点处)作为旋转中心,旋转 4 次可得到

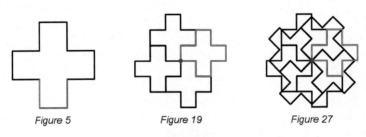

图 2-18　由十字形构成的图案

Figure 19 图案，旋转 8 次可得到 Figure 27 图案。

 编程实现

Scratch 程序清单（见图 2-19）

　　运行程序，可以画出图 2-18 中的 Figure 19 图案。通过修改变量"个数"的值为 8，可以画出 Figure 27 图案。

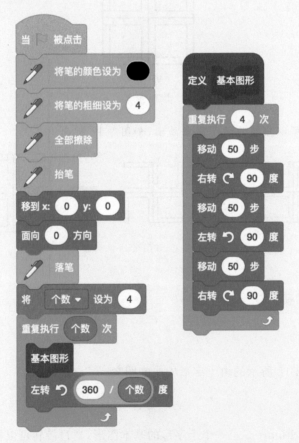

图 2-19　"画十字形图案"Scratch 程序清单

Python 程序清单

```python
from turtle import *

def draw_figure():
    '''画基本图形十字形'''
    for i in range(4):
        fd(50)
        right(90)
        fd(50)
        left(90)
        fd(50)
        right(90)

def main():
    '''画十字形图案'''
    mode('logo')
    pencolor('black')
    pensize(4)
    seth(0)
    t = 4                           #个数
    for i in range(t):              #旋转画图
        draw_figure()
        left(360/t)

if __name__ == '__main__':
    main()
```

C++（GoC）程序清单

```cpp
//画基本图形十字形
void draw_figure()
{
    for (int i = 0; i < 4; i++) {
        pen.fd(50);
        pen.rt(90);
        pen.fd(50);
        pen.lt(90);
        pen.fd(50);
        pen.rt(90);
    }
}

//画十字形图案
int main()
{
```

```
pen.color(_black);
pen.size(4);
pen.angle(0);
int t = 4;                                      //个数
for (int i = 0; i < t; i++) {                   //旋转画图
    draw_figure();
    pen.lt(360.0/t);
}
return 0;
}
```

拓展练习

编程画出图 2-20 所示的由十字形构成的图案。

Figure 34

图 2-20　由十字形构成的图案

提示： 图 2-20 中绿色部分为基本图形，红点处为旋转中心。

2.7　八角星图案

问题描述

编程画出如图 2-21 所示的由八角星构成的图案。

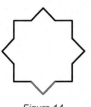 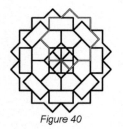

Figure 14　　　　　　　　Figure 40

图 2-21　由八角星构成的图案

编程思路

如图 2-21 所示，Figure 14 是一个八角星的基本图形，通过旋转可以构成 Figure 40 图案。以八角星的底部直角的左侧作为旋转中心（即图 2-21 中红点处），旋转 8 次即可以得到 Figure 40 图案。

基本图形 Figure 14 可以看作是由 8 个直角构成的,使用一个循环结构就可以画出这个八角星。

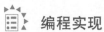 编程实现

 Scratch 程序清单(见图 2-22)

运行程序,可以画出图 2-21 中的 Figure 40 图案。

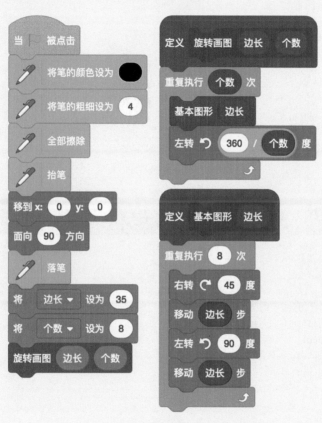

图 2-22　"画八角星图案"Scratch 程序清单

 Python 程序清单

```python
from turtle import *

def draw_figure(b):
    '''画基本图形八角星'''
    for i in range(8):
        right(45)
        fd(b)
```

```python
        left(90)
        fd(b)

def rotate_figure(b, t):
    '''绕顶点旋转图形'''
    for i in range(t):
        draw_figure(b)
        left(360/t)

def main():
    '''画八角星图案'''
    mode('logo')
    pencolor('black')
    pensize(4)
    seth(90)
    b = 35                          #边长
    t = 8                           #个数
    rotate_figure(b, t)             #旋转画图

if __name__ == '__main__':
    main()
```

C++（GoC）程序清单

```cpp
//画基本图形八角星
void draw_figure(int b)
{
    for (int i = 0; i < 8; i++) {
        pen.rt(45);
        pen.fd(b);
        pen.lt(90);
        pen.fd(b);
    }
}

//绕顶点旋转图形
void rotate_figure(int b, int t)
{
    for (int i = 0; i < t; i++) {
        draw_figure(b);
        pen.lt(360.0/t);
    }
}

//画八角星图案
int main()
{
```

```
    pen.color(_black);
    pen.size(4);
    pen.angle(90);
    int b = 35;                              //边数
    int t = 8;                               //个数
    rotate fiqure(b, t);                     //旋转画图
    return 0;
}
```

拓展练习

编程画出图 2-23 所示的由八角星旋转得到的图案。

Figure 36

图 2-23   由八角星旋转得到的图案

提示：图 2-23 中绿色部分为基本图形，红点为旋转中心。

第3章 数学广角

本章的设计灵感来自于小学数学教材中的"数学广角""你知道吗"等栏目,案例来源于人教版、北师大版等小学数学教材。通过选取学生熟悉的数学内容作为编程教学案例,在使用数学方法解决问题的基础上,讲授使用编程方式解决问题,从而扩展学生解决复杂问题的方法和能力。

在编程中,模拟策略、枚举策略、递推策略等基本的算法思想有着非常广泛的应用。本章结合小学数学应用题中"木桶蓄水"等较为常见的工程问题,讲授使用模拟策略编程解决问题;通过破解"宝箱密码"问题,讲授枚举策略在编程中的应用;在解决"细胞分裂"问题中,比较了利用等比数列知识求解和使用递推策略编程求解的异同。这些数学问题难度不大,数据规模较小,通过纸笔演算就可以快速求解。但是,当问题的规模变大,计算机具有强大运算能力的优势就发挥出来了。

本章依托基本的算法策略,还介绍了使用编程方式解决排列组合问题、探索概率问题和极限问题,以及用筛选法求素数、验证哥德巴赫猜想、更相减损术、二进制数转换等。现在,就让我们踏上妙趣横生的数学探秘之旅吧!

3.1 木桶蓄水

问题描述

大文豪托尔斯泰对数学也很感兴趣,他喜欢的一道数学题是这样的。

一个木桶的上方有两根水管,如果单独打开其中一根,则24分钟可以注满水桶;如果单独打开另一根,则15分钟可以注满。在木桶底部还有一个小孔,水可以从小孔中流出,一满桶水2小时可流完。如果同时打开两根水管注水,并且小孔也同时放水,那么多长时间才能将水桶注满?

编程思路

这道蓄水题在小学应用题中很常见,属于工程问题,利用算式"工作时间=工作总量÷工作效率"可以轻松求解,即:

$$工作时间 = 1 \div \left(\frac{1}{24} + \frac{1}{15} - \frac{1}{120} \right)$$

这里把工作总量看作"1",工作效率是工作时间的倒数(它表示单位时间内完成工作总量的比例)。由于注水的同时也在放水,因此工作效率=注水效率-放水效率。

如果用编程方式求解该问题,可以采用模拟策略。所谓模拟策略策略就是编写程序模拟现实世界中事物的变化过程,从而完成相应任务的方法。模拟法对算法设计的要求不高,只需要按照问题描述的过程编写程序,使程序按照问题要求的流程运行,就能得到问题的解。

在编程求解木桶蓄水问题时,可以将时间作为主线,在一个循环结构中,让时间以分钟为单位逐渐增加,同时不断累加工作效率(即注水、放水)。当工作总量大于或等于1时(即木桶注满水)结束循环,即可求得工作时间。

编程实现

 Scratch 程序清单(见图 3-1)

运行程序得到答案:注满水桶需要 10 分钟。

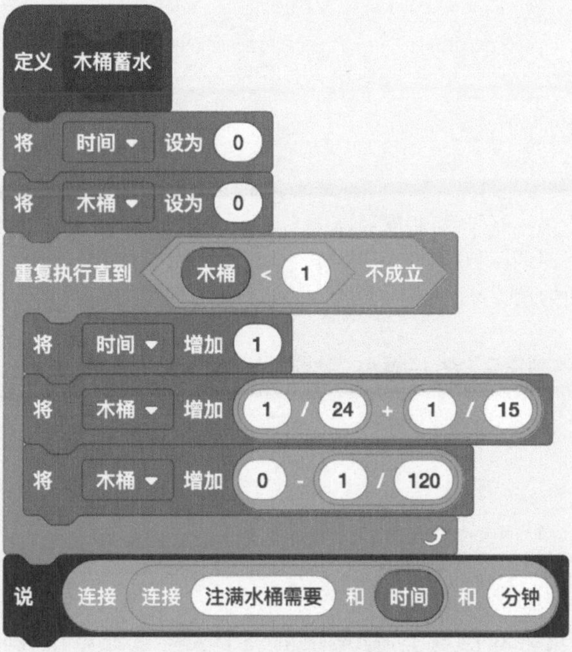

图 3-1 "木桶蓄水"Scratch 程序清单

Python 程序清单

```python
def main():
    '''木桶蓄水'''
    time = 0
    barrel = 0
    while barrel < 1:                              #注满水桶
        time += 1                                  #增加时间
```

```
            barrel += (1/24 + 1/15)          #两根水管同时注水
            barrel -= 1/120                  #小孔放水
            print(time, barrel, sep = ': ')
        print('注满水桶需要 % d 分钟' % time)


if __name__ == '__main__':
    main()
```

C++程序清单

```cpp
#include < bits/stdc++.h >
using namespace std;


//木桶蓄水
int main()
{
    int time = 0;
    float barrel = 0;
    while (barrel < 1) {                      //注满水桶
        time += 1;                            //增加时间
        barrel += (1.0/24 + 1.0/15);          //两根水管同时注水
        barrel -= 1.0/120;                    //小孔放水
        cout << time << ": " << barrel << endl;
    }
    cout << "注满水桶需要" << time << "分钟" << endl;
    return 0;
}
```

拓展练习

请使用模拟策略编程求解下列问题。

(1) 小明用手机玩游戏没电了，赶紧接上一个大容量充电宝充电。已知手机玩游戏 3 分钟掉 2% 的电量，用充电宝 5 分钟可充 5% 的电量，请问小明用手机一边玩游戏一边充电需要多久可以充满电？

(2) 父亲和儿子一起出去玩，儿子带了一条小狗先出发，10 分钟后父亲出发。父亲刚一出门，小狗就向他跑过来，到了父亲身边后马上又返回到儿子那里，就这样往返跑着。如果小狗每分钟跑 500 米，父亲每分钟跑 200 米，儿子每分钟跑 100 米，那么从父亲出门到追上儿子的这段时间里，小狗一共跑了多少米？

(3) 警察追击一个逃窜的小偷，小偷在 16 点开始从甲地以每小时 10 千米的速度逃跑。警察在 22 点接到命令，以每小时 30 千米的速度开始从乙地追击。已知甲乙两地相距 60 千米，问警察几个小时可以追上小偷？

3.2 宝箱密码

问题描述

你能根据以下的线索找出百宝箱的密码吗？

（1）密码是一个六位数。

（2）这个六位数在 800000 与 900000 之间，并且千位上是 0，十位上是 4，百位数和个位数相同。

（3）密码的十万位、万位、千位上的数字组成的三位数除以百位、十位上的数字组成的两位数，商是 35。

编程思路

根据题目中给出的线索，可以知道密码的十万位、万位、千位上的数字组成的三位数是"＊＊0"，百位、十位上的数字组成的两位数是"＊4"，三位数除以两位数的商是 35。据此，用 35 和两位数进行试乘，就可以求出三位数，并最终破解宝箱密码。

如果用编程方式求解该问题，可以采用枚举法。所谓枚举法，又称为穷举法，它是将解决问题的可能方案全部列举出来，并逐一验证每种方案是否满足给定的检验条件，直到找出问题的解。

在宝箱密码这个问题中，可以通过一个循环结构逐个列举出 800000 与 900000 之间的六位数，然后根据题目中给出的线索进行判断，如果某个数符合要求，则找到该问题的解。

编程实现

Scratch 程序清单（见图 3-2）

运行程序得到答案：宝箱密码是 840242。

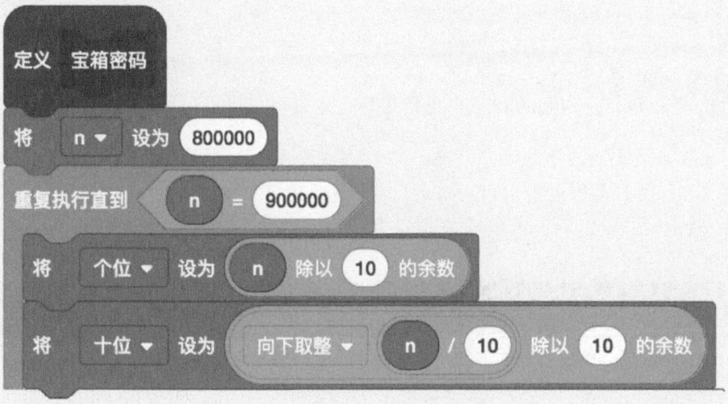

图 3-2 "宝箱密码"Scratch 程序清单

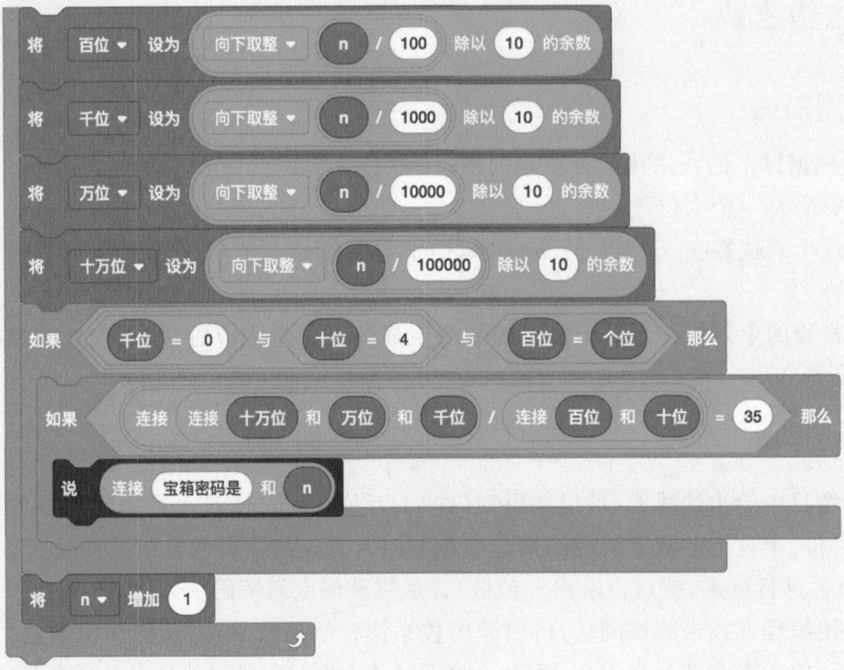

图　3-2(续)

Python 程序清单

```python
def main():
    '''宝箱密码'''
    for n in range(800000, 900000):
        d1 = n % 10
        d2 = n // 10 % 10
        d3 = n // 100 % 10
        d4 = n // 1000 % 10
        d5 = n // 10000 % 10
        d6 = n // 100000 % 10
        if d4 == 0 and d2 == 4 and d3 == d1:
            if (d6 * 100 + d5 * 10 + d4) / (d3 * 10 + d2) == 35:
                print('宝箱密码是', n)

if __name__ == '__main__':
    main()
```

C++程序清单

```cpp
#include < bits/stdc++.h >
using namespace std;
```

```
//宝箱密码
int main()
{
    int d1, d2, d3, d4, d5, d6;
    for (int n = 800000; n < 900000; n++) {
        d1 = n % 10;
        d2 = n / 10 % 10;
        d3 = n / 100 % 10;
        d4 = n / 1000 % 10;
        d5 = n / 10000 % 10;
        d6 = n / 100000 % 10;
        if (d4 == 0 and d2 == 4 and d3 == d1)
            if ((d6 * 100 + d5 * 10 + d4) / (d3 * 10.0 + d2) == 35)
                cout << "宝箱密码是" << n << endl;
    }
    return 0;
}
```

拓展练习

请使用枚举法编程求解下列问题。

(1) 在图 3-3 中的○里分别填上 3、4、5、6、7，使每条线上的三个数相加都得 12。

(2) 在图 3-4 中的○里分别填上 21、22、23、24、25，使每个条线上的 3 个数相加都得 69。

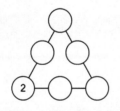
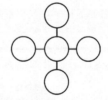

图 3-3　练习题(1)图　　　　　　　图 3-4　练习题(2)图

(3) 有一个算式：$ABCD - CDC = ABC$。其中，A、B、C、D 均为 1 位正整数。问 A、B、C、D 的值分别是什么？

3.3　细胞分裂

问题描述

有一种细胞分裂的速度非常快，在最初 1 分钟，由原来的 1 个分裂为 2 个，再过 1 分钟，已经分裂的 2 个又各自分裂成 2 个，一共就有 4 个。按照这个速度，45 分钟产生的细胞就可以充满一个瓶子。请问最后共有细胞多少个？

编程思路

在这个问题中，细胞分裂的个数构成一个数列：1，2，4，8，16，32……规律是后一个数是

前一个数的 2 倍。这是一个等比数列,其定义是:

如果一个数列从第 2 项起,每一项与它的前一项的比等于同一个常数,这个数列就叫作等比数列。这个常数叫作等比数列的公比,公比通常用字母 q 表示。

当 $q=1$ 时,求和公式为 $S_n=na_1$;当 $q \neq 1$ 时,求和公式为 $S_n=\dfrac{a_1(1-q^n)}{1-q}$。

在细胞分裂这个问题中,数列的公比 $q=2$,项数 $n=45$,首项 $a_1=1$,则利用求和公式可计算出细胞的总个数。

等比数列是高中阶段学习的内容,对于低年级学生来说不容易理解,那么我们换一种方法,通过编程的方式求解这个细胞分裂的问题。

在编程时可以采用递推策略。所谓递推策略,就是根据已知条件,利用计算公式进行若干步重复的运算,最终求得答案的一种方法。根据推导问题的方向,可将递推算法分为顺推法和逆推法。所谓顺推法,就是从问题的起始条件出发,由前往后逐步推算出最终结果的方法。逆推法与之相反,它是从问题的最终结果出发,由后往前逐步推算出问题的起始条件。逆推法是顺推法的逆过程。

细胞分裂这个问题可以采用顺推法进行编程。变量“细胞”用于记录每次细胞分裂的数量,变量“总数”用于累加每次细胞分裂的数量,这两个变量的初始值都设为 1,表示在最初的 1 分钟只有一个细胞。然后在一个循环结构中,依次累加每次细胞分裂的数量,经过44 次迭代计算,即可求得细胞的总数量。

编程实现

Scratch 程序清单(见图 3-5)

运行程序得到答案:细胞数量是 35184372088831。

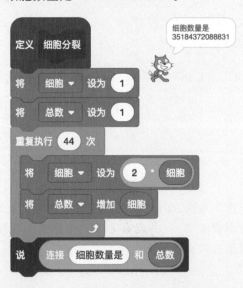

图 3-5 “细胞分裂”Scratch 程序清单

Python 程序清单

```python
def main():
    '''细胞分裂'''
    cells = 1
    total = 1
    for i in range(44):
        cells = 2 * cells
        total += cells
    print('细胞数量是%d' % total)

if __name__ == '__main__':
    main()
```

C++ 程序清单

```cpp
#include < bits/stdc++.h>
using namespace std;

//细胞分裂
int main()
{
    long long cells = 1;
    long long total = 1;
    for (int i = 0; i < 44; i++) {
        cells = 2 * cells;
        total += cells;
    }
    cout << "细胞数量是" << total << endl;
    return 0;
}
```

拓展练习

请使用递推策略编程求解下列问题。

(1) 一个小朋友要把 100 颗糖装到纸盒里,他在第 1 个盒子放 1 颗,第 2 个盒子放 2 颗,第 3 个盒子放 4 颗,第 4 个盒子放 8 颗……照这样放下去,直到放满 7 个盒子。问这 100 颗糖够不够?

(2) 老王卖瓜,自卖自夸。第 1 个顾客来了,买走他所有西瓜的一半又半个;第 2 个顾客来了,买走他余下西瓜的一半又半个……当第 9 个顾客来时,他已经没有西瓜可卖了。问老王原来有多少个西瓜?

(3) 一个 8×8 规格的国际象棋棋盘有 64 个格子,假设棋盘无限大,在第 1 格放 1 粒麦子,第 2 格放 2 粒麦子,第 3 格放 4 粒麦子,第 4 格放 8 粒麦子……依此类推,直到在第 64 格放上麦子。问整个棋盘全部 64 格共放了多少粒麦子?

3.4 早餐搭配

问题描述

在下列早餐中,饮料和点心只能各选 1 种,问共有多少种不同的搭配?
饮料:豆浆、牛奶
点心:蛋糕、油条、饼干、面包
请编写一个程序,列出所有的搭配方案。

编程思路

这是一道排列组合题,有两种方法求解答案。根据题目提供的信息可以将这些早餐分成饮料和点心两类,饮料 2 种,点心 4 种,并且饮料和点心只能各选 1 种。

(1) 分类相加法:第 1 类(选豆浆)有 4 种搭配方案,第 2 类(选牛奶)也有 4 种搭配方案。所以,搭配方案共有 4＋4＝8(种)。

(2) 分步相乘法:搭配早餐分两步,第一步选饮料,有 2 种选择;第 2 步选点心,有 4 种选择。所以,搭配方案共有 2×4＝8(种)。

在编程时,将饮料和点心分别存放在两个列表中,然后通过两重循环列举出它们的组合,并存放在"方案"列表中。

 编程实现

Scratch 程序清单(见图 3-6)

运行程序得到答案:在"方案"列表中列出了 8 种不同的早餐搭配方案。

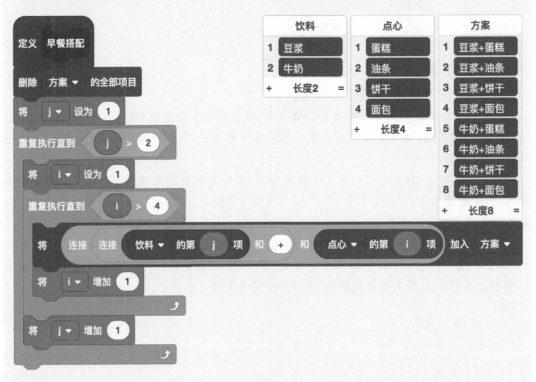

图 3-6 "早餐搭配"Scratch 程序清单

Python 程序清单

```python
def main():
    '''早餐搭配'''
    drinks = ['豆浆', '牛奶']
```

```
foods = ['蛋糕', '油条', '饼干', '面包']
for j in range(2):
    for i in range(4):
        print(drinks[j], foods[i], sep = ' + ')

if __name__ == '__main__':
    main()
```

C++程序清单

```cpp
#include < bits/stdc++.h>
using namespace std;

//早餐搭配
int main()
{
    string drinks[] = {"豆浆", "牛奶"};
    string foods[] = {"蛋糕", "油条", "饼干", "面包"};
    for (int j = 0; j < 2; j++)
        for (int i = 0; i < 4; i++)
            cout << drinks[j] << " + " << foods[i] << endl;
    return 0;
}
```

拓展练习

请编程求解下列问题。

（1）唐僧、孙悟空、猪八戒、沙僧四人站成一排，一共有多少种站法？具体怎么站？

（2）用0、3、7、6可以组成多少个没有重复数字的两位数？具体是哪些？

（3）一个口袋里放了12个球，其中有3个红色的球、3个白色的球和6个黑色的球，从中任取8个球，请问共有多少种不同的颜色搭配？具体是哪些？

3.5　骰子赛车

问题描述

骰（tóu）子又叫色（shǎi）子。它是一个正立方体，有6个面，每个面分别有1～6个点，其相对两面的数字之和都是7。下面利用骰子玩一个有趣的骰子赛车游戏。

游戏规则：由两名玩家参与游戏，分为A、B两队，A队以骰子的5、6、7、8、9点为幸运数字，B队以骰子的2、3、4、10、11、12为幸运数字。两名玩家同时各投掷一枚骰子，当骰子之和是哪一队的幸运数字时，该队的赛车前进一步，赛车先到达终点的一队获胜。

这个游戏比较简单，只要找两个骰子和两辆玩具小赛车，就可以跟小伙伴玩这个骰子赛车游戏了。建议你选择 A 队，这样赢的机会更大哦！

 编程思路

可以编写程序模拟这个赛车游戏。A、B 两队分别使用变量"赛车 A"和"赛车 B"表示，在一个循环结构中模拟两个玩家投掷 100 次骰子，最后根据两个变量的值判断胜负，以值大者为胜。

编程实现

Scratch 程序清单(见图 3-7)

运行程序得到结果：赛车 A 和赛车 B 的值分别为 67 和 33。由此可知，赛车 A 获胜。多试几次，仍然是赛车 A 获胜。

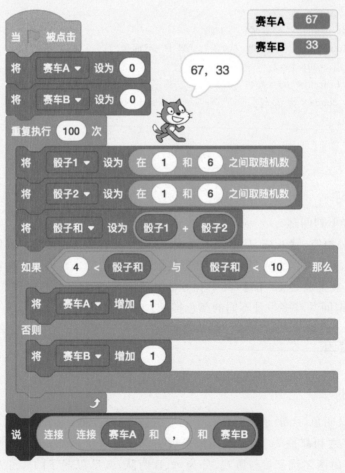

图 3-7 "骰子赛车"Scratch 程序清单

Python 程序清单

```python
from random import randint

def main():
    '''骰子赛车'''
    car_a, car_b = 0, 0
    for i in range(100):
        dice1 = randint(1, 6)
        dice2 = randint(1, 6)
        dice_sum = dice1 + dice2
        if 4 < dice_sum < 10:
            car_a += 1
        else:
            car_b += 1
    print(car_a, car_b)

if __name__ == '__main__':
    main()
```

C++ 程序清单

```cpp
#include <bits/stdc++.h>
using namespace std;

//骰子赛车
int main()
{
    srand(time(0));
    int car_a = 0, car_b = 0;
    for (int i = 0; i < 100; i++) {
        int dice1 = rand() % 6 + 1;
        int dice2 = rand() % 6 + 1;
        int dice_sum = dice1 + dice2;
        if (4 < dice_sum and dice_sum < 10)
            car_a += 1;
        else
            car_b += 1;
    }
    cout << car_a << ", " << car_b << endl;
    return 0;
}
```

拓展练习

为什么 A 队的幸运数字比 B 队的少 1 个,反而获胜的机会比 B 队大呢?

下面编写程序探究一下两个骰子之和出现的规律。该程序的代码见图 3-8。

该程序模拟掷骰子 1000 次,统计出两个骰子之和各自出现的次数,将统计结果存放在"统计"列表中,并将这些数据制成统计图表,如图 3-9 所示。

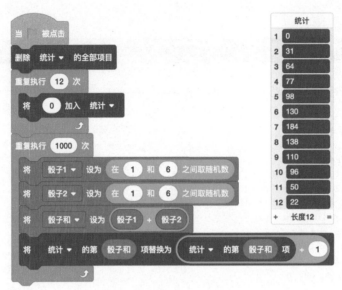

图 3-8　掷骰子统计程序

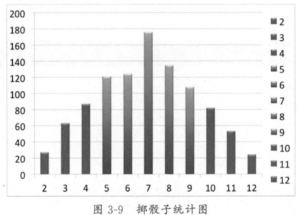

图 3-9　掷骰子统计图

通过图 3-9 可以发现，两个骰子之和为 7 出现的次数最多，以 7 为中点，向左右两边逐渐减少。A 队的幸运数字为图表中的红柱部分，B 队的幸运数字是蓝柱部分。很明显，红柱部分的幸运数字出现的次数是最多的，这就是为什么选择 A 队能获胜的原因。

如果把 A 队的幸运数字 9 给 B 队，那么 A 队还能获胜吗？

3.6　素数筛法

问题描述

在两千多年前的古希腊，数学家埃拉托色尼（Eratosthenes）在写一本叫做《算术入门》的书。在写到"数的整除"部分时，他想：怎样才能找到一种最简单的判断素数的方法呢？左思右想也没有结果，于是他去郊外散步，边走边思考，竟然走到了一家磨坊。磨坊的工人们正在忙碌着，有的搬运麦子，有的磨面，有的筛粉。埃拉托色尼突然眼前一亮，是否可以用筛选的方法来挑选素数呢？把合数像筛粉一样筛掉，留下的肯定就是素数了。

埃拉托色尼受此启发创造了一种与众不同的寻找素数的方法：先将 2～n 的各个自然

数放入表中,然后在 2 的上面画一个圆圈,再划去 2 的其他倍数;第一个既未画圈又没有被划去的数是 3,将它画圈,再划去 3 的其他倍数;现在既未画圈又没有被划去的第一个数是 5,将它画圈,并划去 5 的其他倍数……依此类推,直到所有小于或等于 n 的各数都画了圈或被划去为止。这时,表中画了圈的以及未划去的那些数正好就是小于 n 的素数。这个简单而高效的寻找素数的方法被称作埃拉托色尼筛法。

请编写一个程序,使用埃拉托色尼筛法找出自然数 1000 以内的所有素数。

 编程思路

寻找素数的埃拉托色尼筛法易于理解,可以采用模拟策略编程实现该算法。在编程时,先把待筛选的自然数(2～1000)放入"素数表"列表中,然后在一个循环结构中按照埃拉托色尼筛法的操作方法把"素数表"列表中的合数逐个删除。当要处理的素数的平方大于要筛选的最大数时,就可以结束筛选过程,因为当前素数后面没有被删掉的数都是素数。

 编程实现

 Scratch 程序清单(见图 3-10)

运行程序得到结果:找到 2～1000 的 168 个素数。

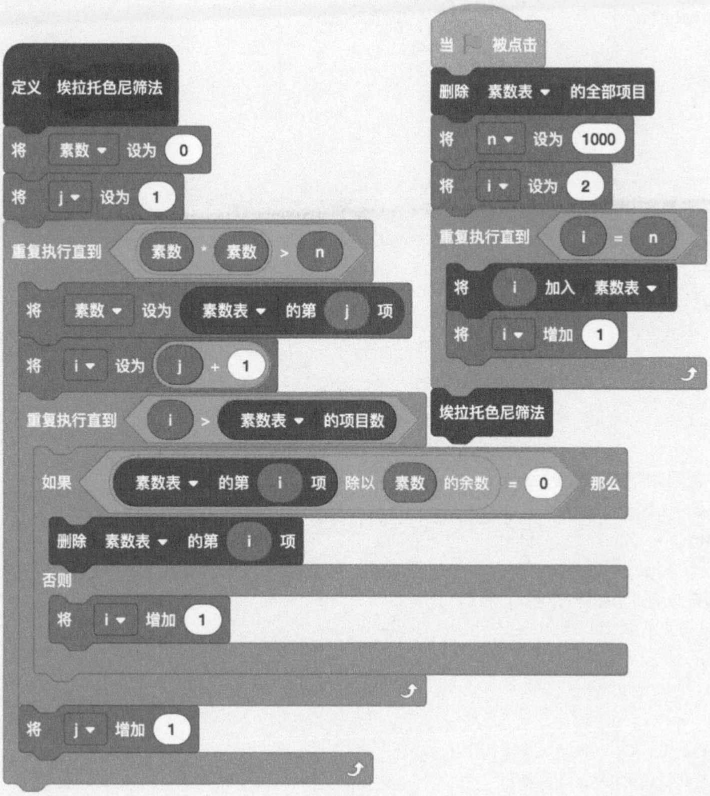

图 3-10　"素数筛法"Scratch 程序清单

Python 程序清单

```python
def find_primes(n):
    '''素数筛法'''
    #生成2到n之间数表
    primes = [i for i in range(2, n)]
    #根据埃拉托色尼筛法删除合数
    p, j = 0, 0
    while p * p <= n:
        p = primes[j]
        i = j + 1
        while i < len(primes):
            if primes[i] % p == 0:
                del primes[i]
            else:
                i += 1
        j += 1
    #输出素数表
    print(primes)


def main():
    '''主程序'''
    n = 1000                      #设定筛选的最大数
    find_primes(n)                #筛选素数


if __name__ == '__main__':
    main()
```

C++程序清单

```cpp
#include <bits/stdc++.h>
using namespace std;

//素数筛法
void find_primes(int n)
{
    //生成2到n之间数表
    vector<int> primes;
    for (int i = 2; i < n; i++)
        primes.push_back(i);
    //根据埃拉托色尼筛法删除合数
    int p = 0, j = 0;
    while (p * p <= n) {
        p = primes[j];
        int i = j + 1;
        while (i < primes.size()) {
            if (primes[i] % p == 0)
                primes.erase(primes.begin() + i);
            else
```

```
                    i += 1;
            }
            j += 1;
        }
        //输出素数表
        for (int i = 0; i < primes.size(); i++)
            cout << primes[i] << ", ";
    }

    int main()
    {
        int n = 1000;              //设定筛选的最大数
        find_primes(n);            //筛选素数
        return 0;
    }
```

拓展练习

有一个由任意自然数构成的数列,例如 4,5,3,6,7,2,8。想象有一只蚂蚁在数列中以环形方式爬行,也就是说,如果蚂蚁前进到数列的尾部,再向前走就会到达数列的头部;如果蚂蚁后退到数列的头部,再向后退就会到达数列的尾部。蚂蚁从数列中任一位置开始爬行,其移动的策略如下:当蚂蚁所处位置是一个素数时,那么蚂蚁向前走一步,到达数列中的下一个数。当蚂蚁所处位置是一个合数时,那么蚂蚁要做两个操作:①找出这个合数除 1 外的最小因数 f,然后把当前位置的数替换为自身除以 f 的结果;②让蚂蚁后退一步,再将退到的这个位置上的数替换为自身加上 f 的结果。这样不断地重复,在蚂蚁经过若干次爬行后,数列中就会全部变为素数。

请编写程序模拟蚂蚁爬行,验证是否能够把数列中的自然数全部变换为素数。

3.7 哥德巴赫猜想

问题描述

哥德巴赫猜想是指任何大于 2 的偶数都可以写成两个素数之和,例如,8＝3＋5,12＝5＋7,16＝3＋13……这是德国数学家哥德巴赫在 1742 年提出的一个猜想,它被称为世界近代三大数学难题之一。

哥德巴赫自己无法证明这个猜想,曾写信请教赫赫有名的大数学家欧拉帮忙证明,但是终其一生,欧拉也没能给出严格的证明。哥德巴赫猜想被提出后吸引了全世界数学家和数学爱好者的目光,它被人们称为数学皇冠上一颗可望而不可即的"明珠"。时至今日,哥德巴赫猜想依然没有解决,目前最好的成果(陈氏定理)是 1966 年由中国数学家陈景润取得的。

请编写验证哥德巴赫猜想的程序,对"1000 以内大于 2 的偶数都能分解为两个素数之和"进行验证。

编程思路

可以采用枚举策略编写验证哥德巴赫猜想的程序。在编程时,创建一个循环结构列举从 4 到 1000 之间的偶数，并逐一验证其是否通过。在验证一个偶数是否可以写成两个素数之和时，可以将该偶数分解为两个数，然后判断它们是否都是素数。如果都是，则该偶数通过验证，可将其写成两个素数之和的形式，并加入"哥德巴赫猜想"列表中。一个偶数可能会有多种分解方法，该程序只记录其中一种。

素数的判断：如果一个自然数 n 能够被 2 到 $\sqrt{n}$ 之间的任意一个数整除，则 n 不是素数，反之为素数。

 编程实现

Scratch 程序清单（见图 3-11）

运行程序得到结果：1000 以内通过验证的偶数被记录到"哥德巴赫猜想"列表中。

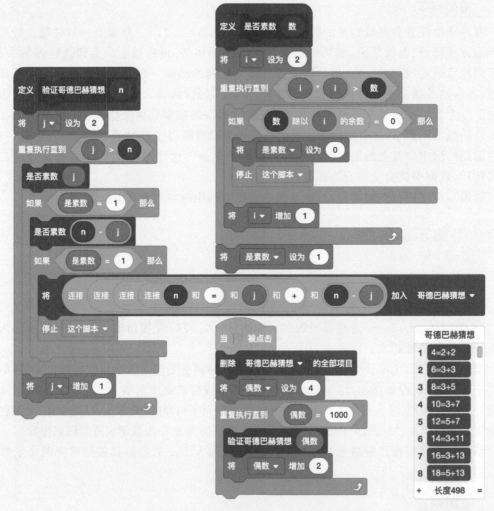

图 3-11　"验证哥德巴赫猜想"Scratch 程序清单

Python 程序清单

```python
def is_prime(n):
    '''判断素数'''
    i = 2
    while i * i <= n:
        if n % i == 0:
            return False
        i += 1
    return True

def check(n):
    '''验证哥德巴赫猜想'''
    j = 2
    while j < n:
        #将一个偶数分解为两个数,并判断是否为素数
        if is_prime(j) and is_prime(n - j):
            print('%d = %d + %d' % (n, j, n - j))
            break
        j += 1

def main():
    '''主程序'''
    n = 4
    while n < 1000:
        check(n)
        n += 2

if __name__ == '__main__':
    main()
```

C++程序清单

```cpp
#include < bits/stdc++.h >
using namespace std;

//判断素数
bool is_prime(int n)
{
    int i = 2;
    while (i * i <= n) {
        if (n % i == 0)
            return false;
        i += 1;
    }
    return true;
}

//验证哥德巴赫猜想
void check(int n)
{
    int j = 2;
```

```
        while (j < n) {
            //将一个偶数分解为两个数,并判断是否为素数
            if (is_prime(j) and is_prime(n - j)) {
                cout << n << " = " << j << " + " << n - j << endl;
                break;
            }
            j += 1;
        }
    }

    //主程序
    int main()
    {
        int n = 4;
        while (n < 1000) {
            check(n);
            n += 2;
        }
        return 0;
    }
```

拓展练习

从关于偶数的哥德巴赫猜想可推出任一大于 7 的奇数都可写成三个素数之和的猜想,后者称为"弱哥德巴赫猜想"或"关于奇数的哥德巴赫猜想"。若关于偶数的哥德巴赫猜想是正确的,那么关于奇数的哥德巴赫猜想也是正确的。2013 年 5 月,巴黎高等师范学院研究员哈洛德•贺欧夫各特发表了两篇论文,宣布彻底证明了弱哥德巴赫猜想。

请编写一个验证程序,对"1000 以内大于 7 的奇数都可写成三个素数之和的猜想"进行验证。

3.8　更相减损术

问题描述

在我国古代数学专著《九章算术》中记载了一种"更相减损术",其内容是："可半者半之,不可半者,副置分母、子之数,以少减多,更相减损,求其等也,以等数约之。"意思是：如果分子、分母全是偶数,就先除以 2；否则以较大的数减去较小的数,把所得的差与上一步中的减数比较,并再以大数减去小数,如此重复进行下去,当差与减数相等即出现"等数"时,用这个等数约分。这种方法原本是为约分而设计的,但它适用于任何需要求最大公约数的场合。

使用更相减损术求两个自然数的最大公约数的步骤如下。

(1)任意给定两个自然数,判断它们是否都是偶数。若是,则用 2 约简；若不是,则执行第(2)步。

(2)以较大的数减去较小的数,然后把所得的差与较小的数比较,并以大数减去小数。继续这个操作,直到所得的差和减数相等为止。

(3)把第(1)步中约掉的若干个 2 乘以第(2)步中的等数得到的积就是所求的最大公约数。这里所说的"等数"就是公约数。

请编写一个程序,实现利用更相减损术求两个自然数的最大公约数。例如,输入 168 和

48,输出它们的最大公约数 24。

编程思路

举例说明,用更相减损术求 168 和 48 的最大公约数,具体步骤如下。

(1) 由于 168 和 48 均为偶数,首先用 2 约简得到 84 和 24,再用 2 约简得到 42 和 12,又用 2 约简得到 21 和 6。

(2) 此时 21 是奇数,而 6 是偶数,故把 21 和 6 以大数减小数,并辗转相减:$21-6=15$,$15-6=9,9-6=3,6-3=3$。

(3) 把第(1)步中约掉的 3 个 2 和"等数"3 相乘:$2×2×2×3=24$。

最后求得 168 与 48 的最大公约数是 24。

编程实现

Scratch 程序清单(见图 3-12)

运行程序得到结果:168 和 48 的最大公约数是 24。

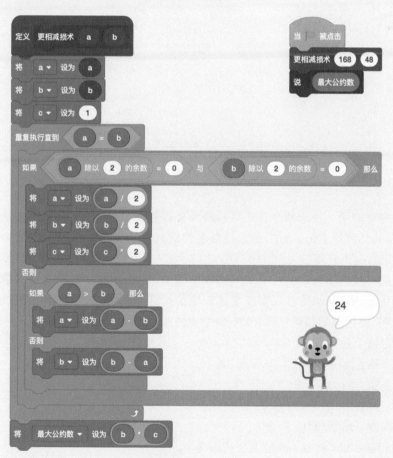

图 3-12　"更相减损术"Scratch 程序清单

Python 程序清单

```python
def gcd(a, b):
    '''更相减损术'''
    c = 1
    while a != b:
        if a % 2 == 0 and b % 2 == 0:
            a = a // 2
            b = b // 2
            c = c * 2
        else:
            if a > b:
                a = a - b
            else:
                b = b - a
    return b * c

def main():
    n = gcd(168, 48)
    print(n)

if __name__ == '__main__':
    main()
```

C++程序清单

```cpp
#include < bits/stdc++.h>
using namespace std;

//更相减损术
int gcd( int a, int b)
{
    int c = 1;
    while (a != b) {
        if (a % 2 == 0 and b % 2 == 0) {
            a = a / 2;
            b = b / 2;
            c = c * 2;
        }
        else {
            if (a > b)
                a = a - b;
            else
                b = b - a;
        }
    }
    return b * c;
}

int main()
{
    int n = gcd(168, 48);
    cout << n << endl;
    return 0;
}
```

拓展练习

　　欧几里得算法是一种求两个自然数的最大公约数的算法，最早记载于古希腊数学家欧几里得所著的《几何原本》一书中，所以被命名为欧几里得算法。该算法求最大公约数的步骤：对于给定的两个自然数 a 和 $b(a > b)$，用 a 除以 b 得到余数 c。若余数 c 不为 0，就将 b 和 c 构成新的一对数 $(a = b, b = c)$，继续前面的除法，直到余数 c 为 0，这时 b 就是原来两个自然数的最大公约数。该算法需要反复进行除法运算，故又被称为辗转相除法。

　　举例说明，使用辗转相除法求 1024 和 248 的最大公约数，具体步骤如下。

　　(1) 给定两个自然数：1024，248。

　　(2) 第一次：用 1024 除以 248，余 32。

　　(3) 第二次：用 248 除以 32，余 24。

　　(4) 第三次：用 32 除以 24，余 8。

　　(5) 第四次：用 24 除以 8，余 0。

　　这时就得到 1024 和 248 的最大公约数是 8。

　　请编写一个程序，实现利用辗转相除法求两个自然数的最大公约数。

3.9　一尺之棰

 问题描述

《庄子·天下篇》中有一句话："一尺之棰,日取其半,万世不竭。"意思是： 一根一尺长的木棒,今天取它的一半,明天取它的一半的一半,后天再取它一半的一半的一半……这样取下去,永远也取不完。这根木棒是一个长度的物体,但它却可以无限地分割下去。将这个思想用数学算式描述如下：

$$\frac{1}{2}+\frac{1}{4}+\frac{1}{8}+\frac{1}{16}+\frac{1}{32}+\frac{1}{64}+\cdots=1$$

请编写一个程序,验证上述算式的计算结果是否等于1。

编程思路

在上面的算式中,从第二个数开始,每个数是前一个数的$\frac{1}{2}$。从分母来看,从第二个分式开始,每个分式的分母是前一个的2倍。在编程时,使用一个计数器变量n作为分母,其初始值为2,每次变化为原来的2倍。同时,将$\frac{1}{n}$的计算结果累加到变量s中。为了便于观察,将每次迭代时的分式和累加的和存放在"日志"列表中。

编程实现

Scratch 程序清单(见图 3-13)

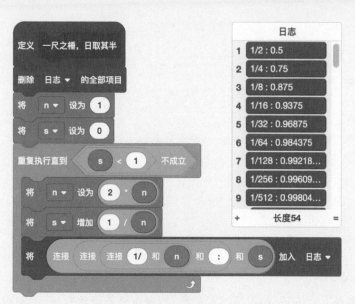

图 3-13　"一尺之棰"Scratch 程序清单

运行程序，在"日志"列表中可以看到如下信息。

```
1/2 : 0.5
1/4 : 0.75
1/8 : 0.875
1/16 : 0.9375
1/32 : 0.96875
1/64 : 0.984375
...
1/1125899906842624 : 0.9999999999999991
1/2251799813685248 : 0.9999999999999996
1/4503599627370496 : 0.9999999999999998
1/9007199254740992 : 0.9999999999999999
1/18014398509481984 : 1
```

从输出信息来看，随着计算项数的不断增加，最终得数是 1，这似乎与"一尺之棰，日取其半，万世不竭"所说的永远取不完不一致。这是因为计算机能够表示的数字精度有限，当超过 0.9999999999999999（小数点后有 16 个 9）时，将无法表示更多位数的小数，其值将变成 1。

Python 程序清单

```python
def main():
    '''一尺之棰'''
    n = 1
    s = 0
    while s < 1:
        n = 2 * n
        s += 1/n
        print(n, s, sep = ' : ')


if __name__ == '__main__':
    main()
```

C++程序清单

```cpp
#include < bits/stdc++.h>
using namespace std;

//一尺之棰
int main()
{
    cout.precision(16);
    long long n = 1;
    double s = 0;
    while (s < 1) {
        n = 2 * n;
        s += 1.0/n;
        cout << n << " : " << s << endl;
    }
    return 0;
}
```

拓展练习

假设有一张厚 0.05mm、面积足够大的纸，把这张纸不断地对折，请问对折多少次后，可达到地球与月球之间的距离（3.84×10^8 m）。请编写程序求解答案。

3.10 二进制数

问题描述

17世纪,德国数学家莱布尼茨首先提出二进制记数法。20世纪30年代中期,数学家冯·诺依曼大胆地提出采用二进制作为数字计算机的数制基础。二进制是计算机技术中广泛采用的一种数制。二进制数据是用0和1两个数码来表示的数。它的基数为2,进位规则是"逢二进一",借位规则是"借一当二"。

将一个十进制整数转换为二进制整数,可以采用"除2取余,逆序排列"的方法。具体做法:用十进制整数除以2,得到一个商和一个余数;再用得到商除以2,又会得到一个商和一个数余数。照此方法不断地用商除以2,并记下各个余数,直到商等于0为止。然后,把先得到的余数放在二进制数的低位,后得到的余数放在二进制数的高位,按此顺序排列各个余数,就得到了转换后二进制数。

例如,将十进制整数10转换为二进制数,计算过程如表3-1所示。

表3-1 将十进制整数10转换为二进制数的计算过程

计算步骤	商	余数(二进制数的各位)
10÷2	5	0
5÷2	2	1
2÷2	1	0
1÷2	0	1

最后把得到的各个余数逆序排列,得到的二进制数就是1010。

请编写一个程序,输入一个十进制正整数,然后将其转换为二进制数输出。

编程思路

按照上述计算方法编写程序即可。在编程时,输入一个十进制正整数存放在变量decimal中。然后在一个循环结构中,对变量decimal不断除以2并向下取整,直到其值为0时结束循环。同时,在循环体中,不断求decimal除以2的余数,并将余数存放到字符串变量binary中。由于需要将得到的各个余数逆序排列,因此要在字符串binary的前面插入余数。

编程实现

Scratch 程序清单(见图3-14)

运行程序,在对话框中输入正整数10,转换得到的二进制数是1010。

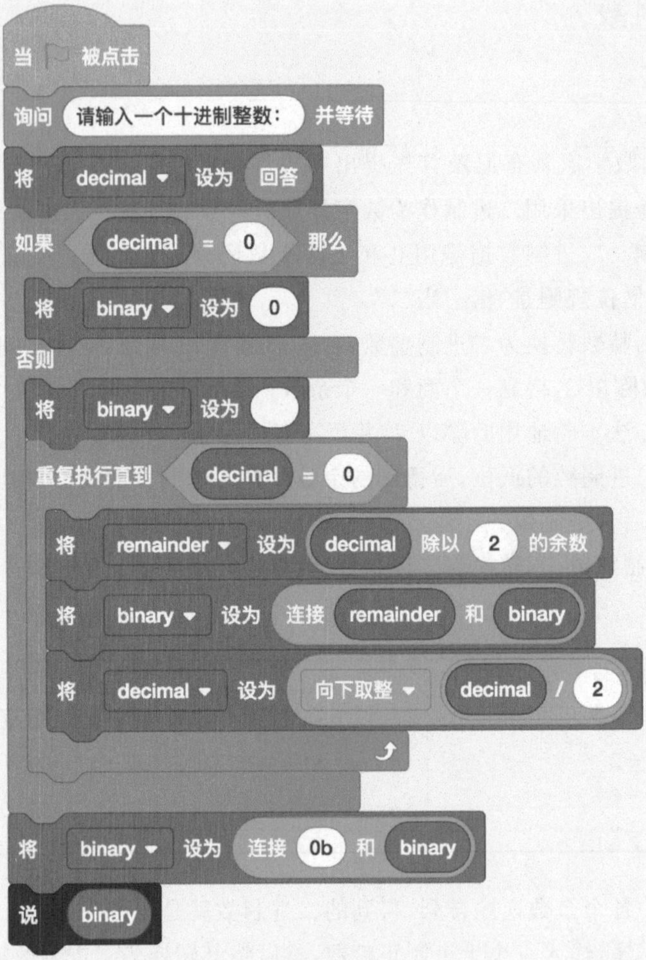

图 3-14 "二进制数"Scratch 程序清单

Python 程序清单

```python
def main():
    '''二进制数'''
    decimal = int(input('请输入一个十进制整数: '))
    if decimal == 0:
        binary = '0'
    else:
        binary = ''
        while decimal > 0:
            remainder = decimal % 2
            binary = str(remainder) + binary
            decimal = decimal // 2
```

```
        binary = '0b' + binary
        print(binary)

if __name__ == '__main__':
    main()
```

C++程序清单

```cpp
#include <bits/stdc++.h>
using namespace std;

//二进制数
int main()
{
    cout << "请输入一个十进制整数: ";
    int decimal; cin >> decimal;
    string binary;
    if (decimal == 0)
        binary = "0";
    else {
        binary = "";
        while (decimal > 0) {
            int remainder = decimal % 2;
            binary = (char)(remainder + 48) + binary;
            decimal = decimal / 2;
        }
    }
    binary = "0b" + binary;
    cout << binary << endl;
    return 0;
}
```

拓展练习

将一个二进制整数转换为十进制数时,采用"从0开始,乘2加余"的方法。具体做法:先用0乘以2,加上余数(二进制数的第1位),得到一个整数;再用这个整数乘以2,加上余数(二进制数的第2位),得到一个新的整数。照此方法依次处理二进制数的各位数字,最后的计算结果就是这个二进制整数的十进制表示。这和上面介绍的十进制整数转换为二进制数的过程刚好相反。(注:这里只考虑正整数的情况)

例如,将二进制数1010转换为十进制数,计算过程如表3-2所示。

表 3-2   二进制数 1010 转换为十进制数的计算过程

二进制数的各位(余数)	计算步骤	结果
1	$0 \times 2 + 1$	1
0	$1 \times 2 + 0$	2
1	$2 \times 2 + 1$	5
0	$5 \times 2 + 0$	10

所以，二进制数 1010 的十进制表示为 10。

请编写一个程序，输入一个二进制整数，然后将其转换为十进制数输出。

第4章 趣味数字

从远古时代开始,人类在漫长的生产劳动和生活实践中,逐渐从具体的事物数量中抽象出数的概念,并进一步产生和形成了自然数。像0、1、2、3、4……这样用于表示物体个数的数就叫作自然数。自然数从0开始,一个接一个,无穷无尽。

素数是数学中一个基本而重要的概念,我们从小学就开始接触素数。素数的定义是,一个大于1的自然数,如果只能被1和它自身整除,就叫作素数。任何一个大于1的自然数都可以分解成几个素数连乘积的形式,而且这种分解是唯一的。可以说,素数是构成整个自然数大厦的砖瓦。

在探索素数的过程中,欧几里德、费马、欧拉、狄里克雷、高斯、哥德巴赫、陈景润等一批批数学家承前启后、乐此不疲地投入到对素数的研究之中,各种数学方法和理论被发展,素数定理、哥德巴赫猜想、黎曼假设、陈氏定理等不断地给数学界注入新鲜的血液。随着科技的进步和数学家们不懈的探索,素数的神秘密码被一点点破译,但是素数依然有着无穷的奥秘等着我们去发现。

本章将和读者探讨一些富有趣味的自然数和素数。例如,153、370、6、28、13597、79531、(220,284)、(3,4,5)、(5,7)……这些看似平淡无奇的数字或数对,是经过某种规则运算后得到的。人们根据它们表现出的有趣特征,给它们起了一些很有意思的名字,例如,水仙花数、完美数、亲密数、勾股数、梅森素数、孪生素数、回文素数、金蝉素数,等等。现在,就让我们通过编程的方式来寻找这些妙趣横生的数字吧!

4.1 水仙花数

问题描述

水仙花数(Narcissistic Number)是指一个3位数,它的各位数字的立方和等于该数本身。例如,自然数153是一个水仙花数,它的各位数字的立方和是$1^3+5^3+3^3=153$。那么,在所有的3位数中有多少个水仙花数呢?请编写程序找出所有的水仙花数。

===== 小　知　识 =====

为什么像 153 这样的数叫作水仙花数呢？据说来源于古希腊神话中的美少年那喀索斯（Narcissus），他在水塘边被自己在水中的美丽倒影吸引，久久不愿离去，最后恍惚而死，化作一朵水仙花。水仙花的英文名是 Narcissus，与水仙花数的词根是一样的；Narcissistic 的意思是"自我陶醉的，自恋的，自我崇拜的"。所以，水仙花数也被称为自恋数。

 编程思路

采用枚举策略编写寻找水仙花数的程序。创建一个循环结构，从 100 开始依次列举出所有的 3 位数，然后把每一个 3 位数的百位、十位和个数上的数字拆解出来，并计算它们的立方和，再判断这个立方和是否等于这个 3 位数本身，若成立则该数就是水仙花数。

 程序清单

Scratch 程序清单(见图 4-1)

运行程序得到答案：所有的水仙花是 153、370、371、407。

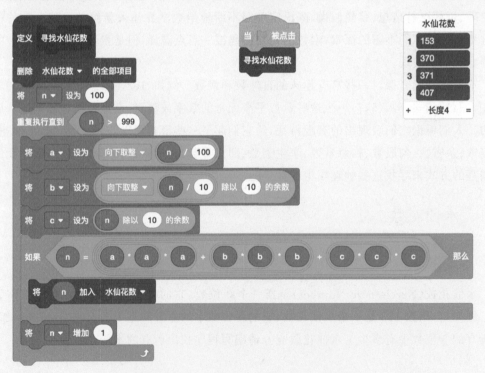

图 4-1　"水仙花数"Scratch 程序清单

Python 程序清单

```python
def main():
    '''寻找水仙花数'''
    n = 100
    while n < 1000:
        a = n // 100
        b = n // 10 % 10
        c = n % 10
        if n == a * a * a + b * b * b + c * c * c:
            print(n)
        n += 1

if __name__ == '__main__':
    main()
```

C++ 程序清单

```cpp
#include < bits/stdc++.h >
using namespace std;

//寻找水仙花数
int main()
{
    int n = 100;
    while (n < 1000) {
        int a = n / 100;
        int b = n / 10 % 10;
        int c = n % 10;
        if (n == a * a * a + b * b * b + c * c * c) {
            cout << n << endl;
        }
        n += 1;
    }
    return 0;
}
```

 拓展练习

像水仙花数这样,如果一个 n 位数的每位数字的 n 次方之和等于它本身,就把这个 n 位数叫作自幂数。当 n 为 3 时,自幂数称为水仙花数;当 n 为 4、5、6、7、8、9、10 时,自幂数分别称为四叶玫瑰数、五角星数、六合数、北斗七星数、八仙数、九九重阳数、十全十美数。如果你对这些五花八门的自幂数感兴趣,不妨编写程序找出它们吧!

4.2 完美数

问题描述

完美数(Perfect Number)又称完全数或完备数。如果一个自然数恰好等于除去它本身以外的所有因数之和,这种数就叫作完美数。例如,自然数 6 是一个完美数,除去它自身之外的因数是 1、2、3,这 3 个因数的和是 6,恰好等于该数自身。请编写程序找出 10000 以内的完美数。

===== 小 知 识 =====

古希腊数学家毕达哥拉斯是最早研究完美数的人,他在当时已经知道 6 和 28 是完美数。毕达哥拉斯曾说:"6 象证着圆满的婚姻以及健康和美丽,因为它的部分是完整的,并且其和等于自身。"在完美数被发现之后,无数的数学家和业余爱好者醉心于寻找更多的完美数。但是,寻找完美数并不是一件容易的事情,经过数学家们的努力,至今只找到 50 个完美数。

编程思路

采用枚举策略编写寻找完美数的程序。创建一个循环结构,依次列举 10000 以内的各个自然数,并判断它们是否为完美数。判断一个数是否为完美数时,先计算出不包括它自身的各因数之和,再判断这个和是否等于该数,若成立则该数是完美数。

程序清单

Scratch 程序清单(见图 4-2)

运行程序得到答案: 10000 以内的完美数是 6、28、496 和 8128。

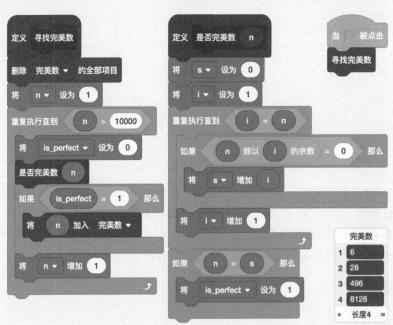

图 4-2 "完美数"Scratch 程序清单

Python 程序清单

```python
def is_perfect(n):
    '''判断一个自然数是否为完美数'''
    s = 0
    for i in range(1, n);
        if n % i == 0:                    #判断是否为因数
            s += i                        #累加真因数之和
    return s == n                         #真因数之和等于该数自身则是完美数


def main():
    '''寻找完美数'''
    for n in range(1, 10000):
        if is_perfect(n):                 #调用函数判断是否为完美数
            print(n)                      #输出完美数


if __name__ == '__main__':
    '''程序入口'''
    main()
```

C++程序清单

```cpp
#include <bits/stdc++.h>
using namespace std;

//判断一个自然数是否为完美数
bool is_perfect(int n)
{
    int s = 0;
    for (int i = 1; i < n; i++) {
        if (n % i == 0)                   //判断是否为因数
            s += i;                       //累加真因数之和
    }
    return s == n;                        //真因数之和等于该数自身则是完美数
}

//寻找完美数
int main()
{
    for (int n = 1; n < 10000; n++) {
        if (is_perfect(n))                //调用函数判断是否为完美数
            cout << n << endl;            //输出完美数
    }
    return 0;
}
```

拓展练习

利用前面的程序可以很快地找出 4 个完美数：6、28、496 和 8128。但是，如果你想找到第 5 个完美数，就要耗费一些时间了。它隐藏在千万位数的深处，因此需要你有足够的耐心。或者，你来设计一个速度更快的算法吧。

4.3 亲密数

 问题描述

亲密数的定义：如果一个自然数 a 的全部因子(排除它自身)之和等于另一个自然数 b，并且自然数 b 的全部因子(排除它自身)之和也等于自然数 a，那么，自然数 a 和 b 就构成一对亲密数。请编写一个寻找亲密数的程序，看看在 2000 以内能找到多少对亲密数。

编程思路

采用枚举策略编程寻找亲密数。按照亲密数的定义，先计算出自然数 a 的真因数之和，将其作为自然数 b；再计算出自然数 b 的真因数之和，用它和自然数 a 比较，如果两者相等，则自然数 a 和 b 是亲密数。当自然数 a 和 b 相等，则找到的是完美数；当自然数 a 大于 b 时，则找到的是重复的亲密数对。因此，为防止这两种情况出现，要先判断当自然数 a 小于 b 时，才继续判断 b 是否与 a 构成亲密数对。

程序清单

Scratch 程序清单(见图 4-3)

运行程序得到答案：2000 以内的亲密数对是(220,284)和(1184,1210)。

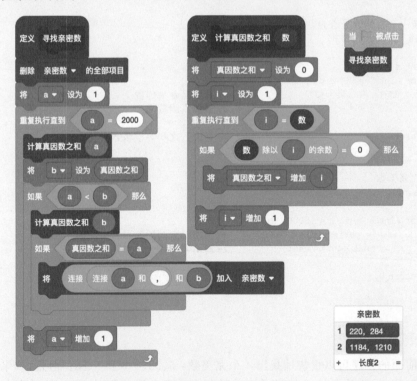

图 4-3　"亲密数"Scratch 程序清单

Python 程序清单

```python
def factors_sum(n):
    '''求一个数的真因数之和'''
    s = 0
    for i in range(1, n):
        if n % i == 0:              #判断是否为因数
            s += i                  #累加真因数之和
    return s

def main():
    '''寻找亲密数'''
    for a in range(1, 2000):
        b = factors_sum(a)
        if a < b:
            bs = factors_sum(b)
            if bs == a:
                print('( %d, %d)' % (a, b))

if __name__ == '__main__':
    '''程序入口'''
    main()
```

C++ 程序清单

```cpp
#include < bits/stdc++.h >
using namespace std;

//求一个数的真因数之和
int factors_sum(int n)
{
    int s = 0;
    for (int i = 1; i < n; i++) {
        if (n % i == 0)             //判断是否为因数
            s += i;                 //累加真因数之和
    }
    return s;
}

//寻找亲密数
int main()
{
```

```
for (int a = 1; a < 2000; a++) {
    int b = factors_sum(a);
    if (a < b) {
        int bs = factors_sum(b);
        if (bs == a)
            cout << "(" << a << "," << b << ")" << endl;
    }
}
return 0;
}
```

拓展练习

自守数是指一个数的平方的尾数等于该自身的自然数。例如，$5^2 = 25$、$25^2 = 625$、$76^2 = 5776$、$376^2 = 141376$，等等。请编写一个程序，找出 1000 以内的自守数。

4.4 勾股数

问题描述

勾股数是指能构成直角三角形 3 条边的 3 个自然数(a,b,c)，它们是符合勾股定理的一组自然数。勾股定理是指直角三角形两条直角边 a、b 的平方和等于斜边 c 的平方$(a^2 + b^2 = c^2)$。请编写程序找出 100 以内所有的勾股数。

编程思路

最小的勾股数是$(3,4,5)$。要避免$(3,4,5)$和$(4,3,5)$这样重复的勾股数，就要使 3 个数符合 $a < b < c$ 的关系。采用枚举策略编程寻找勾股数。在编程时，创建一个三重循环结构，从 3 开始依次列举 a、b、c 这 3 个变量的可能值，并使用勾股定理判断这 3 个变量值是否符合要求。如果符合勾股定理的要求，就把这 3 个变量值记录到"勾股数"列表中。

程序清单

Scratch 程序清单(见图 4-4)

运行程序得到答案：100 以内的勾股数有 50 组，可在图 4-4 所示的"勾股数"列表中查看。

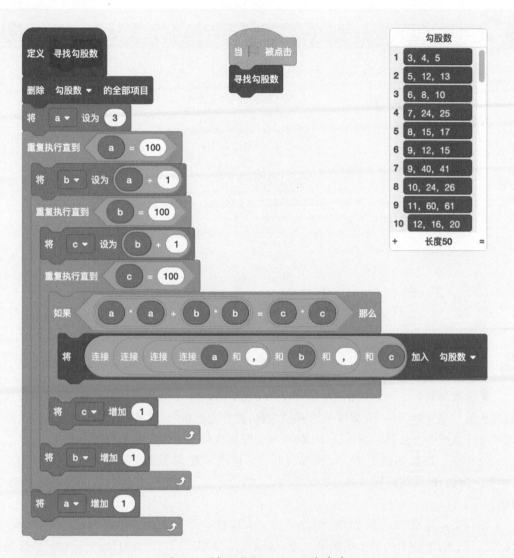

图 4-4 "勾股数"Scratch 程序清单

Python 程序清单

```python
def main():
    '''寻找勾股数'''
    for a in range(3, 100):
        for b in range(a + 1, 100):
            for c in range(b + 1, 100):
                if a * a + b * b == c * c:
                    print('%d, %d, %d' % (a, b, c))

if __name__ == '__main__':
    '''程序入口'''
    main()
```

C++ 程序清单

```
#include < bits/stdc++.h>
using namespace std;

//寻找勾股数
int main()
{
    for (int a = 3; a < 100; a++) {
        for (int b = a + 1; b < 100; b++) {
            for (int c = b + 1; c < 100; c++) {
                if (a * a + b * b == c * c)
                    cout << a << "," << b << "," << c << endl;
            }
        }
    }
    return 0;
}
```

拓展练习

斐波那契数列 1，1，2，3，5，8，13，21，34，55，89，144……是一个神奇的数列，这个数列从第 3 项开始，每一项都等于前两项之和，而且竟然将"勾股数"隐藏其中。从斐波那契数列中任意取 5 个连续的项 a、b、c、d、e，则斐波那契数列与勾股数具有如下关系。

（1）若 a 是数列的奇数项，则 bd、$2c$、ae 构成一组勾股数，公式为 $(bd)^2 + (2c)^2 = (ae)^2$。例如，取数列的前 5 项：1、1、2、3、5，则 $(1×3)^2 + (2×2)^2 = (1×5)^2$，勾股数为 3、4、5。

（2）若 a 是数列的偶数项，则 $2c$、ae、bd 构成一组勾股数，公式为 $(2c)^2 + (ae)^2 = (bd)^2$。例如，取数列的第 2 项到第 6 项：1、2、3、5、8，则 $(2×3)^2 + (1×8)^2 = (2×5)^2$，勾股数为 6、8、10。

请编写一个程序，找出斐波那契数列前 20 项中隐藏的勾股数。

4.5　梅森素数

问题描述

马林·梅森是一位法国科学家，他为科学事业做了很多有益的工作，被选为"100 位在世界科学史上有重要地位的科学家"之一。

由于梅森最早系统且深入地研究了 $2^p - 1$ 型的数，因此数学界把这种数称为"梅森数"，并以 M_p 记之（其中，M 为梅森姓名的首字母），即 $M_p = 2^p - 1$。如果梅森数为素数，则称之为"梅森素数"（即 $2^p - 1$ 型素数）。

已经证明了，如果 $2^p - 1$ 是素数，则幂指数必须是素数；然而，反过来并不对，当 p 是素数时，2^p-1 不一定是素数。

　　"是否存在无穷多个梅森素数"是数论中未解决的著名难题之一。目前仅发现50个梅森素数，最大的是 $2^{77232917}-1$。由于这种素数珍奇而迷人，因此被人们誉为"数海明珠"。自梅森提出其断言后，人们发现的已知最大素数几乎都是梅森素数，因此寻找新的梅森素数的历程也就几乎等同于寻找新的最大素数的历程。

　　问题：请以 $M_p=2^p-1$ 为模型编程求出 p 在[2,20]中的梅森素数。

 编程思路

　　采用枚举策略编写程序，依次列举[2,20]的各个数，然后以 $M_p=2^p-1$ 为模型求出梅森数，再判断该梅森数是否为素数。如果成立，则将找到的梅森素数加入"梅森素数"列表中。

程序清单

Scratch 程序清单（见图4-5）

　　运行程序得到答案：以 $M_p=2^p-1$ 为模型求得 p 在[2,20]中的梅森素数是3、7、31、127、8191、131071、524287。

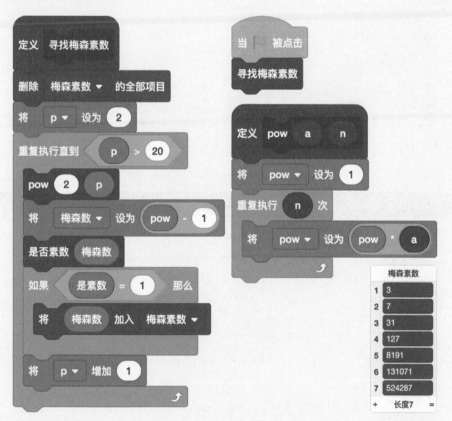

图4-5　"梅森素数"Scratch 程序清单

　　提示：在这个Scratch程序中需要用到指数运算，而Scratch中没有提供这种运算功能，所以需要封装一个名为pow的函数来实现指数运算功能，从而让程序结构更加清晰。另外，该程序用到的"是否素数"函数可参照第3章图3-11中的同名函数来实现。

Python 程序清单

```python
def is_prime(n):
    '''判断素数'''
    if n <= 1:
        return False
    i = 2
    while i * i <= n:
        if n % i == 0:
            return False
        i += 1
    return True


def main():
    '''寻找梅森素数'''
    for p in range(2, 21):
        m = 2 ** p - 1
        if is_prime(m):
            print(p, m, sep = ', ')


if __name__ == '__main__':
    main()
```

C++程序清单

```cpp
#include < bits/stdc++.h>
using namespace std;

//判断素数
bool is_prime(int n)
{
    if (n <= 1)
        return false;
    int i = 2;
    while (i * i <= n) {
        if (n % i == 0)
            return false;
        i++;
```

```
        }
    }

    //寻找梅森素数
    int main()
    {
        for (int p = 2; p < 31; p++) {
            int m = pow(2, p) - 1;
            if (is_prime(m))
                cout << p << ", " << m << endl;
        }
        return 0;
    }
```

拓展练习

请以 $M_p = 2^p - 1$ 为模型编程求出 p 在 $[2,31]$ 中的梅森素数。

4.6　孪生素数

问题描述

孪生素数是指相差 2 的素数对,例如,$(3,5)$、$(5,7)$、$(11,13)$……

1849 年,法国数学家阿尔方·波利尼亚克提出了"波利尼亚克猜想":对所有自然数 k,存在无穷多个素数对 $(p, p+2k)$。k 等于 1 时就是孪生素数猜想;k 等于其他自然数时就称为弱孪生素数猜想(即孪生素数猜想的弱化版)。因此,有人把波利尼亚克作为孪生素数猜想的提出者。

素数定理说明了素数在趋于无穷大时变得稀少的趋势,而孪生素数与素数一样,也具有相同的趋势,并且这种趋势比素数更为明显。

请编写程序找出自然数在 100 以内的所有孪生素数。

编程思路

先判断一个自然数 n 是否为素数,再判断如果 $n+2$ 也是素数,那么自然数 n 和 $n+2$ 就是孪生素数。

程序清单

Scratch 程序清单(见图 4-6)

运行程序得到答案:100 以内有 8 对孪生素数,可在"孪生素数"列表中查看。

提示:这个 Scratch 程序用到的"是否素数"函数可参照第 3 章图 3-11 中的同名函数来实现。

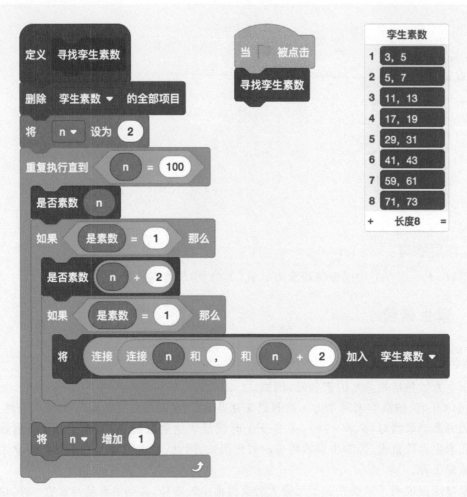

图 4-6 "孪生素数"Scratch 程序清单

Python 程序清单

```python
def main():
    '''寻找孪生素数'''
    for n in range(2, 100):
        if is_prime(n):
            if is_prime(n + 2):
                print('(%d, %d)' % (n, n + 2))


if __name__ == '__main__':
    main()
```

提示: 上面 Python 程序中的 is_prime()函数与 4.5 小节的相同,此处省略过。

C++程序清单

```cpp
#include <bits/stdc++.h>
using namespace std;

//寻找孪生素数
int main()
{
    for (int n = 2; n < 100; n++) {
        if (is_prime(n))
            if (is_prime(n + 2))
                cout << "(" << n << "," << n + 2 << ")" << endl;
    }
    return 0;
}
```

提示：上面 C++ 程序中的 is_prime() 函数与 4.5 小节的相同，此处省略。

拓展练习

三生素数的定义：如果 n 是素数，$n+2$ 也是素数，$n+6$ 还是素数，那么我们把这 3 个素数称为三生素数。请编写程序找出自然数在 100 以内的所有三生素数。

4.7　回文素数

问题描述

回文素数的定义：对一个自然数 $n(n \geq 11)$ 从左向右和从右向左读其结果值相同且是素数，那么称 n 为回文素数。请编写程序找出自然数 200 以内的所有回文素数。

编程思路

先判断一个自然数是否为回文数，再判断它是否为素数。如果两个判断都成立，则该自然数是回文素数。

程序清单

 Scratch 程序清单(见图 4-7)

运行程序得到答案：200 以内的回文素数是 11、101、131、151、181、191。

提示：这个 Scratch 程序用到的"是否素数"函数可参照第 3 章图 3-11 中的同名函数来实现。

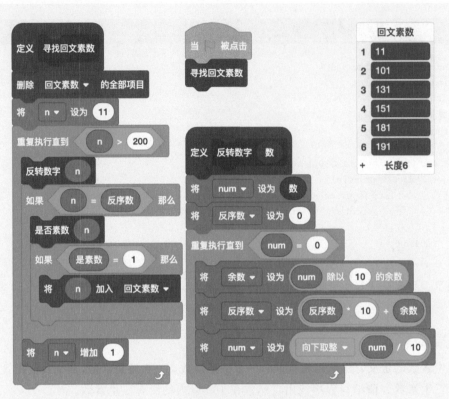

图 4-7　"回文素数"Scratch 程序清单

Python 程序清单

```python
def reverse_num(num):
    '''反转数字'''
    reverse = 0
    while num > 0:
        remainder = num % 10
        reverse = reverse * 10 + remainder
        num = num // 10
    return reverse

def main():
    '''寻找回文素数'''
    for n in range(11, 200):
        if n == reverse_num(n):
            if is_prime(n):
                print(n)

if __name__ == '__main__':
    main()
```

提示：这个 Python 程序中的 is_prime()函数与 4.5 小节的相同，此处省略。

C++程序清单

```
#include <bits/stdc++.h>
using namespace std;

//反转数字
int reverse_num(int num)
{
    int reverse = 0;
    while (num > 0) {
        int remainder = num % 10;
        reverse = reverse * 10 + remainder;
        num = num / 10;
    }
    return reverse;
}

//寻找回文素数
int main()
{
    for (int n = 11; n < 200; n++) {
        if (n == reverse_num(n))
            if (is_prime(n))
                cout << n << endl;
    }
    return 0;
}
```

提示：这个 C++ 程序中的 is_prime() 函数与 4.5 小节相同，此处省略。

拓展练习

可逆素数是指一个素数的各位数值顺序颠倒后得到的数仍为素数，例如，(113,311)。请编写一个程序，找出自然数 1000 以内的所有可逆素数。

4.8　金蝉素数

问题描述

金蝉素数是一种极为罕见的素数，是由 1、3、5、7、9 这 5 个奇数排列组成的 5 位素数，并且同时去掉它的最高位与最低位数字后得到的 3 位数还是素数（一次脱壳），同时去掉它的高 2 位与低 2 位数字后得到的 1 位数还是素数（二次脱壳）。这个特征非常有趣，犹如金蝉脱壳之后依然是金蝉。因此，这些神秘的素数被人们称为金蝉素数。请编写一个程序，找出所有的金蝉素数。

编程思路

采用枚举策略编程寻找金蝉素数。用循环结构依次列举从 13579 到 97531 之间的各个数，然后判断它们中哪些是金蝉素数。首先对这些数字进行检测，如果一个数中有重复的数字或者有偶数，则不是金蝉素数；如果一个数的中间位置是 1 或 9，则也不是金蝉素数（即保证二次脱壳后的是数素数）。检测通过之后，再判断如果一个数是素数，并且一次脱壳后的数也是素数，那么这个数就是金蝉素数。

程序清单

Scratch 程序清单（见图 4-8）

提示：这个 Scratch 程序用到的"是否素数"函数可参照第 3 章图 3-11 中的同名函数来实现。

运行程序得到答案：金蝉素数是 13597、53791、79531、91573、95713。

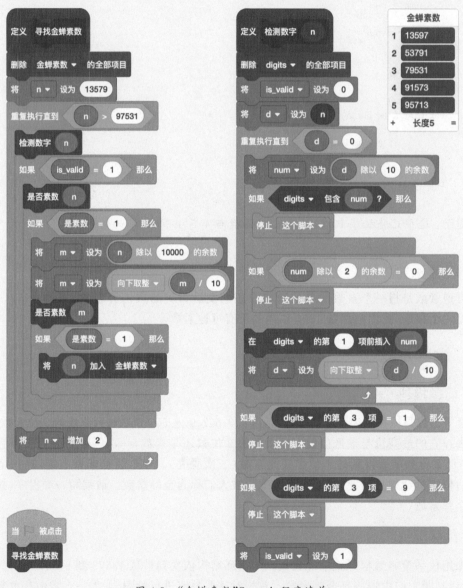

图 4-8 "金蝉素数"Scratch 程序清单

Python 程序清单

```python
def is_valid(num):
    '''检测数字'''
    digits = []
    while num > 0:
        d = num % 10
        if d in digits or d % 2 == 0:        #排除相同的数字或偶数
            return False
        else:
            digits.insert(0, d)
        num = num // 10
    if digits[2] == 1 or digits[2] == 9:     #保证中间数是素数,即二次脱壳
        return False
    return True


def main():
    '''寻找金蝉素数'''
    n = 13579
    while n <= 97531:
        if is_valid(n) and is_prime(n):
            m = n % 10000
            m = m // 10
            if is_prime(m):
                print(n)
        n += 2


if __name__ == '__main__':
    main()
```

提示：上面 Python 程序中的 is_prime() 函数与 4.5 小节的相同，此处省略。

 C++ 程序清单

```cpp
#include < bits/stdc++.h >
using namespace std;

//检测数字
bool is_valid(int num)
{
    vector < int > digits;
    while (num > 0) {
        int d = num % 10;
        int t = count(digits.begin(), digits.end(), d);
        if (t > 0 or d % 2 == 0)              //排除相同的数或偶数
            return false;
        else {
```

```
            digits.push_back(d);
            num = num / 10;
        }
    }
    if (digits[2] == 1 or digits[2] == 9)    //保证中间数是素数,即二次脱壳
        return false;
    return true;
}

//寻找金蝉素数
int main()
{
    int n = 13579;
    while (n <= 97531) {
        if (is_valid(n) and is_prime(n)) {
            //判断一次脱壳后是否为素数
            int m = n % 10000;
            m = m / 10;
            if (is_prime(m))
                cout << n << endl;
        }
        n += 2;
    }
    return 0;
}
```

提示：上面 C++ 程序中的 is_prime() 函数与 4.5 小节的相同,此处省略。

拓展练习

自然数 19391 是一个非常特别的回文素数,如果把它写在一个圆圈上(见图 4-9),那么,从圆圈上的任意一个数字开始,顺着写和倒着写,写出的 5 位数都是素数。这种回文素数相当少,请编写程序,输出回文素数 19391 所有可能的素数组合。

图 4-9　回文素数 19391

4.9　尼科彻斯定理

问题描述

尼科彻斯定理是指任何一个整数 n 的立方都可以写成 n 个连续奇数之和。例如,$1^3=1,2^3=3+5,3^3=7+9+11,4^3=13+15+17+19$,等等。请编写一个程序验证尼科彻斯定理。

编程思路

可以采用枚举策略编程验证尼科彻斯定理。首先输入一个自然数 n 并计算出它的立方数,然后创建一个循环结构找出等于该立方数的 n 个连续奇数序列。在处理时,先从第

一个奇数 1 开始,生成一个有 n 个连续奇数的序列,并计算出序列之和。如果序列之和等于立方数,则验证通过;否则,从下一个奇数 2 开始,重复进行前面的操作。如果序列的起始元素超过立方数,则循环结束。

 程序清单

Scratch 程序清单(见图 4-10)

　运行程序,然后输入一个自然数 3,程序输出 7,9,11,3 的立方等于 7 到 11 之间的 3 个连续奇数的和,即 27=7+9+11,这说明尼科彻斯定理验证通过。

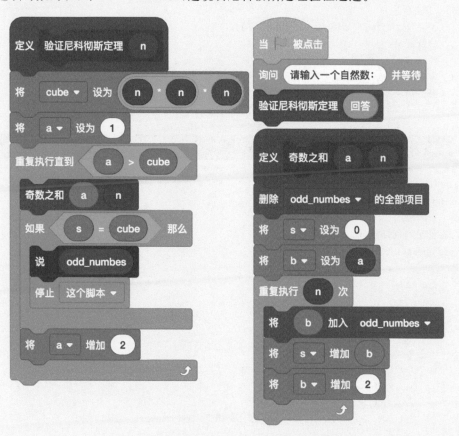

图 4-10　"尼科彻斯定理"Scratch 程序清单

 Python 程序清单

```python
def check(n):
    '''验证尼科彻斯定理'''
    cube = n * n * n
    a = 1
```

```python
    while a <= cube:
        #生成连续奇数序列
        odd_numbers = list(range(a, a + 2 * n, 2))
        #对序列求和
        s = sum(odd_numbers)
        if s == cube:
            #输出序列
            print(odd_numbers)
            break
        a += 2


def main():
    '''主程序'''
    n = int(input('请输入一个自然数: '))
    check(n)


if __name__ == '__main__':
    main()
```

C++程序清单

```cpp
#include < bits/stdc++.h >
using namespace std;

//验证尼科彻斯定理
void check(int n)
{
    int cube = n * n * n;
    int a = 1;
    while (a <= cube) {
        //生成连续奇数序列
        vector < int > odd_numbers;
        for (int b = a; b < a + 2 * n; b += 2)
            odd_numbers.push_back(b);
        //对序列求和
        int s = accumulate(odd_numbers.begin(), odd_numbers.end(), 0);
        if (s == cube) {
            //输出序列
            for (int i = 0; i < odd_numbers.size(); i++)
                cout << odd_numbers[i] << ",";
            break;
        }
        a += 2;
    }
}
```

```
//主程序
int main()
{
    cout << "请输入一个自然数: ";
    int n; cin >> n;
    check(n);
    return 0;
}
```

拓展练习

　　四方定理是一个数论中著名的定理,指所有自然数至多只要用 4 个数的平方和就可以表示。请编写一个程序验证四方定理。

第5章 数字黑洞

在浩瀚的宇宙中,存在着一种质量极其巨大而体积十分微小的天体,它有着无比强大的引力,能够吞噬任何经过它附近的物质,连光也无法逃脱。在天文学中,这种天体叫作"黑洞"。

在数学中,也有着一种神秘而有趣的"数字黑洞"现象。所谓数字黑洞,就是无论怎样设定初始数值,在某种黑洞规则下,经过反复迭代后,最终都会得到一个固定的数值,或者陷入一组数值的循环之中,就像宇宙中的黑洞吞噬它周围的任何物质一样。

数字黑洞是一种神秘且富有趣味的数学现象,它的发现具有一定的偶然性,它的计算过程非常简单,而它的证明却异常困难,有的至今仍然无法得到证明,这也恰恰是数学的魅力所在。数字黑洞是一种富有吸引力的数学文化,能够提高青少年学习数学的兴趣,对全面认识数学大有益处。

本章收录了西西弗斯黑洞、冰雹猜想、圣经数黑洞、卡普雷卡尔黑洞和快乐数黑洞5种比较著名的数字黑洞。现在,让我们通过编程的方式探索这些数字黑洞,一起来感受数学的神秘魅力。

5.1 西西弗斯黑洞

问题描述

西西弗斯黑洞是一种运算简单的数字黑洞,也被称为"123数字黑洞"。简单来说,就是对任一数字串按某种规则重复进行操作,所得结果都是"123",而一旦转变成"123"之后,无论再按规则进行多少次运算,结果都是无休止地重复"123"。这和一个希腊神话故事很相似。

传说科林斯国王西西弗斯因为触犯了众神而受到惩罚,诸神命令他将一块巨石推上一座陡峭高山的山顶,但无论他怎么努力,每当这块巨石快要到达山顶时就又滚下山去,让他前功尽弃。于是他只得重新再推,永无休止。因此,人们借用这个故事,形象地将"123数字黑洞"称为"西西弗斯黑洞"。

西西弗斯黑洞(123数字黑洞)的规则如下:

任意取一个自然数,求出它所含偶数的个数、奇数的个数和这个自然数的位数,将这3个数按"偶-奇-总"的顺序排列得到一个新数,对这个新数重复前面的做法,最终结果必然得到123。

例如,1234567890,该自然数中包含5个偶数,5个奇数,该数是10位数。

将统计出的这3个数按照"偶-奇-总"的顺序排列得到一个新数:5510。

接着将新数5510按照以上规则重复进行操作,可得到新数:134。

又将新数134按照以上规则重复进行操作,最终得到数字:123。

 编程思路

根据西西弗斯数字黑洞的规则,采用递归结构设计验证这个数字黑洞的程序。该程序由入口程序和"数字黑洞123"模块组成。

(1)入口程序:负责接收用户输入的任意一串数字,并将其放入数字黑洞中。

(2)"数字黑洞123"模块:按照这个数字黑洞的规则对输入的一串数字进行变换运算,直到结果变成123为止。

程序清单

Scratch程序清单(见图5-1)

运行程序,输入如下圆周率π值的前100位数字进行测试。

31415926535897932384626433832795028841971693993751058209749445923078164062862089986280348253421117067

程序执行后,在"日志"列表中看到变化过程为5149100,347,123。由此可见,像100位π值这样长的数字掉入西西弗斯数字黑洞中也不能摆脱被"吞噬"的命运。

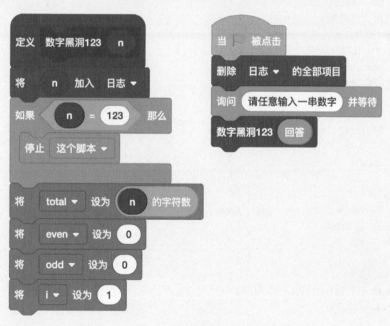

图5-1　"西西弗斯黑洞"Scratch程序清单

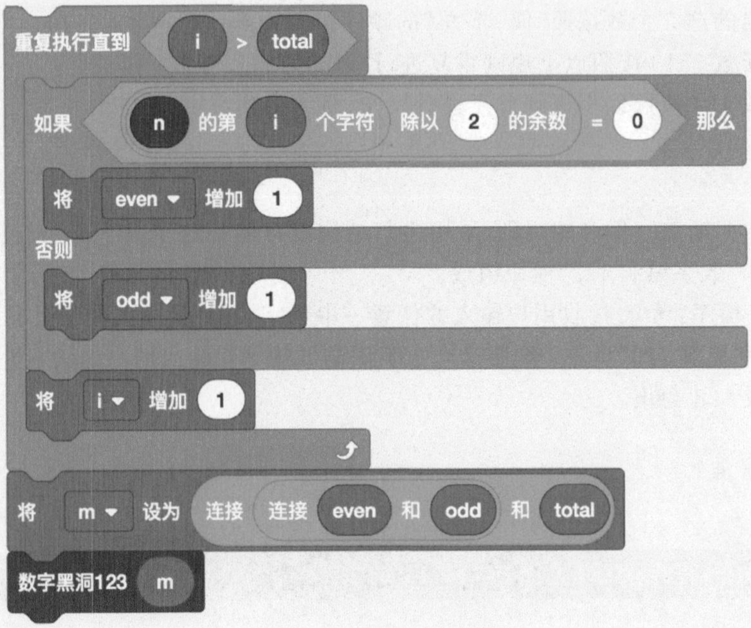

图　5-1（续）

Python 程序清单

```python
def blackhole123(n):
    '''西西弗斯黑洞'''
    print(n)
    if n == '123':
        return
    total = len(n)
    even, odd, i = 0, 0, 0
    while i < total:
        if int(n[i]) % 2 == 0:
            even += 1
        else:
            odd += 1
        i += 1
    m = '%d%d%d' % (even, odd, total)
    blackhole123(m)


def main():
    '''入口程序'''
    n = input('请任意输入一串数字：')
    blackhole123(n)


if __name__ == '__main__':
    main()
```

C++程序清单

```cpp
#include < bits/stdc++.h >
using namespace std;

//西西弗斯黑洞
void blackhole123(string n)
{
    cout << n << endl;
    if (n == "123")
        return;
    int total = n.length();
    int even = 0, odd = 0, i = 0;
    while (i < total) {
        if ((n[i] - 48) % 2 == 0)
            even += 1;
        else
            odd += 1;
        i += 1;
    }
    stringstream ss; ss << even << odd << total;
    string m; ss >> m;
    blackhole123(m);
}

//入口程序
int main()
{
    cout << "请输入任意一串数字：";
    string n; cin >> n;
    blackhole123(n);
    return 0;
}
```

拓展练习

输入一些任意长度的数字串试一试，观察这个数字黑洞能否将它们"吞噬"。

5.2 冰雹猜想

问题描述

在 20 世纪 70 年代中期，一种数学游戏风靡于美国各所名牌大学校园，无论是学生还是

教师、研究员和教授都纷纷对它着了迷。这个游戏的规则非常简单：任意写出一个自然数
n，如果是奇数，则把它变成$3n+1$；如果是偶数，则把它变成$n/2$。如此反复运算，最终必然
得到1，确切地说是落入"4-2-1"的循环之中。

这个有趣的数学游戏逐渐引起了全世界数学爱好者的兴趣，人们争先恐后地研究它的
规律，并试图证明它。人们发现运算过程中的数字变化起伏忽大忽小，有时还很剧烈。这就
像积雨云中的小雨点，会被猛烈上升的气流带上零度以下的高空，凝固成小冰珠。随着含水
汽的上升气流增大，小冰珠逐渐变大，最终变成大冰雹从天而降。因此人们形象地把这个数
学游戏称为"冰雹猜想"。

世界各国研究"冰雹猜想"的人很多，并给它起了许多名字，如考拉兹猜想、西拉古斯猜
想、哈塞猜想、角谷猜想、奇偶归一猜想、$3x+1$问题……然而，这个有趣而诱人的数字冰雹，
一点点地把研究者的热情冷却，很多人选择了退出；而仍然坚持研究或者后来加入的人，至
今也无法证明这个猜想。

今天借助于计算机编程技术，我们可以很方便地验证"冰雹猜想"。接下来，让我们编写
程序对它进行验证，感受数字掉入"冰雹猜想"这个数字黑洞后的神奇变化吧。

编程思路

数字黑洞"冰雹猜想"的规则如下。

对任意一个正整数n，如果它是奇数，则对它乘3再加1；如果它是偶数，则对它除以2。
如此反复运算，最终都能够得到1。即

奇数：$n=3×n+1$

偶数：$n=n÷2$

根据"冰雹猜想"数字黑洞的规则，采用递归结构设计验证这个数字黑洞的程序。该程
序由入口程序和"冰雹猜想"模块组成。

(1) 入口程序：负责接收用户输入的一个自然数，并将其放入数字黑洞中。

(2) "冰雹猜想"模块：按照这个数字黑洞的规则进行变换运算，直到结果变成1
为止。

程序清单

Scratch 程序清单(见图 5-2)

运行程序，输入一个自然数27，在"日志"列表中查看整个"冰雹"的变化过程：

27,82,41,124,62,31,94,47,142,71,214,107,322,161,484,242,121,364,182,91,
274,137,412,206,103,310,155,466,233,700,350,175,526,263,790,395,1186,593,
1780,890,445,1336,668,334,167,502,251,754,377,1132,566,283,850,425,1276,638,
319,958,479,1438,719,2158,1079,3238,1619,4858,2429,7288,3644,1822,911,2734,
1367,4102,2051,6154,3077,9232,4616,2308,1154,577,1732,866,433,1300,650,325,
976,488,244,122,61,184,92,46,23,70,35,106,53,160,80,40,20,10,5,16,8,4,2,1

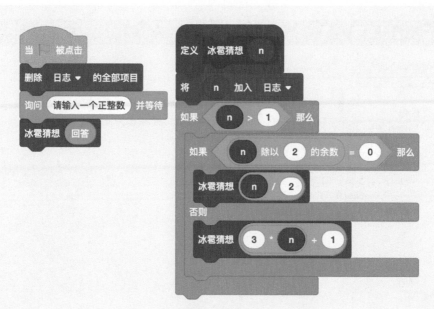

图 5-2　"冰雹猜想"Scratch 程序清单

===== 小 知 识 =====

英国剑桥大学教授 John Conway 找到的"强悍"的数字 27,它貌似普通,但变化起伏异常剧烈。它经过 77 次变换后达到峰值,之后经过 34 次变换跌落地面变为 1。整个变换过程需要 111 步,其峰值为 9232,约为原有数字 27 的 342 倍,然而最终也无法逃脱这个数字黑洞。

Python 程序清单

```python
def bingbao(n):
    '''冰雹猜想'''
    print(n)
    if n > 1:
        if n % 2 == 0:
            bingbao(n // 2)
        else:
            bingbao(3 * n + 1)

def main():
    '''入口程序'''
    n = int(input('请输入一个正整数：'))
    bingbao(n)

if __name__ == '__main__':
    main()
```

C++ 程序清单

```
#include <bits/stdc++.h>
using namespace std;

//冰雹猜想
void bingbao(int n)
{
    cout << n << endl;
    if (n > 1) {
        if (n % 2 == 0)
            bingbao(n / 2);
        else
            bingbao(3 * n + 1);
    }
}

//入口程序
int main()
{
    cout << "请输入一个正整数: ";
    int n; cin >> n;
    bingbao(n);
    return 0;
}
```

拓展练习

任意输入一些自然数,观察它们在这个"冰雹猜想"的数字黑洞中是否像 27 那样变化剧烈,或者编写一个程序寻找像 27 这样变化剧烈的"冰雹数"。

5.3 圣经数黑洞

问题描述

"圣经数黑洞"又叫作"153 数字黑洞",这个奇妙的数字黑洞是一个叫科恩(P. Kohn)的以色列人发现的。科恩是一位基督徒,有一次,他在读圣经《新约全书》的"约翰福音"第 21 章时,读到"耶稣对他们说:'把刚才打的鱼拿几条来。'西门·彼得就去把网拉到岸上。那网网满了大鱼,共 153 条;鱼虽这样多,网却没有破。"数感极好的科恩无意中发现 153 是 3 的倍数,并且它的各位数字的立方和仍然是 153。兴奋之余,他又用另外一些 3 的倍数来做同样的计算,最后的得数也都是 153。于是,科恩就把他发现的这个数 153 称为"圣经数"。

后来,英国《新科学家》周刊上负责常设专栏的一位学者奥皮亚奈对此做出了证明;《美国数学月刊》对有关问题也进行了深入的探讨。

圣经数黑洞(153 数字黑洞)的规则是:

任意取一个是 3 的倍数的自然数,求出这个数各个数位上数字的立方和,得到一个新数;再求出这个新数各个数位上数字的立方和,又得到一个新数。如此重复运算下去,最后结果一定得到 153。

例如，69 是 3 的倍数，按照这个数字黑洞的规则，它的变换过程如下：

$6^3+9^3=945,9^3+4^3+5^3=918,9^3+1^3+8^3=1242,1^3+2^3+4^3+2^3=81,8^3+1^3=513,$
$5^3+1^3+3^3=153\cdots\cdots$

 编程思路

根据圣经数黑洞的规则，采用递归结构设计验证这个数字黑洞的程序。该程序由入口程序和"数字黑洞 153"模块组成。

（1）入口程序：负责接收用户输入的整数，如果该整数是 3 的倍数就将其放入数字黑洞中处理，否则提示用户重新输入一个 3 的倍数。

（2）"数字黑洞 153"模块：按照 153 数字黑洞的规则对输入的整数进行变换运算，直到结果变成 153 为止。

程序清单

Scratch 程序清单（见图 5-3）

运行程序，输入一个 3 的倍数 999，然后在"日志"列表中查看这个数在数字黑洞中的变化过程如下：

999,2187,864,792,1080,513,153

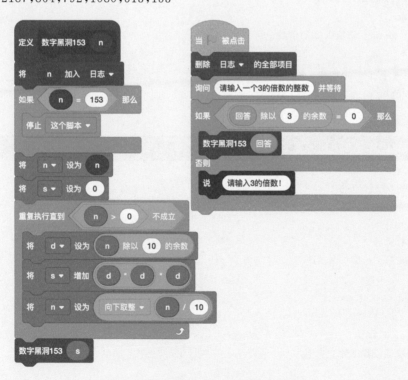

图 5-3　"圣经数黑洞"Scratch 程序清单

Python 程序清单

```python
def blackhole153(n):
    '''圣经数黑洞'''
    print(n)
    if n == 153:
        return
    #求各位数字的立方和
    s = 0
    while n > 0:
        d = n % 10
        s += d * d * d
        n = n // 10
    #反复操作
    blackhole153(s)


def main():
    '''入口程序'''
    n = int(input('请输入一个 3 的倍数的整数：'))
    if n % 3 == 0:
        blackhole153(n)
    else:
        print('请输入 3 的倍数！')


if __name__ == '__main__':
    main()
```

C++ 程序清单

```cpp
#include < bits/stdc++.h >
using namespace std;

//圣经数黑洞
void blackhole153(int n)
{
    cout << n << endl;
    if (n == 153)
        return;
    //求各位数字的立方和
    int s = 0;
```

```
    while (n > 0) {
        int d = n % 10;
        s += d * d * d;
        n = n / 10;
    }
    //反复操作
    blackhole153(s);
}


//入口程序
int main()
{
    cout << "请输入一个 3 的倍数的整数: ";
    int n; cin >> n;
    if (n % 3 == 0)
        blackhole153(n);
    else
        cout << "请输入 3 的倍数!" << endl;
    return 0;
}
```

拓展练习

输入其他 3 的倍数,看看 153 数字黑洞是否也会将它们"吞噬"。

5.4 卡普雷卡尔黑洞

问题描述

在人教版《数学(五年级上册)》中介绍了"6174 数字黑洞",它是印度数学家卡普雷卡尔于 1949 年发现的,故又称为"卡普雷卡尔黑洞"。这个数字黑洞在运算过程中需要对各数位重新排列和求取差值,所以又被称为"重排求差黑洞"。

卡普雷卡尔黑洞(6174 数字黑洞)的规则如下:

取任意一个不完全相同的 4 位数,将组成该数的 4 个数字由大到小排列组成一个大的数,又由小到大排列组成一个小的数,再用大数减去小数得到一个差值,之后对差值重复前面的变换步骤,最后结果一定得到 6174。

例如,整数 8848,对其各数位重排后得到大数 8884 和小数 4888,用大数减去小数得到差值为 3996,之后对整数 3996 按上述规则继续变换的过程为 9963－3699＝6264,6642－2466＝4176,7641－1467＝6174。

编程思路

根据卡普雷卡尔黑洞的规则,采用递归结构设计验证这个数字黑洞的程序。该程序可分解为以下几个部分。

(1) 入口程序,见图 5-4。用于接收用户输入的 4 位整数,并将其放入数字黑洞。

(2) 模块 1:"数字黑洞 6174"模块,见图 5-5。该模块用于按照 6174 数字黑洞的规则对输入的整数进行变换运算,直到结果变成 6174 为止。

(3) 模块 2:"分解数字"模块,见图 5-6。该模块用于将用户输入的 4 位整数的各位数字分解后存放到"数组"列表中。

(4) 模块 3:"重排求差"模块,见图 5-7。该模块用于获取重排后的最大数和最小数,并计算出它们的差值。

(5) 模块 4:"选择排序"模块,见图 5-8。该模块使用选择排序算法对"数组"列表中的数字按照从大到小的顺序排列。

程序清单

Scratch 程序清单(见图 5-4～图 5-8)

运行程序,输入一个整数 1688 进行验证。经过 5 次变换后,整数 1688 掉入 6174 黑洞的底部。

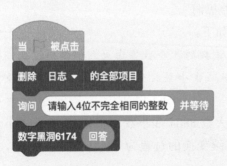

图 5-4　入口程序

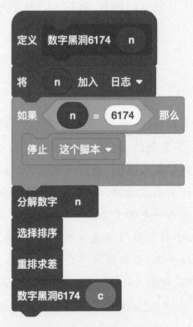

图 5-5　"数字黑洞 6174"模块

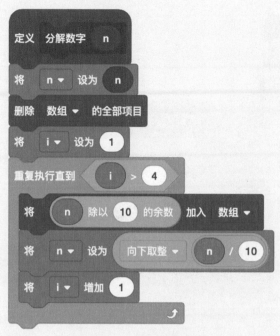

图 5-6 "分解数字"模块

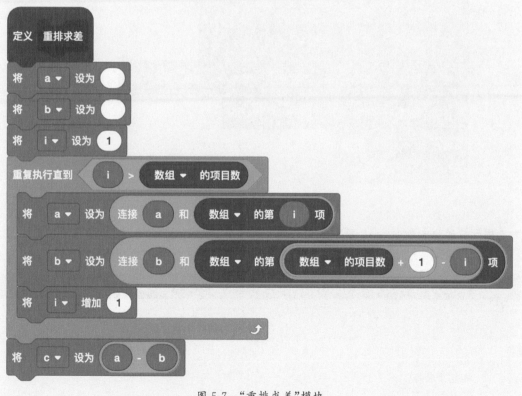

图 5-7 "重排求差"模块

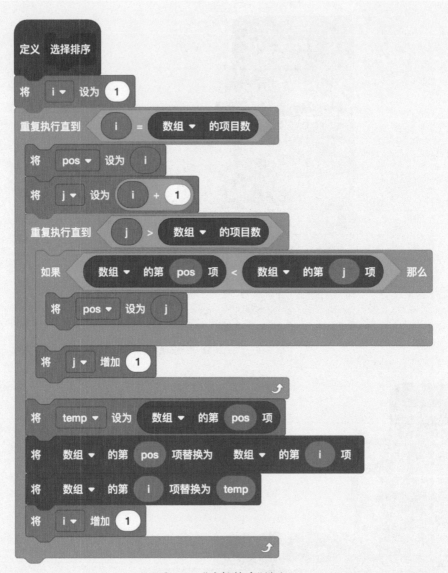

图 5-8 "选择排序"模块

提示：请读者参考第 12 章中介绍的选择排序算法理解这个"选择排序"模块。

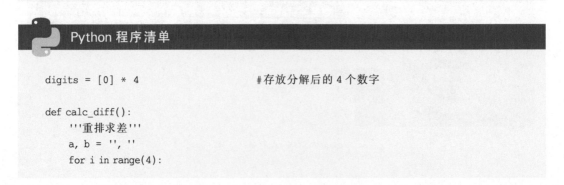

Python 程序清单

```python
digits = [0] * 4                    #存放分解后的 4 个数字

def calc_diff():
    '''重排求差'''
    a, b = '', ''
    for i in range(4):
```

```python
        a += str(digits[i])                    #取得大数
        b += str(digits[3 - i])                #取得小数
        c = int(a) - int(b)                    #大数与小数之差
    return c

def split_num(n):
    '''分解数字'''
    global digits
    for i in range(4):
        digits[i] = n % 10                     #分离各位数字
        n = n // 10

def blackhole6174(n):
    '''6174 数字黑洞'''
    print(n)                                   #输出中间值
    if n == 6174: return                       #递归结束
    split_num(n)                               #分解数字
    digits.sort(reverse = True)                #从大到小排序
    m = calc_diff()                            #重排求差
    blackhole6174(m)                           #重复进行操作

def main():
    '''入口程序'''
    n = int(input('请输入 4 位不完全相同的整数：'))
    blackhole6174(n)

if __name__ == '__main__':
    main()
```

C++程序清单

```cpp
#include < bits/stdc++.h>
using namespace std;

int digits[4] = {0};                           //存放分解后的 4 个数字

//重排求差
int calc_diff()
{
    string a(4, '0'), b(4, '0');
    for (int i = 0; i < 4; i++) {
        a[i] = digits[i] + 48;                 //取得大数
        b[i] = digits[3 - i] + 48;             //取得小数
    }
    stringstream ss; ss << a; int max; ss >> max;
    ss.clear(); ss << b; int min; ss >> min;
    int c = max - min;                         //大数与小数之差
```

```cpp
        return c;
    }

    //分解数字
    void split_num(int n)
    {
        for (int i = 0; i < 4; i++) {
            digits[i] = n % 10;                 //分离各位数字
            n = n / 10;
        }
    }

    //6174 数字黑洞
    void blackhole6174(int n)
    {
        cout << n << endl;                      //输出中间值
        if (n == 6174) return;                  //递归结束
        split_num(n);                           //分解数字
        sort(digits, digits + 4, greater < int >());  //从大到小排序
        int m = calc_diff();                    //重排求差
        blackhole6174(m);                       //重复进行操作
    }

    //入口程序
    int main()
    {
        cout << "请输入 4 位不完全相同的整数: ";
        int n; cin >> n;
        blackhole6174(n);
        return 0;
    }
```

拓展练习

输入一些 4 位不完全相同的整数进行验证，看看它们经过多少次变换后会掉入 6174 数字黑洞的底部。

5.5　快乐数黑洞

问题描述

在前面介绍的几种数字黑洞中，除了"冰雹猜想"是一个循环黑洞之外，其他几个数字黑洞都是单一数值黑洞。本节介绍的"快乐数黑洞"是一个复合黑洞，即由单一数值黑洞和循环黑洞两种类型组成。它的特点是：任何非 0 的自然数掉入这个复合数字黑洞中，如果在变换过程中转入分支数字黑洞 1，那么之后就永远是 1，这样的自然数被称为快乐数（Happy Number）；而如果在变换过程中转入分支数字黑洞 4，那么之后就会一直按照 4、16、37、58、

89、145、42、20 的顺序循环出现,由于没有变换成 1,这样的自然数被称为不快乐数 (Unhappy Number)。这个数字黑洞也称为"数字黑洞 1 和 4"。

快乐数黑洞(数字黑洞 1 和 4)的规则如下:

任意取一个非 0 自然数,求出它各个数位上数字的平方和,得到一个新数;再求出这个新数各个数位上数字的平方和,又得到一个新数。如此进行下去,最后要么出现 1,之后永远都是 1;要么出现 4,之后开始按 4、16、37、58、89、145、42、20 循环。

例如,自然数 139 是一个快乐数,按照该数字黑洞的规则进行变换,会落入数字黑洞 1 的分支中。它的变换过程如下:

$1^2+3^2+9^2=91, 9^2+1^2=82, 8^2+2^2=68, 6^2+8^2=100, 1^2+0^2+0^2=1 \cdots\cdots$

再如,自然数 42 是一个不快乐数,按照该数字黑洞的规则进行变换,会落入数字黑洞 4 的分支中。它的变换过程如下:

$4^2+2^2=20, 2^2+0^2=4, 4^2=16, 1^2+6^2=37, 3^2+7^2=58, 5^2+8^2=89, 8^2+9^2=145,$
$1^2+4^2+5^2=42, 4^2+2^2=20, 2^2+0^2=4 \cdots\cdots$

 编程思路

根据"快乐数黑洞"的变换规则,采用递归结构设计验证这个数字黑洞的程序。该程序可分解为以下几个部分。

(1)入口程序,见图 5-9。用于接收用户输入的非 0 自然数。

(2)模块 1:数字黑洞 1 和 4,见图 5-10。该模块用于处理数字黑洞 1,同时转向分支黑洞 4。

(3)模块 2:分支数字黑洞 4,见图 5-11。该模块用于对落入分支黑洞 4 的数字进行处理。

(4)模块 3:求平方和,见图 5-12。该模块用于计算一个自然数各数位的数字平方和。

 程序清单

Scratch 程序清单(见图 5-9～图 5-12)

运行程序,输入一个自然数 7。这个数字黑洞经过 5 次变换后,使自然数 7 最终落入分支数字黑洞 1。

图 5-9　入口程序

图 5-10　"数字黑洞 1 和 4"模块

图 5-11　"分支数字黑洞 4"模块

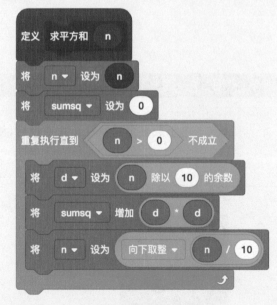

图 5-12　"求平方和"模块

Python 程序清单

```python
def sum_squares(n):
    '''求平方和'''
    sumsq = 0
    while n > 0:
        d = n % 10
        sumsq += d * d
        n = n // 10
    return sumsq

def branch4(n):
    '''分支数字黑洞 4'''
    print(n)
    if n == 20:
        return
    sumsq = sum_squares(n)
    branch4(sumsq)

def blackhole14(n):
    '''数字黑洞 1 和 4'''
    if n == 4:
        branch4(n)
        return
    print(n)
    if n == 1:
        return
    sumsq = sum_squares(n)
    blackhole14(sumsq)

def main():
    '''入口程序'''
    n = int(input('请输入一个非 0 自然数：'))
    blackhole14(n)

if __name__ == '__main__':
    main()
```

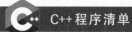 **C++ 程序清单**

```cpp
#include <bits/stdc++.h>
using namespace std;

//求平方和
int sum_squares(int n)
{
    int sumsq = 0, d = 0;
    while (n > 0) {
        d = n % 10;
        sumsq += d * d;
        n = n / 10;
    }
    return sumsq;
}

//分支数字黑洞 4
void branch4(int n)
{
    cout << n << endl;
    if (n == 20)
        return;
    int sumsq = sum_squares(n);
    branch4(sumsq);
}

//数字黑洞 1 和 4
void blackhole14(int n)
{
    if (n == 4) {
        branch4(n);
        return;
    }
    cout << n << endl;
    if (n == 1)
        return;
    int sumsq = sum_squares(n);
    blackhole14(sumsq);
}

//入口程序
int main()
{
    cout << "请输入一个非 0 自然数：";
    int n; cin >> n;
    blackhole14(n);
    return 0;
}
```

 拓展练习

请输入一些非 0 的自然数，观察它们会掉入这个快乐数黑洞的哪个分支。

第6章 妙算圆周率

公元前 3 世纪,古希腊数学家阿基米德是第一个用科学方法计算圆周率 π 值的人。公元 263 年,我国魏晋时期的数学家刘徽使用"割圆术"计算得到圆周率 π 值为 3.1416。公元 480 年左右,我国南北朝时期的数学家祖冲之进一步计算出精确到小数点后 7 位的 π 值。直到 15 世纪初,才由阿拉伯数学家卡西打破了祖冲之保持近千年的纪录,求得圆周率 17 位精确小数值。再后来,德国数学家鲁道夫穷尽毕生精力将圆周率计算到 35 位小数值。

随着现代数学的兴起,数学家们开始利用无穷级数或无穷连乘积求圆周率。1706 年,英国天文学教授约翰·马青发现了一个快速计算 π 值的公式,并计算得到 π 的 100 位小数。到了 1948 年,英国的弗格森和美国的伦奇共同发表了 π 的 808 位小数值,成为人工计算圆周率值的最高纪录。

1949 年,随着世界上第一台计算机的诞生,圆周率的计算进入了新的时代。2019 年 3 月 14 日,谷歌宣布日裔前谷歌工程师爱玛在谷歌云平台的帮助下,计算到圆周率小数点后 31.4 万亿位。这是目前计算圆周率竞赛的最高纪录,但是相信在不久的将来,它就会被新的纪录取代。

本章将带领读者追寻先贤数学家的足迹,踏上计算圆周率的奇妙之旅。

6.1 刘徽割圆术

问题描述

两千多年前的西汉时期,在我国最古老的数学著作《周髀算经》中出现了"周三径一"的记载,意思是说,圆的周长大约是直径的 3 倍。公元 263 年,魏晋时期的数学家刘徽在整理《九章算术》时发现,所谓"周三径一",实质上是把圆的内接正六边形的周长作为圆的周长的结果。于是他想到:如果将圆的内接正多边形的边数增加到 12、24、48、96 或更多,那么正多边形的周长将趋近于圆的周长,这样求得的 π 值岂不更精确?刘徽据此创造了"割圆术"用来计算圆周率,并得到 3.1416 这个令自己满意的 π 值。

所谓割圆术,就是先作出圆的边数较少的内接或外切正多边形(或两者都作),通过计算其边长进而求出周长或面积(或两者都求),再将正多边形的边数加倍,重复上述计算;再加倍,再计算……;这样,当边数无限增加时,算出的正多边形的周长(或面积)就接近圆的周长(或面积)了;由此就可根据圆周长(或面积)公式求得π值。当然,实际不可能把边数增到无限多,所以一般算到某一边数为止,再把π值界定在某一范围内或取近似值。

运用割圆术的思想,可以用周长法或面积法来计算圆周率。所谓周长法,就是把圆等分,求正多边形的周长,分的份数越多,正多边形的周长就越接近圆的周长。

请编写一个程序,使用周长法计算圆周率的近似值。

编程思路

使用周长法计算圆周率的过程:如图 6-1 所示,把一个圆等分为 n 份得到一个正 n 边形,那么圆心角 θ 对应的弦长就等于正 n 边形的边长 d;然后用 n 乘以边长 d 则可求得多边形的周长;最后用圆的周长公式计算圆周率。

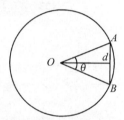

图 6-1 割圆术示意图

使用周长法计算圆周率需要用到下面几个公式。

圆心角:
$$\theta = \frac{360°}{n}$$

弦长:
$$D_{AB} = 2 \cdot r \cdot \sin\frac{\theta}{2}$$

正 n 边形周长:
$$C = n \cdot D_{AB}$$

圆周率:
$$\pi = \frac{C}{2r}$$

将上述公式合并,得到圆周率:
$$\pi = \frac{n \cdot 2 \cdot r \cdot \sin\frac{360°}{n \cdot 2}}{2r}$$

约简,得到圆周率:
$$\pi = n \cdot \sin\frac{180°}{n}$$

根据最后推导出的公式,只要不断增加 n 值,就能计算出越来越精确的圆周率 π 值。

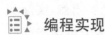 编程实现

 Scratch 程序清单（见图 6-2）

运行程序，随着正多边形的边数不断增加，求得的 π 值越来越精确。

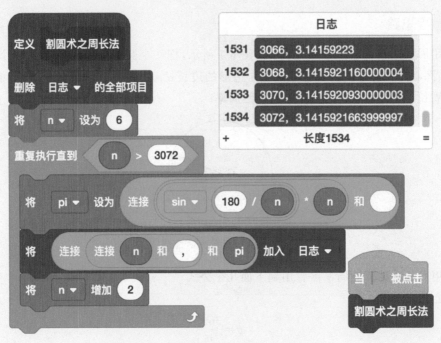

图 6-2 "周长法割圆术"Scratch 程序清单

 Python 程序清单

```python
from math import sin, radians

def main():
    '''割圆术之周长法'''
    n = 6
    while n <= 3072:
        pi = sin(radians(180/n)) * n
        print(n, pi, sep = '\t')
        n += 2

if __name__ == '__main__':
    main()
```

C++ 程序清单

```cpp
#include < bits/stdc++.h >
using namespace std;
//割圆术之周长法
int main()
{
    cout. precision(16);
    int n = 6;
    while (n <= 3072) {
        double pi = sin(M_PI/n) * n;
        cout << n << "\t" << pi << endl;
        n += 2;
    }
    return 0;
}
```

拓展练习

除了使用周长法计算圆周率,还可以使用面积法。所谓面积法,就是把圆等分,求正多边形的面积,分的份数越多,正多边形的面积就越接近圆的面积。

使用面积法计算圆周率的过程:如图 6-1 所示,把一个圆等分为 n 份得到一个正 n 边形,那么圆心角 θ 对应的弦长就等于正 n 边形的边长 d。圆心角 θ 的两条边(圆的半径 r)与弦长(边长 d)构成一个三角形 $\triangle AOB$,因此正 n 边形的面积就等于 n 个三角形的面积之和;最后用圆的面积公式计算圆周率。

使用面积法计算圆周率的公式:

$$\pi = \frac{\left(\sin\dfrac{360}{n}\right) \cdot n}{2}$$

想一想,这个公式是如何推导出来的。

请编写一个程序,使用面积法计算圆周率的近似值。

6.2 模拟割圆术

问题描述

公元 263 年,魏晋时期的数学家刘徽自创割圆术计算圆周率,他从圆的内接正六边形开始,将边数逐次加倍,一直算到圆内接正 3072 边形。这时得到的圆内接正多边形已经趋近于圆,如图 6-3 所示。他在《九章算术注》指出"割之弥细,所失弥少,割之又割,以至于不可割,则与圆周合体而无所失矣。"最终,刘徽通过割圆术计算出了令自己满意的 π 值。

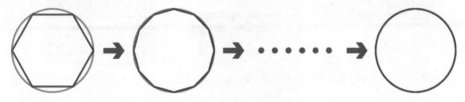

图 6-3　用正多边形逼近圆

为直观地演示"割圆"的过程,采用割圆术的思想编写一个模拟程序,通过画正 n 边形的方式逼近圆,并在"割圆"的过程中计算出圆周率的近似值。

编程思路

在编程绘图时,画圆的内接正多边形需要知道其边长,计算公式为

$$a = 2r\sin\frac{180}{n}。$$

其中,r 为圆周的半径,n 为圆内接正多边形的边数,a 为边长。

如图 6-4 所示,在一个半径为 100 的圆内画一个内接正六边形,其 6 个顶点均落在圆周上。根据公式可算得这个正六边形的边长为 100,周长为 600。然后,利用圆的周长公式即可计算出圆周率 π 值为 3,即 $\pi = \dfrac{周长}{直径} = \dfrac{600}{200} = 3$。

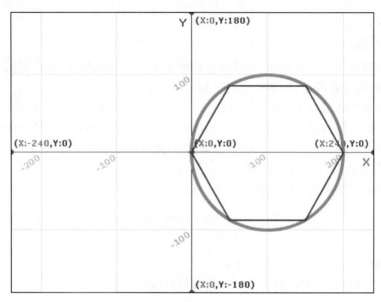

图 6-4　画圆内接正六边形示意图

 编程实现

Scratch 程序清单(见图 6-5)

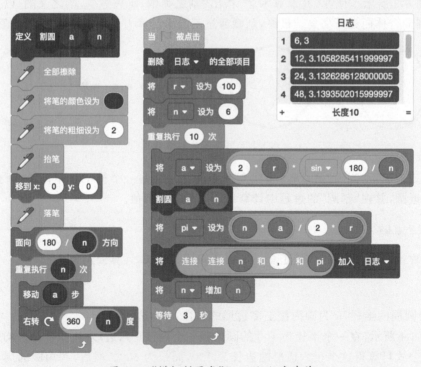

图 6-5　"模拟割圆术"Scratch 程序清单

运行程序,正多边形的边数从 6 开始成倍增加,计算得到的 π 值越来越精确。

当边数 n 增大到 192 时,可以看到圆周率的精度已经达到刘徽用割圆术内接正 192 边形时计算得到的圆周率近似值 π≈3.14。

当边数 n 增大到 3072 时,圆周率精确到 3.1415～3.1416。这正是刘徽手工计算圆内接正 3072 边形时所达到的精度。

随着边数 n 越来越大,圆周率也越来越精确。正符合:"割之弥细,所失弥少,割之又割,以至于不可割,则与圆周合体而无所失矣。"

 Python 程序清单

```python
from turtle import *
from math import sin, radians
from time import sleep

def draw(a, n):
    '''画正多边形'''
    clear()
    pencolor('red')
    pensize(2)
    goto(0, 0)
    seth(180/n)
    for i in range(n):
        fd(a)
        right(360/n)

def main():
    '''模拟割圆术'''
    mode('logo')
    speed(0)
    bgpic('stage.gif')
    r, n = 100, 6
    for i in range(10):
        a = 2 * r * sin(radians(180/n))
        draw(a, n)
        pi = n * a / (2 * r)
        print(n, pi, sep = '\t')
        n = n * 2
        sleep(3)

if __name__ == '__main__':
    main()
```

提示:请从资源包中将图片文件 stage. gif 复制到该 Python 程序源文件所在目录。

 C++(GoC)程序清单

```cpp
//画正多边形
void draw(float a, int n)
{
    pen.cls();
    pen.pic("stage.gif");
    pen.color(_red);
    pen.size(2);
    pen.move(0, 0);
    pen.angle(180/n);
    for (int i = 0; i < n; i++) {
        pen.fd(a);
        pen.rt(360.0/n);
    }
}

//模拟割圆术
int main()
{
    const float PI = 3.14159;
    int r = 100, n = 6;
    for (int i = 0; i < 10; i++) {
        float a = 2.0 * r * sin(PI/n);
        draw(a, n);
        double pi = n * a / (2 * r);
        cout << setprecision(16);
        cout << n << "\t" << pi << endl;
        n = n * 2;
        wait(3);
    }
    return 0;
}
```

提示:请从资源包中将图片文件 stage. gif 复制到该 GoC 程序源文件所在目录。

拓展练习

在数学世界中充满着无数神奇的现象,圆周率 π 就是其中之一。有人说,圆周率 π 是宇宙的密码,任何数字都能在 π 的小数位中找到。比如你的生日、电话号码、QQ 号、银行卡密码等，无一例外都隐藏在 π 之中。你相信吗？如果不相信，可以通过下面推荐的一个查找圆周率 π 的网站进行验证。

使用网络浏览器访问网址 https://www.1415926pi.com/getIndex.html，在页面中的"查找"文本框中输入任意一个数字，然后单击"查找"按钮，将会显示出这个数字在圆周率 π 中的位置。例如，输入当天的日期（如 20190518），查询结果如下。

在小数点后第 284200415 位成功找到数字：2513966242　*20190518*　6667134346

看看查询结果，是不是感受到了 π 的神奇，赶快试试吧！

6.3　蒙特卡罗方法

问题描述

蒙特卡罗方法又称统计模拟法，它是一种随机模拟方法。运用该方法计算近似 π 值时，通常以随机投点的方式进行。如图 6-6 所示，在正方形内部随机产生 n 个点，红色的点为落入内切圆内的点，蓝色的点为落在圆外与圆外接正方形内的点。随着 n 值的增加，落在圆内的红点数量与 n 的比值趋近于 π/4，将这个比值乘以 4，即可求得 π 值。

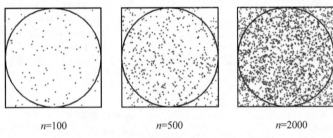

n=100　　　　　n=500　　　　　n=2000

图 6-6　用蒙特卡罗方法求 π 值示意图

请编写一个程序，以随机投点的方式计算圆周率的近似值。

===== 小　知　识 =====

20 世纪 40 年代，参与了美国在第二次世界大战中研制原子弹的"曼哈顿计划"的乌拉姆和冯·诺依曼提出蒙特卡罗方法。数学家冯·诺依曼用驰名世界的赌城——摩纳哥的"蒙特卡罗"来命名该方法，为其增添上了一层神秘色彩。实际上，在此之前，蒙特卡罗方法就已经存在。1777 年，法国布丰提出用投针实验的方法求圆周率 π，这被认为是蒙特卡罗方法的起源。

编程思路

如图 6-7 所示，当随机产生的落点数量足够多，且这些点均匀分布，则落在圆内的点的数量将趋近于圆形面积，落点的总数量将趋近于正方形面积，据此可求出近似 π 值。

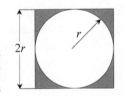

$$\frac{圆形面积}{正方形面积} = \frac{\pi r^2}{(2r)^2} = \frac{\pi}{4}$$

图 6-7　用投点法计算 π 值示意图

计算两点间距离的公式为

$$|AB| = \sqrt{(x_1 - x_2)^2 + (y_1 - y_2)^2}$$

取目标点(x_2, y_2)为$(0,0)$,所以公式简化为

$$|AB| = \sqrt{x_1^2 + y_1^2}$$

在编程时,将圆的中心设在坐标系的原点,然后随机生成 n 个$[-100, 100]$上的坐标点 (x, y),并计算它们与中心点的距离,从而判断是否落在圆内。当点落在圆内,则画红色点;落在圆外,则画蓝色点。最终在绘图窗口中画出一个蓝色正方形和一个内切的红色圆形。最后,根据统计的圆内落点数量计算出 π 值。

 编程实现

 Scratch 程序清单(见图 6-8)

运行程序,计算得到的近似 π 值存放在变量 pi 中。为了加快程序的运行速度,建议在绘图时打开加速模式。

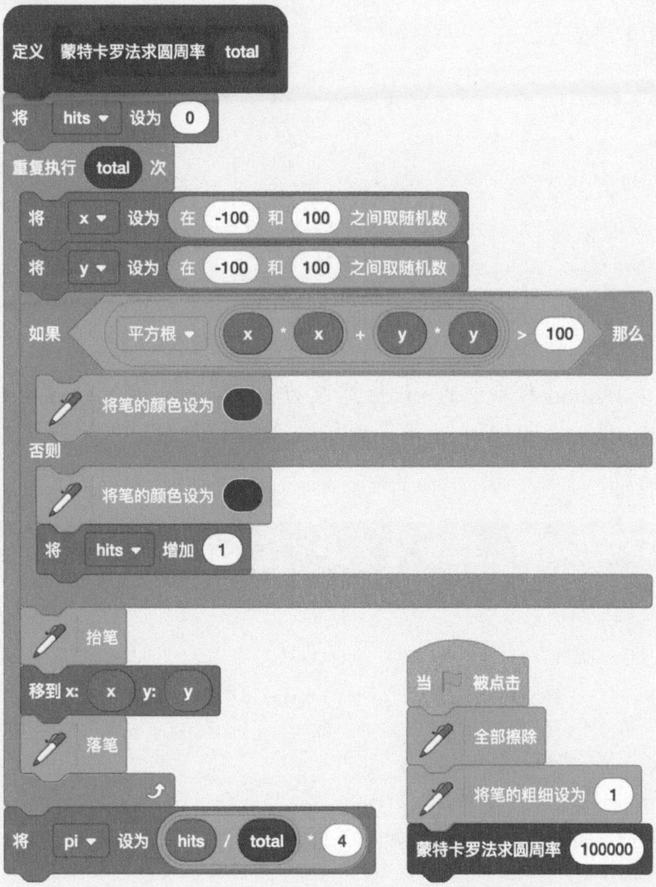

图 6-8　"蒙特卡罗方法"Scratch 程序清单

Python 程序清单

```python
from turtle import *
from random import randint
from math import sqrt

def calc_pi(total):
    '''用蒙特卡罗方法计算圆周率'''
    hits = 0
    for i in range(total):
        x = randint(-100, 100)
        y = randint(-100, 100)
        up()
        goto(x, y)
        if sqrt(x * x + y * y) > 100:
            dot(2, 'blue')
        else:
            dot(2, 'red')
            hits += 1
        down()
    pi = hits / total * 4
    print(pi)
    done()


if __name__ == '__main__':
    '''画笔初始化'''
    speed(0)
    calc_pi(100000)
```

提示：将这个 Python 程序中的 turtle 库改为 turtle_plus 库可快速绘制图形，两者在常用接口上兼容。turtle_plus 库基于 pyglet 库编写，读者可通过 pip 包管理器进行安装。

C++（GoC）程序清单

```cpp
//用蒙特卡罗方法求圆周率
void calc_pi(int total)
{
    int hits = 0;
    for (int i = 0; i < total; i++) {
        int x = rand() % 200 + 1 - 100;
        int y = rand() % 200 + 1 - 100;
        pen.move(x, y);
        if (sqrt(x * x + y * y) > 100)
```

```
            pen.oo(1, _blue);
        else {
            pen.oo(1, _red);
            hits += 1;
        }
    }
    double pi = (double) hits / total * 4;
    pen.move(0, -120);
    pen << setprecision(15) << pi << endl;
}


int main()
{
    //画笔初始化
    calc_pi(100000);
    return 0;
}
```

拓展练习

采用蒙特卡罗方法计算圆周率的近似值,其精度是相当低的,没有实用价值,但是它为人们提供了一种使用概率思想求圆周率的方法,开阔了人们的思路。

运行上述程序 10 次,并记录计算结果,观察它的误差情况。

6.4　莱布尼茨级数

问题描述

莱布尼茨级数又被称为格雷戈里·莱布尼茨级数,用以纪念与莱布尼茨同时代的天文学家兼数学家詹姆斯·格雷戈里。莱布尼茨级数的结构非常简单,但是它的计算却非常耗费时间,每一次迭代的结果都会缓慢地接近 π 的精确值。该级数的展开公式如下:

$$\pi = \frac{4}{1} - \frac{4}{3} + \frac{4}{5} - \frac{4}{7} + \frac{4}{9} - \frac{4}{11} + \frac{4}{13} - \frac{4}{15}\cdots$$

该公式的计算是依次交替进行减法和加法运算,参与运算的分数由分子为 4、分母为连续的奇数构成。这个级数的收敛非常慢,需要进行很多次计算才能使结果接近 π。

请编写程序,使用莱布尼茨级数计算圆周率的近似值。

编程思路

根据莱布尼茨级数的展开公式,编程计算圆周率近似值。创建一个无限循环结构,使变量 n 从 1 开始每次递增 2,并无限增长;在循环体中使用算式 op * (4/n) 计算出每个分式的值,并累加到变量 pi 中;使用变量 op 控制每个分式的加法或减法操作,通过 op = 0 - op 的方式使变量 op 的值在 1 和 -1 间轮流变换。

编程实现

Scratch 程序清单(见图6-9)

运行程序,通过输出信息可以看到 π 值随着计算次数的增加而变得越来越精确。但是该级数收敛非常慢,当 n 值迭代到 300 多万时,才使 π 值精确到 6 位小数。

图 6-9 "莱布尼茨级数"Scratch 程序清单

Python 程序清单

```python
def main():
    '''莱布尼茨级数'''
    pi, n, op = 0, 1, 1
    while True:
        pi = pi + op * (4 / n)
        print(n, '\t', pi)
        op = 0 - op
        n += 2

if __name__ == '__main__':
    main()
```

C++程序清单

```cpp
#include < bits/stdc++.h >
using namespace std;
//莱布尼茨级数
int main()
{
    cout.precision(15);
    double pi = 0;
    int n = 1, op = 1;
    while (true) {
        pi = pi + op * (4.0 / n);
        cout << n << "\t" << pi << endl;
        op = 0 - op;
        n += 2;
    }
    return 0;
}
```

拓展练习

尼拉坎特哈级数是印度数学家尼拉坎特哈发现的一个可用于计算 π 的无穷级数。虽然它的结构比莱布尼茨公式复杂一些，但是它的收敛速度快，能够比莱布尼茨公式更快地接近π。该级数的展开公式如下：

$$\pi = 3 + \frac{4}{2\times3\times4} - \frac{4}{4\times5\times6} + \frac{4}{6\times7\times8} - \frac{4}{8\times9\times10} + \frac{4}{10\times11\times12} - \frac{4}{12\times13\times14}\cdots$$

该公式的计算从 3 开始，依次交替进行加法和减法运算，参与运算的分数由以 4 为分子、以 3 个连续整数乘积为分母构成。在每次迭代时，3 个连续整数中的最小整数是上次迭代时 3 个整数中的最大整数。这个级数的收敛比较快，反复计算若干次，结果就与 π 非常接近。

请编写程序，使用尼拉坎特哈级数计算圆周率的近似值。

6.5 外星人程序

问题描述

快速计算 π 值的方法很多，下面介绍的这个程序非常短小，主要代码只有 4 行，但是可以快速计算出 800 位 π 值。该程序的源代码如下。

```
#include < stdio. h>
int a = 10000, b, c = 2800, d, e, f[2801], g;
main(){
    for(;b - c;)f[b++] = a/5;
    for(;d = 0, g = c * 2;c -= 14,printf(" % .4d",e + d/a),e = d % a)
    for(b = c;d += f[b] * a,f[b] = d % -- g,d/ = g-- , -- b;d * = b);
}
```

这是一个使用 C 语言编写的 π 值计算程序，它是来自国际 C 语言混乱代码大赛（IOCCC）的获奖作品。这个程序在互联网上流传很广，由于要读懂比较困难，因此被人们称为"外星人程序"。这个难以理解的程序，其计算 π 值的算法来自于下面的公式：

$$\frac{\pi}{2} = \sum_{n=0}^{\infty} \frac{n!}{(2n+1)!!}$$

请根据这个数学公式，编程计算出 800 位 π 值。

===== 小 知 识 =====

IOCCC(The International Obfuscated C Code Contest)是一项国际编程赛事，从 1984 年开始，每年举办一次(1997 年、1999 年、2002 年、2003 年和 2006 年除外)。这个赛事的目的是写出最有创意且最让人难以理解的 C 语言代码，程序大小限制在 4kB 以内，因此每位参赛者的作品都让人印象深刻。

编程思路

根据上面的数学公式，尝试使用 Scratch 编程计算 π 值，代码如图 6-10 所示。这个程序从上述数学公式的最里面一层开始计算，共迭代 50 次。运行程序，计算得到的 π 值为 3.141592653589793。

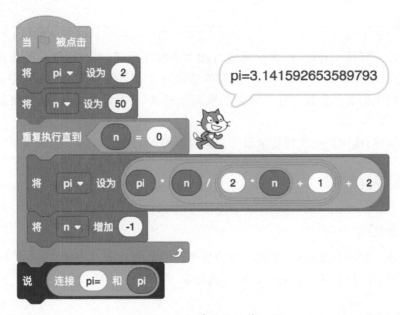

图 6-10　用数学公式计算 π 值

从输出结果来看，计算得到的圆周率的小数点后 15 位数字都是正确的。但是，受限于浮点数的精度，无法得到更多位的 π 值。如果想要计算得到 800 位 π 值，就需要使用高精度算法进行运算。由于计算过程稍显复杂，此处不作详细介绍。这里给出的程序可以用于计算 800 位或更多位数的 π 值，读者可将此作为体验项目。

 编程实现

 Scratch 程序清单（见图 6-11 和图 6-12）

运行程序，很快就可以计算出 800 位 π 值：
31415926535897932384626433832795028841971693993751058209749445923078164062862089986280348253421170679821480865132823066470938446095505822317253594081284811174502841027019385211055596446229489549303819644288109756659334461284756482337867831652712019091456485669234603486104543266482133936072602491412737245870066063155881748815209209628292540917153643678925903600113305305488204665213841469519415116094330572703657595919530921861173819326117931051185480

7446237996274956735188575272489122793818301194912983367336244065664308602139
4946395224737190702179860943702770539217176293176752384674818467669405132000
5681271452635608277857713427577896091736371787214684409012249534301465495853
7105079227968925892354201995611212902196086403441815981362977477130996051870
72113499999983729780499510597317328160963185

如果要输出更多位的 π 值,可以修改 digits 变量,将其设定为一个能被 4 整除的数值。例如,将 digits 变量的值设定为 2400,可以计算出 2400 位 π 值。

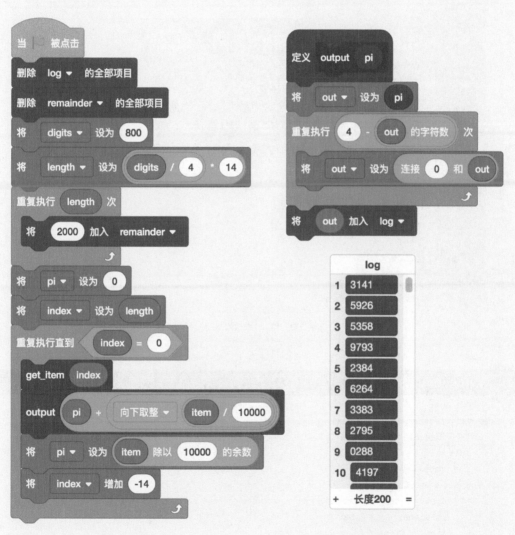

图 6-11 "计算 800 位 π 值"Scratch 程序清单(1)

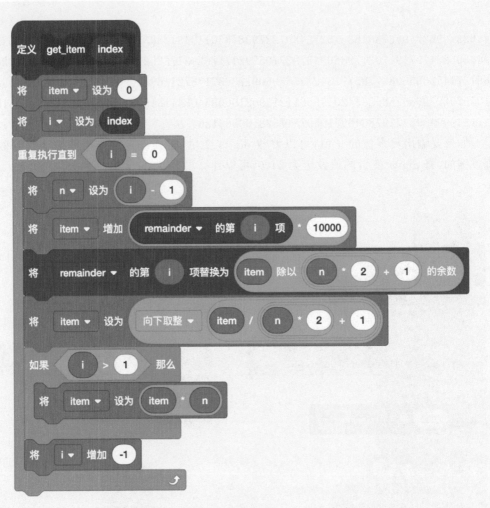

图 6-12　"计算 800 位 π 值"Scratch 程序清单(2)

Python 程序清单

```python
def get_item(remainder, index):
    '''获取公式中每一项的值'''
    item = 0
    i = index - 1
    while i >= 0:
        item = item + remainder[i] * 10000
        remainder[i] = item % (i * 2 + 1)
        item = item // (i * 2 + 1)
        if i > 0: item = item * i
        i -= 1
    return item
```

```python
def main():
    '''计算 800 位 π 值'''
    digits = 800                    #设定计算圆周率的位数,要求能被 4 整除
    length = digits // 4 * 14
    remainder = [2000] * length
    #按公式从最里面一层开始迭代,每次输出 4 位 π 值
    pi = 0
    index = length
    while index > 0:
        item = get_item(remainder, index)
        print('%04d' % (pi + item // 10000), end = '')
        pi = item % 10000
        index -= 14


if __name__ == '__main__':
    main()
```

C++程序清单

```cpp
#include < bits/stdc++.h >
using namespace std;

//获取公式中每一项的值
int get_item(int remainder[], int index)
{
    int item = 0;
    int i = index - 1;
    while (i >= 0) {
        item = item + remainder[i] * 10000;
        remainder[i] = item % (i * 2 + 1);
        item = item / (i * 2 + 1);
        if (i > 0) item = item * i;
        i -= 1;
    }
    return item;
}

//计算 800 位 π 值
int main()
{
    int digits = 800;                    //设定计算圆周率的位数,要求能被 4 整除
    int length = digits / 4 * 14;
    int remainder[length] = {};
    for (int i = 0; i < length; i++) remainder[i] = 2000;
    //按公式从最里面一层开始迭代,每次输出 4 位 π 值
    int pi = 0;
    int index = length;
```

```
    while (index > 0) {
        int item = get_item(remainder, index);
        cout << setw(4) << setfill('0') << (pi + item / 10000);
        pi = item % 10000;
        index -= 14;
    }
    return 0;
}
```

拓展练习

山巅一寺一壶酒（3.14159），尔乐苦煞吾（26535），把酒吃（897），酒杀尔（932），杀不死（384），乐尔乐（626）。

这首背记圆周率的口诀流传很广，很多人通过它快速记住了 23 位 π 值，你也试试看吧！

第 7 章 曲 线 之 美

在数学的世界中,有许多美丽的曲线图形是由简单的函数关系生成的。可以利用参数方程绘制出曲线图形,通过参数的周期性变化,就能给看似枯燥的数学公式披上精彩纷呈的美丽衣裳。这些曲线有螺旋线、摆线、双纽线、蔓叶线、心脏线、渐开线、玫瑰曲线、蝴蝶曲线……

曾经一般人很难领略到这些数学之美,人们对数学的印象是枯燥乏味的数字和公式,似乎与艺术之美毫无关系。现在借助于一些数学软件或编程工具,可以很方便地画出各种优美的曲线。曲线方程是高中及以上阶段的学习内容,这里不作具体数学知识的详细讲解。对于要介绍的数学曲线,本书中都会给出参数方程及其参数、常数的说明,读者根据这些参数方程就可以编写程序绘制出美丽的曲线图案。

本章收录了笛卡儿心形曲线、桃心形曲线、玫瑰曲线、外摆线、蝴蝶曲线、菊花曲线等著名的数学曲线,当通过编程的方式将这些数学曲线的图形呈现出来时,无不让人眼前一亮。正如古希腊哲学家、数学家普洛克拉斯所说:"哪里有数,哪里就有美。"现在,就让我们通过编程的方式来探索数学曲线的秘密,一起感受数学之美吧。

7.1 笛卡儿心形曲线

问题描述

笛卡儿心形曲线是一个圆上的固定一点在绕着与它相切且半径相同的另外一个圆作圆周滚动时所产生的轨迹,因其形状像心形而得名。它的极坐标方程为

$$r = a(1 - \sin\theta)$$

将其转换为参数方程可描述为

$$\begin{cases} x = \cos\theta \cdot a(1 - \sin\theta) \\ y = \sin\theta \cdot a(1 - \sin\theta) \end{cases}$$

其中,a 为一个常量,用来控制图形的大小;参数 θ 为角度,该曲线的闭合周期为 $360°$。

======= 小 知 识 =======

在心形曲线的背后有一个浪漫的故事。据说法国数学家笛卡儿与瑞典一个小公国的公主克里斯蒂娜在街头邂逅并相爱，但是遭到了瑞典国王的反对并被驱逐回法国，而公主也被软禁在宫中。笛卡儿希望通过书信与公主取得联系，但是寄出的信都被国王拦截了。只有一封无人能懂的信通过了检查，传到了公主的手中。这封信中除了一个方程：$r = a(1 - \sin\theta)$，其他什么都没有。公主看到这封信，在纸上绘制出了这个方程的图形，明白了这是笛卡儿的"一颗心"。这个流传很广的浪漫故事实际上是后人杜撰的，可能是笛卡儿在数学方面取得的非凡成就，人们才把这个浪漫的故事安排到他的身上。

 编程思路

利用笛卡儿心形曲线的参数方程，编程画出它的曲线图形。在编程时，创建一个循环结构，让角度变量 t 从 0°变化到 360°，然后通过心形曲线的参数方程计算出坐标 x 和 y 的值，再控制画笔移动到该坐标。当画完一个闭合周期，就能在绘图窗口上画出一个完整的心形曲线图形。

默认情况下，Scratch 和 Python 小海龟使用慢速绘图，可以看到绘制过程。另外，将角度变量 t 的初始值设为 90°，可以从心形内陷的尖角处开始画图。

 程序清单

Scratch 程序清单(见图 7-1)

运行程序，在屏幕上会画出图 7-2 中的第 1 个图形——红色的心形曲线。

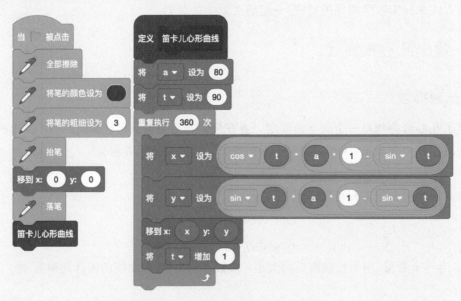

图 7-1 "笛卡儿心形曲线"程序清单

Python 程序清单

```python
from turtle import *
from math import pi, sin, cos

def draw():
    '''绘制笛卡儿心形曲线'''
    a, t = 80, 90
    for i in range(360):
        rad = pi / 180 * t                      #角度转为弧度
        x = cos(rad) * a * (1 - sin(rad))
        y = sin(rad) * a * (1 - sin(rad))
        goto(x, y)
        t += 1


if __name__ == '__main__':
    '''画笔初始化'''
    color('red')
    pensize(3)
    draw()
```

C++（GoC）程序清单

```cpp
//绘制笛卡儿心形曲线
void draw()
{
    const float PI = 3.14159;
    int a = 80, t = 90;
    for (int i = 0; i < 360; i++) {
        float rad = PI / 180 * t;                //角度转为弧度
        float x = cos(rad) * a * (1 - sin(rad));
        float y = sin(rad) * a * (1 - sin(rad));
        pen.line(x, y);
        t += 1;
    }
}


int main()
{
    //画笔初始化
    pen.color(_red);
    pen.size(3);
    draw();
    return 0;
}
```

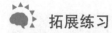 拓展练习

图 7-2 展示的是不同朝向的笛卡儿心形曲线的图形及其参数方程。请你试一试，画出这些图形。

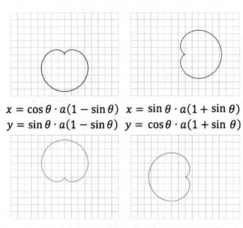

$$x = \cos\theta \cdot a(1 - \sin\theta) \quad x = \sin\theta \cdot a(1 + \sin\theta)$$
$$y = \sin\theta \cdot a(1 - \sin\theta) \quad y = \cos\theta \cdot a(1 + \sin\theta)$$

$$x = \cos\theta \cdot a(1 + \sin\theta) \quad x = \sin\theta \cdot a(1 - \sin\theta)$$
$$y = \sin\theta \cdot a(1 + \sin\theta) \quad y = \cos\theta \cdot a(1 - \sin\theta)$$

图 7-2　不同朝向的笛卡儿心形曲线图形

7.2　桃心形曲线

问题描述

图 7-3 是一个红色桃心形曲线的图形，这比图 7-2 展示的笛卡儿心形曲线更像一颗我们经常见到的爱心。桃心形曲线的参数方程为

$$\begin{cases} x = a \cdot 15 \cdot (\sin t)^3 \\ y = a \cdot (15\cos t - 5\cos 2t - 2\cos 3t - \cos 4t) \end{cases}$$

其中，a 为一个常量，用来控制图形的大小；t 为角度，该曲线的闭合周期为 $360°$。

图 7-3　桃心形曲线图形

编程思路

利用桃心形曲线的参数方程，编程画出它的曲线图形。在编程时，创建一个循环结构，让角度变量 t 从 $0°$ 变化到 $360°$，然后通过桃心形曲线的参数方程计算出坐标 x 和 y 的值，再控制画笔移动到该坐标。当画完一个闭合周期，就能在绘图窗口上画出一个完整的桃心形曲线图形。

为了画出一个填充的桃心形，在画出桃心形曲线上每一个点之后，将画笔移动到坐标 $(0,0)$ 处，这样即可通过画放射状线条的方式实现填充效果。

程序清单

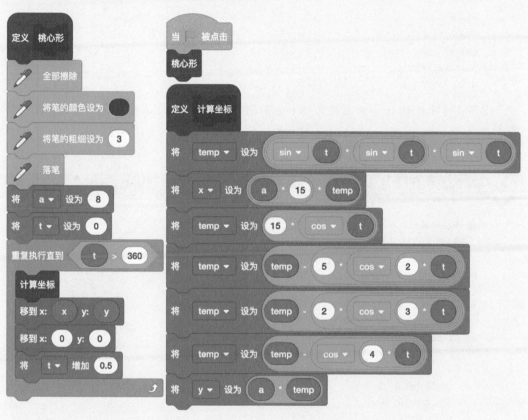

图7-4 "桃心形曲线"Scratch程序清单

注意：为缩小排版宽度，上面代码中将计算参数 x 和 y 的表达式作了多次赋值处理。在 Python 或 C++ 等语言中，可用反斜杠(\) 让代码折行显示，便于书写较长的表达式。

Python 程序清单

```python
from turtle import *
from math import pi, sin, cos

def draw():
    '''绘制桃心形曲线'''
    a, t = 10, 0
    while t <= 360:
```

```
        rad = pi / 180 * t
        x = a * 15 * sin(rad) ** 3
        y = a * (15 * cos(rad) - 5 * cos(2 * rad) \
                - 2 * cos(3 * rad) - cos(4 * rad))
        goto(x, y)
        goto(0, 0)
        t += 0.5

if __name__ == '__main__':
    speed(0)
    color('red')
    pensize(3)
    draw()
```

提示：利用 Python 小海龟提供的 begin_fill() 和 end_fill() 函数可以方便地实现图形填充。

C++（GoC）程序清单

```
//绘制桃心形曲线
void draw()
{
    const float PI = 3.14159;
    float a = 10, t = 0;
    while (t <= 360) {
        float rad = PI / 180 * t;
        float x = a * 15 * pow(sin(rad), 3);
        float y = a * (15 * cos(rad) - 5 * cos(2 * rad) \
                    - 2 * cos(3 * rad) - cos(4 * rad));
        pen.line(x, y);
        pen.line(0, 0);
        t += 0.5;
    }
}

int main()
{
    pen.color(_red);
    pen.size(3);
    draw();
    return 0;
}
```

拓展练习

图 7-5 展示的是不同造型的桃心形，很漂亮吧！开动脑筋想一想，利用桃心形曲线的参数方程，编写程序将它们画出来吧。

图 7-5 不同造型的桃心形

7.3 玫瑰曲线

问题描述

玫瑰曲线可谓是数学曲线中的翘楚,其数学方程简单,曲线富于变化,根据参数的变化能展现出姿态万千的优美形状,因其部分图形宛若盛开的玫瑰而得名。

玫瑰曲线使用极坐标方程表示为

$$\rho = a \cdot \sin(n\theta) \quad 或 \quad \rho = a \cdot \cos(n\theta)$$

也可用参数方程表示为

$$\begin{cases} x = \cos\theta \cdot a \cdot \sin(n\theta) \\ y = \sin\theta \cdot a \cdot \sin(n\theta) \end{cases}$$

其中,a 为常量,控制图形的大小,当其为负值时,可使图形倒置;θ 为角度,其取值范围受到参数 n 的影响;参数 n 用来控制花瓣的数量,当 n 为整数或非整数时,玫瑰曲线将会产生不同的变化。

(1)在 n 为整数的情况下,当 n 为奇数时,玫瑰曲线将有 n 个花瓣,θ 取值为 $0° \sim 180°$;当 n 为偶数时,玫瑰曲线将有 $2n$ 个花瓣,θ 取值为 $0° \sim 360°$。效果见图 7-6。

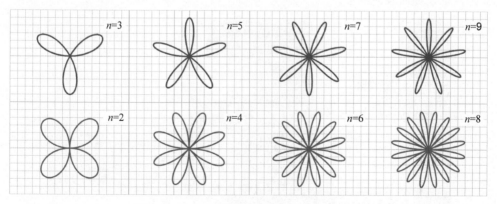

图 7-6 当 n 为整数时的部分玫瑰曲线图形

(2)当 n 为非整数的有理数时,通过公式 $n = r/s$ 确定玫瑰曲线的花瓣数量和闭合周期,r 和 s 都是整数。当 r/s 是最简分数时,r 影响花瓣数量,s 影响闭合周期;当 r 和 s 仅有一个是偶数时,则花瓣数量为 $2r$,闭合周期为 $2s \times 180°$;当 r 和 s 都是奇数时,则花瓣数是 r,闭合周期为 $s \times 180°$。效果见图 7-7。

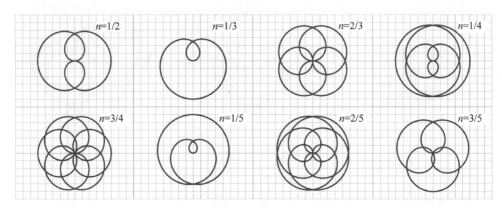

图 7-7 当 n 为非整数的有理数时的部分玫瑰曲线图形

 编程思路

　　根据玫瑰曲线的参数方程，编程画出它的曲线图形。创建一个名为"玫瑰曲线"的函数，用于根据参数 n 和闭合周期 end 绘制玫瑰曲线的图形。在绘图时，使变量 t 由 0 开始不断增加，并通过玫瑰曲线的参数方程求得坐标 x 和 y 的值，然后使用画笔在舞台上画出各个点，最终得到一个玫瑰曲线图形。

　　例如，当 $r=2$、$s=3$ 时，$n=2/3$，闭合周期 end 为 $2s \times 180° = 6 \times 180°$。根据这两个参数调用函数"玫瑰曲线（2/3，6 * 180）"就能画出图 7-7 中第 3 个图形。

　　程序清单

　　　Scratch 程序清单（见图 7-8）

　　运行程序就可以在屏幕上画出图 7-7 中的第 3 个图形（$n=2/3$）。通过修改参数，可以画出其他玫瑰曲线的图形。

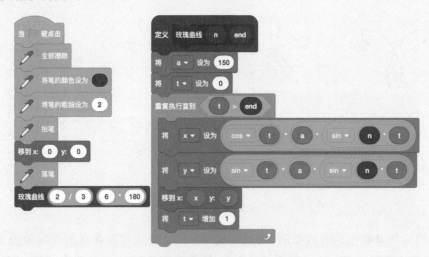

图 7-8 "玫瑰曲线"Scratch 程序清单

　　提示：通过参数 r 和 s 确定玫瑰曲线的参数方程中的 n 值和闭合周期 end。

Python 程序清单

```python
from turtle import *
from math import pi, sin, cos

def draw(n, end):
    '''绘制玫瑰曲线'''
    a = 150
    t = 0
    while t <= end:
        rad = pi / 180 * t
        x = cos(rad) * a * sin(n * rad)
        y = sin(rad) * a * sin(n * rad)
        goto(x, y)
        t += 1

if __name__ == '__main__':
    '''画笔初始化'''
    speed(0)
    pencolor('red')
    pensize(2)
    draw(2/3, 6 * 180)
```

C++（GoC）程序清单

```cpp
//绘制玫瑰曲线
void draw(float n, float end)
{
    const float PI = 3.14159;
    float a = 150;
    float t = 0;
    while (t <= end) {
        float rad = PI / 180 * t;
        float x = cos(rad) * a * sin(n * rad);
        float y = sin(rad) * a * sin(n * rad);
        pen.line(x, y);
        t += 1;
    }
}

int main()
{
    //画笔初始化
    pen.color(_red);
    pen.size(2);
    draw(2.0/3, 6 * 180);
    return 0;
}
```

拓展练习

当 n 为无理数时,花瓣的数目是无限的,即玫瑰曲线的图形不会闭合。如图 7-9 所示,这是分别取 n 为自然对数的底 e($\approx 2.718281828459045$)、圆周率 π($\approx 3.141592653589793$)和黄金比 φ($\approx 0.618033988749894$)时绘制出的玫瑰曲线图形,它们的周期分别取 $28 \times 180°$、$28 \times 180°$ 和 $42 \times 180°$。试一试,画出这些特殊的玫瑰曲线图形。

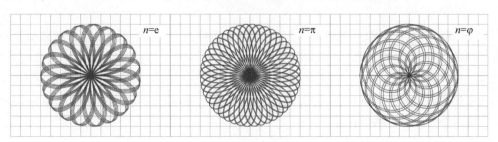

图 7-9　当 n 为无理数时的部分玫瑰曲线图形

7.4 外摆线

问题描述

外摆线又称圆外旋轮线，是数学中众多的迷人曲线之一。

外摆线的定义：当半径为 b 的动圆沿着半径为 a 的定圆的外侧做圆周运动时，动圆圆周上的一点 p 所描绘的点的轨迹。

在以定圆中心为原点的直角坐标系中，外摆线的参数方程可以描述为

$$\begin{cases} x = (a+b) \cdot \cos\theta - b \cdot \cos \dfrac{a+b}{b}\theta \\ y = (a+b) \cdot \sin\theta - b \cdot \sin \dfrac{a+b}{b}\theta \end{cases}$$

其中，参数 a 为定圆的半径，参数 b 为动圆的半径，参数 θ 是动圆圆心和定圆圆心连线与 x 轴的夹角。

下面简单介绍外摆线一些不同特性的曲线图形，效果见图 7-10。

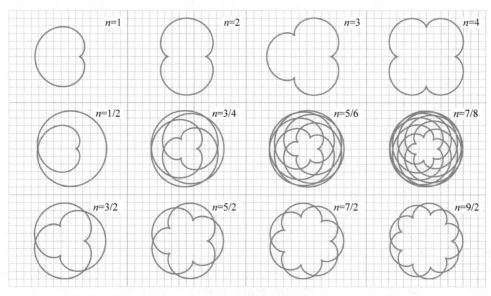

图 7-10　不同特性的外摆线图形

外摆线的形状由定圆和外圆的半径 a 和 b 的比值决定，可用公式 $n = a/b$ 来确定外摆线的图形。当 $n = 1$ 时，即定圆和动圆大小相等，得到的是心形曲线。当 n 为整数时，动圆绕定圆一周，动点轨迹形成一个由 n 段等长的圆齿组成的曲线。当 n 为分数时，设 $n = p/q$（p、q 为互质的整数），曲线由 p 支组成，动圆绕定圆 q 周，动点返回起始位置。当 n 为无理数时，动点不可能返回起始位置。

编程思路

根据外摆线的参数方程，编程画出它的曲线图形。创建一个名为"外摆线"的函数（参数 n 为 a、b 的比值，参数 end 为闭合周期）用于绘制外摆线的图形。在调用该函数时，需要根据参

数 n 的值来确定参数 end 的值。在绘图时,使变量 t 由 0 开始不断增加,并通过外摆线的参数方程求得坐标 x 和 y 的值,然后使用画笔在舞台上画出各个点,最终得到一个外摆线图形。

例如,当取 n 为 3 时,闭合周期 end 为 360°。根据这两个参数调用函数"外摆线(3,360)"就能画出图 7-10 中第 3 个图形($n=3$)。

又如,当取 n 为 5/2 时,闭合周期 end 为 $2\times360°$。根据这两个参数调用函数"外摆线(5/2,2*360)"就能画出图 7-10 中第 10 个图形($n=5/2$)。

程序清单

Scratch 程序清单(见图 7-11)

运行程序就可以在屏幕上画出图 7-10 中第 10 个图形($n=5/2$)。通过修改参数,可以画出其他的外摆线图形。

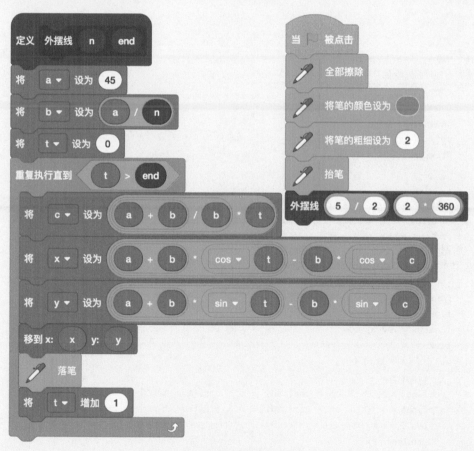

图 7-11 "外摆线"Scratch 程序清单

提示:正确设置外摆线函数的参数 n 和 end 以使绘制的曲线图形闭合。另外,在绘图时,如果绘制的图形超出窗口,可通过调整代码中变量 a 的大小,使图形能够完整地显示在窗口中。

Python 程序清单

```python
from turtle import *
from math import pi, sin, cos

def draw(n, end):
    '''绘制外摆线'''
    a = 45
    b = a / n
    t = 0
    while t <= end:
        rad = pi / 180 * t
        x = (a + b) * cos(rad) - b * cos((a + b) / b * rad)
        y = (a + b) * sin(rad) - b * sin((a + b) / b * rad)
        goto(x, y)
        down()
        t += 1

if __name__ == '__main__':
    '''画笔初始化'''
    speed(0)
    pencolor('seagreen')
    pensize(2)
    up()
    draw(5/2, 2 * 360)
```

C++（GoC）程序清单

```cpp
//绘制外摆线
void draw(float n, float end)
{
    const float PI = 3.14159;
    float a = 45;
    float b = a / n;
    float t = 0;
    while (t <= end) {
        float rad = PI / 180 * t;
        float x = (a + b) * cos(rad) - b * cos((a + b) / b * rad);
        float y = (a + b) * sin(rad) - b * sin((a + b) / b * rad);
        pen.line(x, y);
        pen.down();
        t += 1;
    }
}

int main()
```

```
{
    //画笔初始化
    pen.color(_green4);
    pen.size(2);
    pen.up();
    draw(5.0/2, 2 * 360);
    return 0;
}
```

拓展练习

通过重新定义外摆线的参数方程,并设置不同的参数,可以得到更多令人惊叹的美丽曲线图形。以下是重新定义的外摆线的参数方程:

$$\begin{cases} x = (a+b) \cdot \cos\theta - b \cdot \cos[(a+b) \cdot b \cdot \theta] \\ y = (a+b) \cdot \sin\theta - b \cdot \sin[(a+b) \cdot b \cdot \theta] \end{cases}$$

其中,参数 a 为定圆的半径,参数 b 为动圆的半径,参数 θ 为角度。

如图 7-12 所示,通过调整 a 和 b 的数值大小,可以画出极富美感的曲线图形。

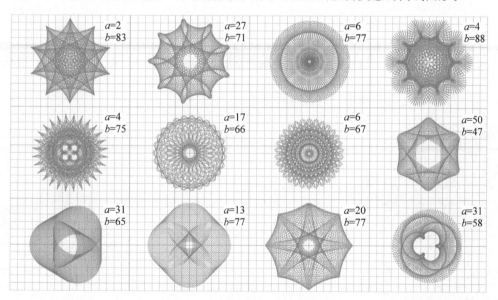

图 7-12　美丽的自定义外摆线图形

如果对这些美丽的图形感兴趣,不妨修改前面介绍的外摆线程序,使用自定义的外摆线参数方程绘制出美丽的图形。

7.5　蝴蝶曲线

问题描述

蝴蝶曲线是一种很优美的数学曲线,其图形宛若翩翩起舞的蝴蝶。这个曲线于 1989 年

由美国南密西西比大学坎普尔·费伊（Temple H. Fay）发现，它的极坐标方程为

$$\rho = e^{\cos\theta} - 2\cos4\theta + \left(\sin\frac{\theta}{12}\right)^5$$

蝴蝶曲线使用参数方程可描述为

$$\begin{cases} x = a \cdot \sin\theta \cdot \rho \\ y = b \cdot \cos\theta \cdot \rho \end{cases}$$

其中，参数 a 控制图形的宽度，参数 b 控制图形的高度，参数 θ 为角度。该曲线的完整图形为 12 个周期。

 编程思路

根据蝴蝶曲线的参数方程，编程画出它的曲线图形。在编程时，创建一个循环结构，让角度变量 t 从 0°变化到 12×360°，然后通过蝴蝶曲线的参数方程计算出坐标 x 和 y 的值，再控制画笔移动到该坐标。当画完 12 个周期，就能在绘图窗口上画出一个完整的蝴蝶曲线图形。

程序清单

Scratch 程序清单（见图 7-13）

运行程序，屏幕上会画出一只美丽的蝴蝶。

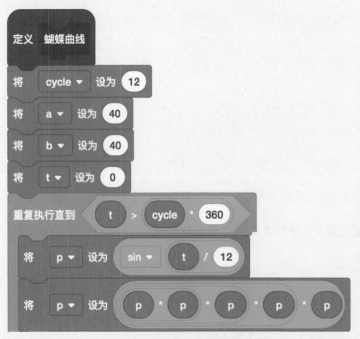
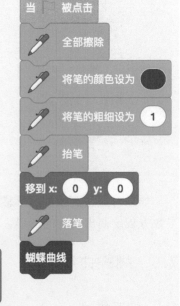

图 7-13 "蝴蝶曲线"Scratch 程序清单

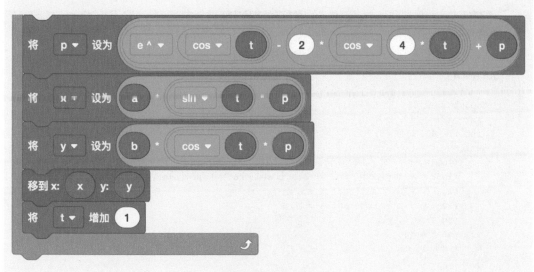

图 7-13(续)

提示：在这个程序中，周期变量 cycle 控制着蝴蝶的外观，当周期为 1 时，可以画出一个基本的蝴蝶图形；当周期为 12 时，可以画出一个完整的蝴蝶曲线图形，效果见图 7-14。

Python 程序清单

```python
from turtle import *
from math import pi, e, sin, cos

def draw():
    '''绘制蝴蝶曲线'''
    cycle, t = 12, 0
    a, b = 40, 40
    while t <= cycle * 360:
        rad = pi / 180 * t
        p = e ** cos(rad) - 2 * cos(4 * rad) + sin(rad/12) ** 5
        x = a * sin(rad) * p
        y = b * cos(rad) * p
        goto(x, y)
        t = t + 1

if __name__ == '__main__':
    '''画笔初始化'''
    speed(0)
    color('red')
    pensize(1)
    draw()
```

C++（GoC）程序清单

```
//绘制蝴蝶曲线
void draw()
{
    const float PI = 3.14159;
    int cycle = 12, t = 0;
    int a = 40, b = 40;
    while (t <= cycle * 360) {
        float rad = PI / 180 * t;
        float r = exp(cos(rad)) - 2 * cos(4 * rad) + pow(sin(rad/12), 5);
        float x = a * sin(rad) * r;
        float y = b * cos(rad) * r;
        pen.line(x, y);
        pen.down();
        t += 1;
    }
}

int main()
{
    //画笔初始化
    pen.color(_red);
    pen.size(1);
    draw();
    return 0;
}
```

拓展练习

　　如图 7-14 所示，在绘制蝴蝶曲线时，可以让画笔颜色不断变化，或者每个周期使用不同的颜色，就可以画出色彩斑斓的蝴蝶图案。

图 7-14　蝴蝶曲线图形

7.6 菊花曲线

问题描述

蝴蝶梦为花，花开幻蝴蝶。想必坎普尔·费伊(Temple H. Fay)觉得美丽的蝴蝶需要绽放的花儿相伴，于是又寻找到了一种形如菊花的曲线。

菊花曲线用极坐标方程表示为

$$\rho = 5\left(1 + \sin\frac{11\theta}{5}\right) - 4\left(\sin\frac{17\theta}{3}\right)^4 \cdot \left[\sin(2\cos3\theta - 28\theta)\right]^8$$

将其转换为参数方程可表示为

$$\begin{cases} x = a \cdot \sin\theta \cdot \rho \\ y = a \cdot \cos\theta \cdot \rho \end{cases}$$

其中，参数 a 控制图形的大小，参数 θ 为角度，该曲线的完整图形为 12 个周期。

编程思路

根据菊花曲线的参数方程，编程画出它的曲线图形。在编程时，创建一个循环结构，让角度变量 t 从 0°变化到 $12 \times 360°$，然后通过菊花曲线的参数方程计算出坐标 x 和 y 的值，再控制画笔移动到该坐标。当画完 12 个周期，就能在绘图窗口上画出一个完整的菊花曲线图形。

如图 7-15 所示，在绘制曲线时不断变换画笔颜色，可以画出一朵霓虹效果的菊花，同时将绘图窗口背景设置为黑色，以突出图像的视觉效果。

图 7-15 菊花曲线图形

程序清单

运行程序，屏幕上会画出一朵绽放的菊花。

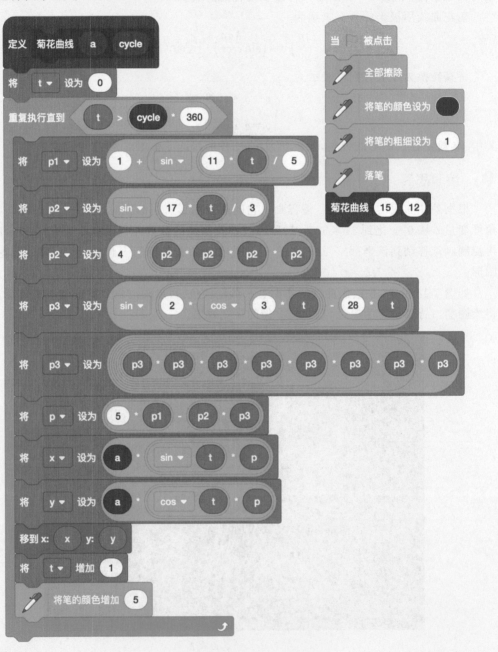

图 7-16　"菊花曲线"Scratch 程序清单

Python 程序清单

```python
from turtle import *
from math import pi, sin, cos

def draw():
    '''绘制菊花曲线'''
    colors = ('purple', 'orange', 'red', 'green','blue', 'yellow', 'navy')
    a, t = 15, 0
    for cycle in range(1, 13):
        pencolor(colors[cycle % 7])
        while t <= cycle * 360:
            rad = pi / 180 * t
            r = 5 * (1 + sin(11 * rad / 5)) - (4 * sin(17 * rad / 3) ** 4) \
                    * (sin(2 * cos(3 * rad) - 28 * rad) ** 8)
            x = a * sin(rad) * r
            y = a * cos(rad) * r
            goto(x, y)
            t += 1

if __name__ == '__main__':
    '''画笔初始化'''
    bgcolor('black')
    speed(0)
    pensize(2)
    draw()
```

C++（GoC）程序清单

```cpp
//绘制菊花曲线
void draw()
{
    const float PI = 3.14159;
    int colors[] = {_blueViolet, _gold, _red, _green, _blue, _yellow, _darkyran};
    float a = 15, t = 0;
    for (int cycle = 1; cycle <= 12; cycle++) {
        pen.color(colors[cycle % 7]);
        while (t <= cycle * 360) {
            float rad = PI / 180 * t;
            float r = 5 * (1 + sin(11 * rad / 5)) - 4 * pow(sin(17 * rad / 3), 4) \
                    * pow(sin(2 * cos(3 * rad) - 28 * rad), 8);
            float x = a * sin(rad) * r;
            float y = a * cos(rad) * r;
            pen.line(x, y);
```

```
            t += 1;
        }
    }
}

int main()
{
    //画笔初始化
    pen.cls(_black);
    pen.size(2);
    draw();
    return 0;
}
```

拓展练习

花若盛开,蝴蝶自来。展开想象的翅膀,利用蝴蝶曲线、菊花曲线或其他数学曲线,画一幅蝶恋花主题的作品吧!

第8章 神奇分形图

宇宙间万物极其复杂,而其构成却是简单的细胞、原子、分子等极其微小的事物。在数学中,一条线段、一个三角形、一个四边形或是一个六边形等这些看似简单无比的几何图形,按一定规则重复之后,却能产生令人称奇的复杂图形,这样的图形被称为分形图。

分形图具有自相似的特性,它们中的一个部分和它的整体或者其他部分都十分相似,分形体内任何一个相对独立的部分,在一定程度上都是整体的再现和缩影。而研究那些无限复杂但具有一定意义的自相似图形和结构的几何学,称为分形几何。由于不规则现象在自然界中普遍存在,因此分形几何学又被称为描述大自然的几何学。

分形几何展示了数学之美,它让人们感悟到科学与艺术的融合,数学与艺术审美的统一,并且有其深刻的科学方法论意义。

本章介绍谢尔宾斯基三角形、科赫雪花、龙曲线、勾股分形树、蕨叶和圣诞树等分形图的画法。分形图的自相似特性与递归结构的自相似特性如出一辙,两者结合堪称完美。通过绘制分形图能加深对递归方法的理解。现在就让我们通过编程创造美妙的分形图,一起来感受分形图的神奇魅力吧。

8.1 谢尔宾斯基三角形

问题描述

谢尔宾斯基三角形(Sierpinski Triangle)是最经典的分形图形之一,它由波兰数学家谢尔宾斯基在 1915 年提出。如图 8-1 所示,这是一个 6 阶的谢尔宾斯基三角形,它由许多个大小不等的等边三角形构成,并且它的整体也是一个等边三角形。

如果要绘制一个谢尔宾斯基三角形,可以按照下面的方法进行构造。

(1)画一个等边三角形,并沿三条边中点的连线将它等分为 4 个小三角形。

(2)排除中间的一个小三角形,对其余 3 个小三角形再分别执行 4 等分的操作。

(3)重复上述步骤,可以得到更多更小的等边

图 8-1 谢尔宾斯基三角形

三角形，最终这些大小不同的等边三角形就构成了谢尔宾斯基三角形。

谢尔宾斯基三角形的绘制过程如图 8-2 所示。

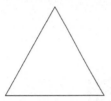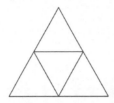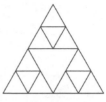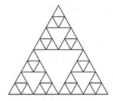

图 8-2　谢尔宾斯基三角形绘制过程

 编程思路

在绘制分形结构时，采用递归方式能够简化编程工作。一般做法是创建一个绘制基本形状的函数，然后以递归方式调用该函数不断地绘制更小的基本形状，重复若干次就能呈现出分形结构。

谢尔宾斯基三角形的基本形状是等边三角形，每次裂变（递归调用）都将边长减半，使得一个大的等边三角形裂变为 4 个大小相同的小三角形，如此不断裂变，直到边长小于某一数值为止；或者增加一个参数控制裂变的次数，该参数从某个指定的数值开始，每次裂变时减1，直到该参数为 0 时停止裂变。

 编程实现

Scratch 程序清单（见图 8-3）

运行程序，将得到一个如图 8-1 所示的谢尔宾斯基三角形分形图。

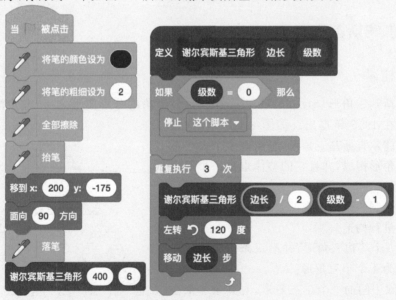

图 8-3　"谢尔宾斯基三角形"Scratch 程序清单

Python 程序清单

```python
from turtle import *

def draw(b, n):
    '''递归绘制正三角形'''
    if n == 0: return          #递归结束条件

    for i in range(3):
        draw(b/2, n-1)         #递归调用,每次缩小 b、n 的值
        left(120)
        fd(b)
    return

if __name__ == '__main__':
    '''绘制一个边长为 400 的谢尔宾斯基三角形'''
    mode('logo')
    speed(0)                   #快速画图
    pencolor('blue')
    pensize(2)
    up()
    goto(200, -175)
    seth(90)
    down()
    draw(400, 6)
```

C++（GoC）程序清单

```cpp
//递归绘制正三角形
void draw(float b, int n)
{
    if (n == 0) return;        //递归结束条件

    for (int i = 0; i < 3; i++) {
        draw(b/2, n-1);        //递归调用,每次缩小 b、n 的值
        pen.lt(120);
        pen.fd(b);
    }
}

int main()
{
    //绘制一个边长为 400 的谢尔宾斯基三角形
    pen.speed(8);              //慢速画图
    pen.color(_blue);
    pen.size(2);
```

```
    pen.up();
    pen.move(200, -175);
    pen.angle(90);
    pen.down();
    draw(400, 6);
    return 0;
}
```

拓展练习

　　谢尔宾斯基地毯也是数学家谢尔宾斯基提出的一个分形图，它与谢尔宾斯基三角形类似，不同之处在于谢尔宾斯基地毯是用正方形进行分形构造，而谢尔宾斯基三角形是用正三角形进行分形构造。谢尔宾斯基地毯和它本身的一部分完全相似，减掉一块会破坏自相似性。图 8-4 是一个在平面内绘制的 6 阶谢尔宾斯基地毯分形图，它由许多个大小不等的正方形构成。

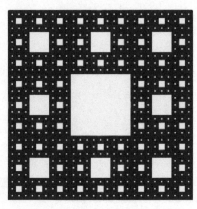

图 8-4　谢尔宾斯基地毯

　　谢尔宾斯基地毯分形图的画法如下。

　　（1）画一个正方形，将其等分为 9 个小正方形。

　　（2）排除中间的一个小正方形，将其余 8 个小正方形再进行 9 等分。

　　（3）重复上述步骤，可以得到更多更小的正方形，最终这些大小不同的正方形构成了谢尔宾斯基地毯。

　　谢尔宾斯基地毯分形图的绘制过程如图 8-5 所示。

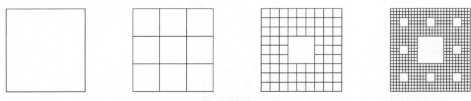

图 8-5　谢尔宾斯基地毯绘制过程

　　请根据上述方法编程绘制谢尔宾斯基地毯分形图。

8.2　科赫雪花

问题描述

科赫曲线(Koch Curve)是一种著名的分形曲线，该曲线的构造方法由瑞典数学家科赫(Helge Von Koch)于1906年在其发表的论文中提出，因为这种分形结构与雪花相似，

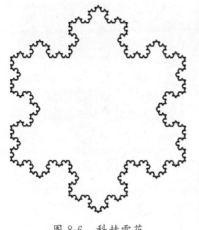

所以又被称为科赫雪花或雪花曲线。如图8-6所示，这是一个4阶科赫雪花分形图，它使用3个科赫曲线拼接而成。

如果要绘制一个科赫曲线，可以使用如下方法进行构造。

（1）以给定的一条直线段作为基本形状，如图8-7(a)所示。

（2）将给定的直线段等分为三段，将中间一段用一个等边三角形代替，并去掉三角形的底边，如图8-7(b)所示。

（3）对每个新线段重复进行上述操作，就能得到一条越来越曲折的科赫曲线，如图8-7（c）和图8-7（d）所示。

图8-6　科赫雪花

| (a) | (b) | (c) | (d) |

图8-7　科赫曲线绘制过程

编程思路

按照以上思路，创建一个函数用于绘制科赫曲线。如图8-8所示，在画出线段①后，画笔向右旋转60°，画出线段②；然后画笔向左旋转120°画出线段③；接着画笔向右旋转60°画出线段④。对每一条线段都重复以上过程，不断地裂变，最终得到一条越来越曲折的科赫曲线。在编程时，采用递归方式绘制科赫曲线，通过一个参数控制曲线裂变的次数，该参数从某个指定的数值开始，每次裂变时减1，直到该参数为0时停止裂变。

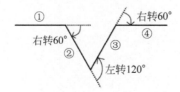

图8-8　科赫曲线构造示意图

如果要绘制一个科赫雪花，只需要将3个科赫曲线呈三角状拼接在一起即可。

编程实现

 Scratch 程序清单(见图8-9)

运行程序，将得到一个如图 8-6 所示的科赫雪花分形图。

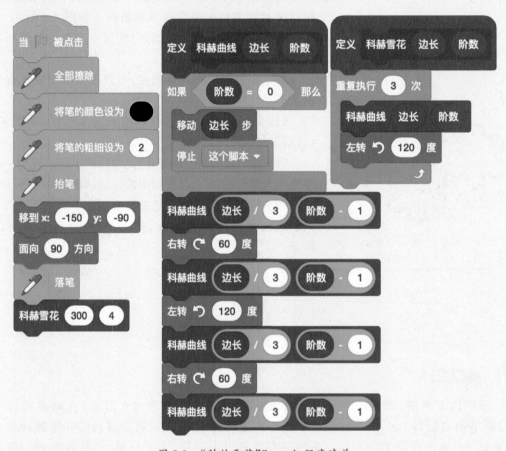

图 8-9　"科赫雪花"Scratch 程序清单

Python 程序清单

```
from turtle import *

def draw_curve(b, n):
    '''递归绘制科赫曲线'''
    if n == 0:                        #递归结束条件
        fd(b)
        return
```

```
        draw_curve(b/3, n-1)                  #画线段①

        right(60)
        draw_curve(b/3, n-1)                  #画线段②

        left(120)
        draw_curve(b/3, n-1)                  #画线段③

        right(60)
        draw_curve(b/3, n-1)                  #画线段④
        return

def draw_snowflake(b, n):
    '''绘制科赫雪花'''
    for i in range(3):
        draw_curve(b, n)
        left(120)
    return

if __name__ == '__main__':
    '''绘制一个4阶科赫雪花'''
    mode('logo')
    speed(0)
    pencolor('black')
    pensize(2)
    up()
    goto(-150, -90)
    seth(90)
    down()
    draw_snowflake(300, 4)
```

C++（GoC）程序清单

```cpp
//递归绘制科赫曲线
void draw_curve(float b, int n)
{
    if (n == 0) {                        //递归结束条件
        pen.fd(b);
        return;
    }

    draw_curve(b/3, n-1);                //画线段①

    pen.rt(60);
    draw_curve(b/3, n-1);                //画线段②

    pen.lt(120);
    draw_curve(b/3, n-1);                //画线段③

    pen.rt(60);
```

```
        draw_curve(b/3, n - 1);                    //画线段④
    }

    //绘制科赫雪花
    void draw_snowflake(float b, int n)
    {
        for (int i = 0; i < 3; i++) {
            draw_curve(b, n);
            pen.lt(120);
        }
    }

    //绘制一个 4 阶科赫雪花
    int main()
    {
        pen.speed(8);
        pen.color(_black);
        pen.size(2);
        pen.up();
        pen.move( - 150, - 90);
        pen.angle(90);
        pen.down();
        draw_snowflake(300, 4);
        return 0;
    }
```

拓展练习

如果在绘制科赫曲线时,不是向外而是向内作一个小三角(即将图 8-8 所示的结构颠倒位置),那么生成的曲线称为反雪花曲线。请尝试修改程序,画出如图 8-10 所示的反科赫雪花。

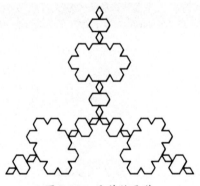

图 8-10　反科赫雪花

8.3　龙曲线

问题描述

龙曲线(Dragon Curve)是一种经典的分形曲线,因其外形似一条蜿蜒盘曲的龙而得名。

1966 年,物理学家约翰·海威、布鲁斯·班克斯和威廉·哈特首次对龙曲线进行了研究。如图 8-11 所示,这是一个 10 阶的龙曲线分形图,它从一条指定长度的线段出发,经过若干次向左或向右的直角转向,就可以画出一个外形像龙的分形图,所以,龙曲线又被叫作分形龙。

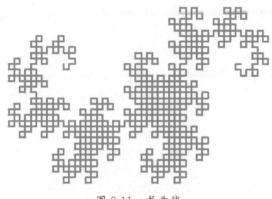

图 8-11　龙曲线

那么,这样的龙曲线图形是如何构造的呢?我们不妨使用折纸的方式来演示一下。

如图 8-12 所示,取一张 A4 纸裁剪出一个长纸条,然后将纸条对折 4 次,注意不要随意翻转纸条。之后,把纸条的每一处折痕自然展开为直角,就得到了一个 4 阶龙曲线,也就是图 8-13 中 $n=4$ 时的图形。

图 8-12　将纸条对折 4 次得到的龙曲线

如果将折痕的凹和凸分别用 L 和 R 表示,那么上面纸条的折痕就可以表示成 $L-L-R-L-L-R-R-L-L-L-R-R-L-R-R$。这个字符序列可以称为转向序列,用来控制画笔在前进过程中的转变方向。如果读取到 L,就让画笔向左转 $90°$,并前进一步;如果读取到 R,就让画笔向右转 $90°$,并前进一步。这样就能够用画笔画出一个 4 阶龙曲线图形。

 编程思路

为什么这样可以绘制出龙曲线呢?这些折痕隐藏着怎样的规律?下面就来探讨一下。

当纸条对折一次时，记作 L。这个非常简单，画笔前进过程中只需要左转一次，就能画出图 8-13 中 $n=1$ 的图形。

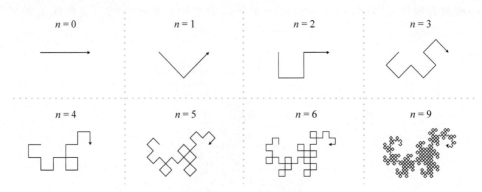

图 8-13 龙曲线绘制过程

当纸条对折两次时，会在第一个折痕的前面和后面各增加一个折痕，记作 $L-L-R$，也就是在前面增加的是凹痕，向左转；后面增加的是凸痕，向右转。这样画笔在前进过程中，依次经过左转、左转、右转，就能画出图 8-13 中 $n=2$ 的图形。

当纸条对折第三次时，也会在第二次折痕的前面和后面以及相邻两个折痕之间都增加新的折痕，并且这些新增的折痕会按照 $L-R-L-R$……的规律出现。将第二次的折痕用括号括起来，则第三次对折后的折痕记作 $L-(L)-R-(L)-L-(R)-R$。按照这个转向序列，画笔在前进过程中，依次经过左转、左转、右转、左转、左转、右转、右转，就能画出图 8-13 中 $n=3$ 的图形。

类似地，在第三次折痕的基础上，很容易就能推导出第四次对折后的结果：

$$L-(L)-R-(L)-L-(R)-R-(L)-L-(L)-R-(R)-L-(R)-R$$

画笔按照这个转向序列，就可以画出如图 8-13 中 $n=4$ 的图形。

通过分析上述推导转向序列的过程，可以得出构造当前转向序列的另一种方法，可用一个简单的公式表示如下：

$$S_n = S_{n-1} + L + \sim S_{n-1}$$

其中，S_n 表示当前转向序列；S_{n-1} 表示上一次转向序列；$\sim S_{n-1}$ 表示对上一次转向序列进行逆序排列并取反。例如，在第二次对折时的转向序列是 $L-L-R$，那么对其进行逆序排列并取反操作后，可得到 $L-R-R$。因此，第三次对折的结果就是 $(L-L-R)+L+(L-R-R)$，即 $L-L-R-L-L-R-R$。

经过上述分析和总结，可以推导出将纸条对折 n 次产生的折痕分布顺序，并根据推导出的转向序列画出对应的龙曲线图形。

为了画出龙曲线图形，除了需要知道转向序列之外，还需要知道构成龙曲线的线段长度。龙曲线的每条线段的长度都是相等的，且每两条线段都是等腰直角三角形的两条边。因此，每次对折之后的线段长度可以用勾股定理或三角函数计算出来。即

$$a = \sqrt[2]{c^2/2} \quad 或 \quad a = c \cdot \sin 45°$$

编程实现

Scratch 程序清单(见图 8-14 和图 8-15)

运行程序,将得到一个如图 8-11 所示的龙曲线分形图。

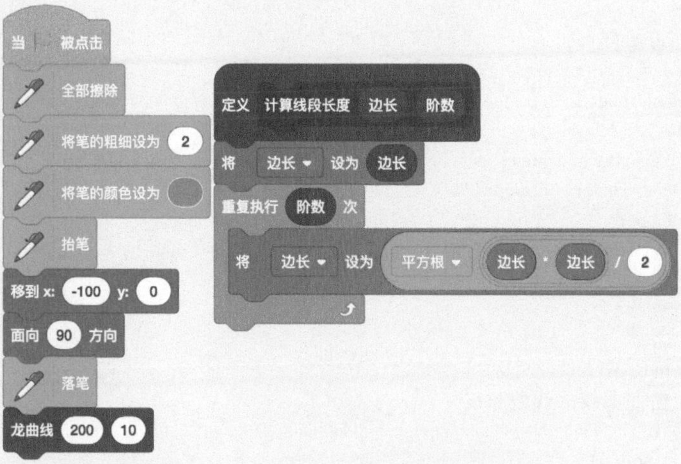

图 8-14 "龙曲线"Scratch 程序清单(1)

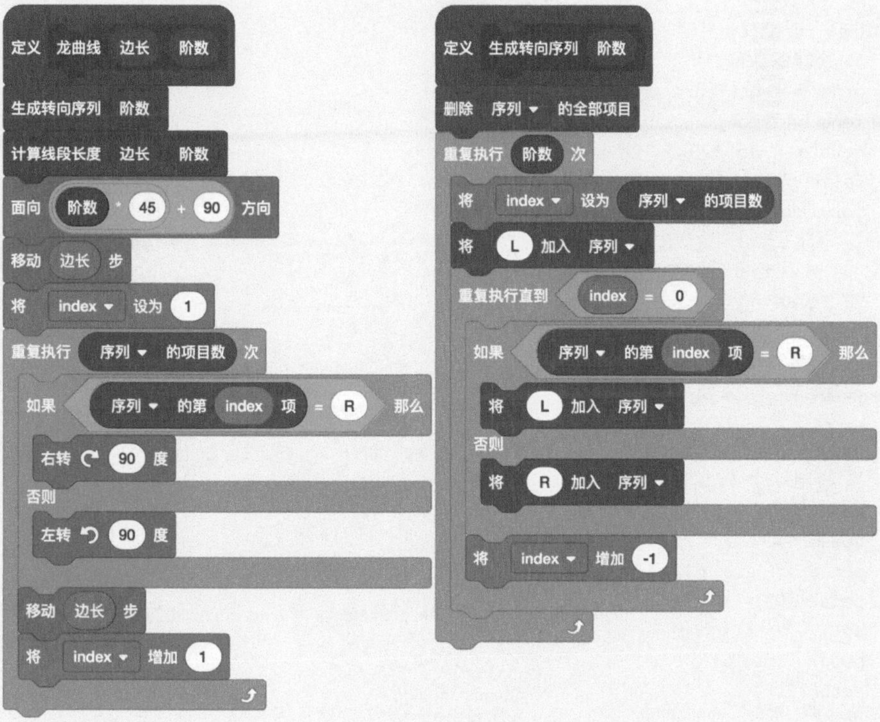

图 8-15 "龙曲线"Scratch 程序清单(2)

Python 程序清单

```python
from turtle import *
from math import sqrt

def get_turn_orders(n):
    '''生成转向序列'''
    orders = []
    for i in range(n):
        index = len(orders) - 1
        orders.append('L')
        while index >= 0:
            if orders[index] == 'R':
                orders.append('L')
            else:
                orders.append('R')
            index -= 1
    return orders

def get_length(b, n):
    '''计算 n 阶龙曲线的线段长度'''
    length = b
    for i in range(n):
        length = sqrt(length ** 2 / 2)
    return length

def draw_curve(b, n):
    '''绘制龙曲线'''
    orders = get_turn_orders(n)
    length = get_length(b, n)
    seth(n * 45 + 90)
    fd(length)
    for order in orders:
        if order == 'R':
            right(90)
        else:
            left(90)
        fd(length)
    return

if __name__ == '__main__':
    '''绘制一个 10 阶龙曲线'''
    mode('logo')
    speed(0)
    pencolor('green')
    pensize(2)
    up()
    goto(-100, 0)
    seth(90)
    down()
    draw_curve(200, 10)
```

C++（GoC）程序清单

```cpp
//生成转向序列
vector < string > get_turn_orders( int n)
{
    vector < string > orders;
    for (int i = 0; i < n; i++) {
        int index = orders. size() - 1;
        orders. push_back("L");
        while (index > = 0) {
            if (orders[ index] == "R") {
                orders. push_back("L");
            }
            else {
                orders. push_back("R");
            }
            index -= 1;
        }
    }
    return orders;
}

//计算 n 阶龙曲线的线段长度
float get_length(float b, int n)
{
    float length = b;
    for (int i = 0; i < n; i++) {
        length = sqrt(length * length / 2);
    }
    return length;
}

//绘制龙曲线
void draw_curve(float b, int n)
{
    vector < string > orders = get_turn_orders(n);
    float length = get_length(b, n);
    pen. angle(n * 45 + 90);
    pen. fd(length);
    for (int i = 0; i < orders. size(); i++) {
        if (orders[ i] == "R")
            pen. rt(90);
        else
            pen. lt(90);
        pen. fd(length);
    }
}
```

```
//绘制一个10阶龙曲线
int main()
{
    pen.speed(8);
    pen.color(_green);
    pen.size(2);
    pen.up();
    pen.move( - 100, 0);
    pen.angle(90);
    pen.down();
    draw_curve(200, 10);
    return 0;
}
```

拓展练习

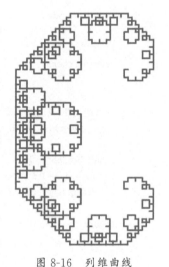

列维曲线(Lévy Curve)也是一种经典的分形曲线,最早由保罗·列维在1938年发表的一篇论文中提出。如图8-16所示,这是一个10阶列维曲线,它从一条指定长度的线段开始,不断地将一条线段裂变成两条长度相等且相互垂直的线段。经过若干次裂变后得到一个形如英文字母C的分形图,所以,这个曲线又称为列维C形曲线。

如果要绘制一个列维曲线分形图,可以按照下面的方法进行构造。

(1)以给定的一条直线段作为基本形状,见图8-17中 $n=0$ 的图形。

(2)以当前线段作为一个等腰直角三角形的斜边,将当前线段替换成这个三角形的两条直角边,见图8-17中 $n=1$ 的图形。

图8-16　列维曲线

(3)对每一条线段重复进行前面的操作,将得到越来越多的更短的线段,最终得到一个外形如英文字母C的分形图。整个分形图的变化过程如图8-17所示。

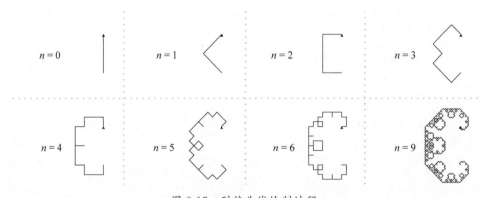

图8-17　列维曲线绘制过程

在上述方法中,只需要以当前线段作为斜边计算出构成等腰直角三角形的直角边的长度,然后左转45°并画出其中一条直角边,再右转90°并画出另一条直角边,接着左转45°使画笔回到原来的方向。通过递归调用的方式重复前面的过程,就能画出一个指定阶数的列维曲线。这个分形曲线的绘制思路与科赫曲线类似。

请根据上述方法,编程绘制一个列维曲线分形图。

8.4 经典勾股树

问题描述

据说古希腊数学家毕达哥拉斯在友人家做客时,看到地板上的图案得到启发,从而发现了"毕达哥拉斯定理"。如图8-18(a)所示,这是利用直角三角形的特殊情况(即45°-45°-90°直角三角形)构造的勾股定理图。后来,毕达哥拉斯以这个图案作为基本形状,不断地绘制出更多、更小的图形,最后得到一个由许多个正方形组成的树状图案。如图8-18(b)所示,这个图案被称为毕达哥拉斯树(勾股树),它有可能是最早的一种分形图。

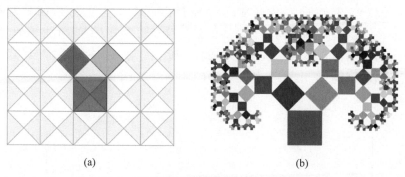

(a)　　　　　　　　　　　　(b)

图8-18　由勾股定理图构造的勾股树分形图

如果要绘制一个勾股树分形图,可以按照如下方法进行构造。

(1)使用一个勾股定理图作为分形图的基本形状,即第一代勾股定理图,如图8-19中 $n=1$ 的图形。

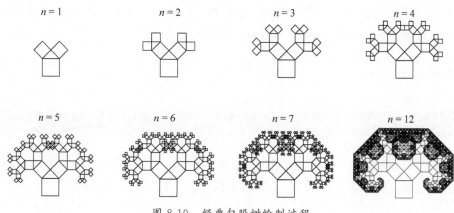

图8-19　经典勾股树绘制过程

（2）基于勾股定理图中两个较小的正方形,分别作出下一代的勾股定理图,即这两个较小的正方形将分别成为下一代勾股定理图中的大正方形。如图 8-19 中 $n=2$ 的图形是第二代勾股定理图。

（3）重复进行上述过程,不断生成第三代、第四代或更多代的勾股定理图,如图 8-19 中的其他图形,最终可以得到一个勾股树分形图。

编程思路

分形图具有自相似特性,其局部是整体的一个缩影。按照上述方法,先画出一个勾股定理图作为勾股树分形图的基本形状,然后使用递归方式不断地画出下一代勾股定理图,如此重复若干次就能呈现出树状结构。在编程绘制勾股树分形图时,可以按照以下两个步骤进行。

（1）绘制基本形状。这里采用 45°-45°-90° 直角三角形构造分形图的基本形状,也就是先画出一个勾股定理图。第一步,先画出勾股定理图中位于下方的大正方形,画笔起始方向朝正北,画完之后回到起始位置,如图 8-20（a）所示。第二步,画笔向前移动到左上方正方形的起始位置,然后向左旋转 45°,并在画出一个小正方形后回到起始位置,如图 8-20（b）所示。第三步,画笔向右旋转 90°,然后移动到右上方的小正方形的起始位置,在画出一个小正方形后回到起始位置,如图 8-20（c）所示。第四步,控制画笔回到大正方形的左下角位置,并使其朝向正北方向,如图 8-20（d）所示。

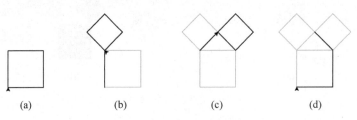

（a）　　　　　　（b）　　　　　　（c）　　　　　　（d）

图 8-20　勾股定理图绘制步骤

（2）采用递归方式绘制分形结构。创建一个绘制勾股定理图的函数,以方便进行递归调用。该函数使用一个参数控制分形结构的裂变次数,该参数从某个指定的数值开始,每次裂变时减 1,直到该参数为 0 时停止裂变。在绘制勾股定理图中的两个小正方形之前,递归调用该函数绘制更小的勾股定理图,从而生成勾股树分形图。

编程实现

Scratch 程序清单（见图 8-21 和图 8-22）

运行程序,将会生成一棵 3 阶勾股树,如图 8-19 中 $n=3$ 的图形。如果想生成更加茂密的勾股树,可以将参数 n 设置为 12,即可画出如图 8-19 中 $n=12$ 的图形。

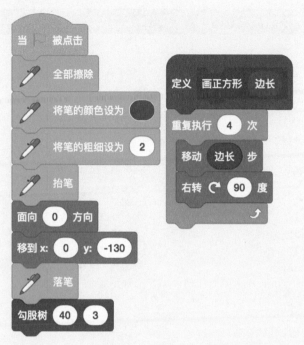

图 8-21 "经典勾股树"Scratch 程序清单(1)

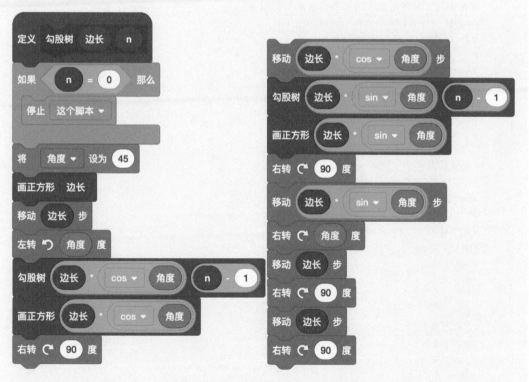

图 8-22 "经典勾股树"Scratch 程序清单(2)

提示: 在用 Scratch 编程时,需要将图 8-22 中的两段脚本拼合在一起。

Python 程序清单

```python
from turtle import *
from math import sin, cos, radians

def square(b):
    '''画正方形'''
    for i in range(4):
        fd(b)
        right(90)
    return

def draw(b, n):
    '''递归绘制勾股树'''
    #设定递归结束条件
    if n == 0: return

    angle = 45
    square(b)

    fd(b)
    left(angle)
    #在画左上方的小正方形之前进入递归调用
    draw(b * cos(radians(angle)), n - 1)
    square(b * cos(radians(angle)))

    right(90)
    fd(b * cos(radians(angle)))
    #在画右上方的小正方形之前进入递归调用
    draw(b * sin(radians(angle)), n - 1)
    square(b * sin(radians(angle)))

    right(90)
    fd(b * sin(radians(angle)))
    right(angle)
    fd(b)
    right(90)
    fd(b)
    right(90)
    return

if __name__ == '__main__':
    '''程序入口'''
    mode('logo')
    speed(0)
    pencolor('blue')
    pensize(2)
    up()
```

```
seth(0)
goto(0, -130)
down()
draw(100, 9)
```

提示：利用 Python 小海龟提供的 begin_fill() 和 end_fill() 函数可以方便地实现图形填充，可以画出如图 8-18(b) 所示的彩色勾股树。

C++（GoC）程序清单

```cpp
const float PI = 3.14159;

//画正方形
void square(float b)
{
    for (int i = 0; i < 4; i++) {
        pen.fd(b);
        pen.rt(90);
    }
}

//递归绘制勾股树
void draw(float b, int n)
{
    //设定递归结束条件
    if (n == 0) return;

    int angle = 45;
    square(b);

    pen.fd(b);
    pen.lt(angle);
    //在画左上方的小正方形之前进入递归调用
    draw(b * cos(angle * PI / 180), n-1);
    square(b * cos(angle * PI / 180));

    pen.rt(90);
    pen.fd(b * cos(angle * PI / 180));
    //在画右上方的小正方形之前进入递归调用
    draw(b * sin(angle * PI / 180), n-1);
    square(b * sin(angle * PI / 180));

    pen.rt(90);
    pen.fd(b * sin(angle * PI / 180));
    pen.rt(angle);
    pen.fd(b);
    pen.rt(90);
    pen.fd(b);
```

```
        pen.rt(90);
    }

    //程序入口
    int main()
    {
        pen.speed(8);
        pen.color(_blue);
        pen.size(2);
        pen.up();
        pen.angle(0);
        pen.move(0, -130);
        pen.down();
        draw(100, 9);
        return 0;
    }
```

拓展练习

通过调整勾股定理图中直角三角形的锐角大小,可以构造出向左或向右生长的不同形状的勾股树分形图。如图 8-23 所示,分别是将锐角设为 30°、45°和 60°时生成的 10 阶勾股树分形图。请修改"经典勾股树"程序,尝试画出不同姿态的勾股树分形图,并观察其外形变化规律。

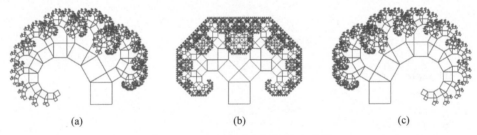

| (a) | (b) | (c) |

图 8-23　不同形状的勾股树分形图

8.5　美丽分形树

问题描述

在自然界中,树木的种类繁多,形态千变万化。从分形学的角度来看,树木的结构仍然遵循着自相似的规则。如图 8-24 所示,这是一棵以两个分枝为基本形状构造的分形树,从一个树干末端生长出两个树枝,每个树枝又分别生长出两个新的树枝,如此不断生长,最终生长成一棵疏密有致的分形树。这样一棵美丽的分形树,其设计灵感来自于经典勾股树。如图 8-25 所示,这是一个以勾股定理图作为基本形状构造的经典勾股树,并且引入随机量让两个小正方形与大正方形的夹角随机变化,从而生成一个姿态接近于树木形态的分形结构。如果使用线段代替正方形,产生的分形结构将接近自然树木,得到一棵如图 8-24 所示的极富美感的分形树。

图 8-24 美丽分形树

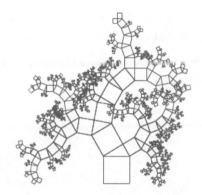

图 8-25 随机变化的经典勾股树

下面将介绍如何编程构造一棵美丽的勾股分形树。

编程思路

如图 8-26(a)所示,这是一个由 3 个正方形组成的勾股定理图,将其作为分形体的基本形状可以构造出一个经典勾股树分形图。如图 8-26(b)所示,使用线段代替正方形用来构造勾股定理图,即使 3 条线段 a、b、c 的长度关系满足勾股定理 $a^2+b^2=c^2$。然后,采用递归方法重复绘制基本形状就可以构造出一棵勾股分形树,如图 8-26(c)所示。

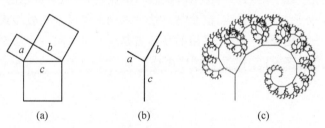

图 8-26 用线段代替正方形构造的勾股定理图

如果要绘制一棵由线段构造的勾股树,可以按照下面的方法进行绘制。

如图 8-27(a)所示,呈 L 形的两个分枝是分形体的基本形状,两个分枝 a 和 b 长度不等。在画 L 形的基本形状时,先让画笔向左旋转 θ,从 o 点出发画出 a 枝,再回到 o 点;然后让画笔向右旋转 $90°$,从 o 点出发画出 b 枝,再回到 o 点;最后让画笔向左旋转 $90°-\theta$,恢复初始方向。采用递归方式按照以上画法不断地绘制 L 形分枝,重复若干次就能呈现出树状的分形结构。

需要注意的是,L 形的两个分枝始终是直角,两个分枝 a 和 b 的长度随着夹角 θ 的变化而变化。当夹角 θ 小于 $45°$ 时,a 枝的长度大于 b 枝的长度,如图 8-27(a)所示;当夹角 θ 等于 $45°$ 时,a 枝和 b 枝的长度相等,如图 8-27(b)所示;当夹角 θ 大于

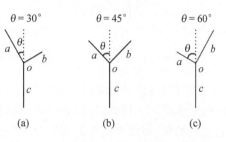

图 8-27 用线段构造勾股树画法示意图

45°时，a 枝的长度小于 b 枝的长度，如图 8-27(c)所示。如此一来，只要调整夹角 θ 这一个参数，就能同时影响 a 枝和 b 枝的长度，进而控制整个分形体的结构。

通过以上方法，可以绘制出如图 8-26(c)所示的由线段构造的勾股分形树。然而，这样的线条不够美观，可以尝试对其进行着色和美化。例如，将线段的粗细设为树枝长度的 1/10，当树枝长度小于 1.5 时画出浅绿色表示树叶，否则画出褐色表示树枝，这样就可以绘制出如图 8-28(a)所示的图形。如果将夹角修改为 45°，则可以绘制出如图 8-28(b)所示的图形。

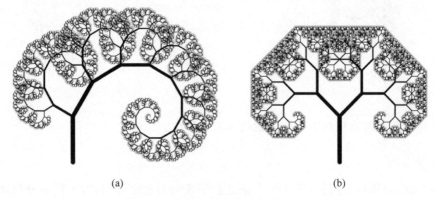

(a)   (b)

图 8-28 着色和美化后的勾股分形树

这样的勾股分形树在形态上与自然树木仍然相去甚远。如果在绘制勾股分形树时使用随机的夹角（如随机生成 20°～70°的夹角），就能画出如图 8-29(a)所示的形态逼真的美丽分形树。虽然这样的分形树比较稀疏，但是与自然树木的形态已经比较接近了，可以继续进行优化，让分形树生长得更茂盛一些。采用的技巧就是重复进行更多次绘制，由于夹角是随机的，因此递归的次数越多，分形树生长得越茂盛。这样生成的勾股分形树的效果如图 8-29(b)和(c)所示。

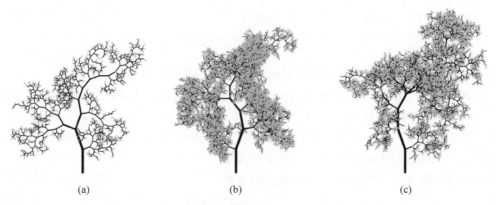

(a)   (b)   (c)

图 8-29 使用随机夹角产生的勾股分形树（重新截图）

还可以继续进行美化，调整树干的粗细、树叶的颜色，从而让勾股分形树模拟出更加自然的树木形态。例如，可以设计春、夏、秋、冬四种不同风格的颜色码，用于对树叶、树枝进行着色。另外，将绘制树枝的粗细设定为树枝长度的三分之一，让树枝变得粗壮，这样就可以生成更加接近于自然形态的各种风格的树木，如图 8-30 所示。

图 8-30 不同风格的勾股分形树

 编程实现

 Scratch 程序清单(见图 8-31～图 8-33)

提示:在编写 Scratch 程序时,需要创建一个名为 colors 的列表,并通过列表显示器添加以下颜色码。

f4c6db,bb6489,452302,84c95b,276008,452302,ffc50b,f77226,452302,fdffff,dce4e9,452302

运行程序,就可以画出如图 8-24 所示的一棵美丽的勾股分形树。由于引入了随机量,所以每次运行程序生成的勾股分形树的形态都不一样。

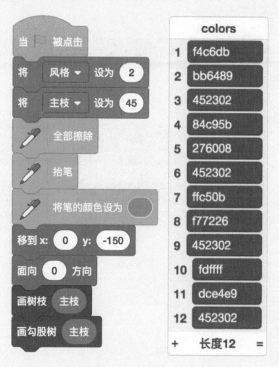

图 8-31 "美丽勾股树"Scratch 程序清单(1)

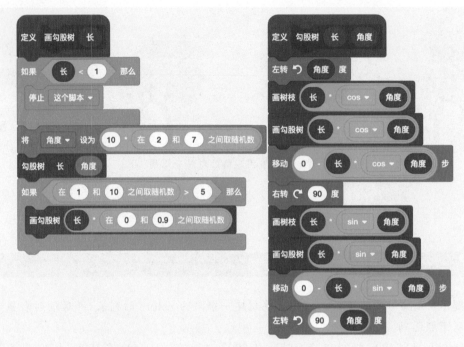

图 8-32 "美丽勾股树"Scratch 程序清单(2)

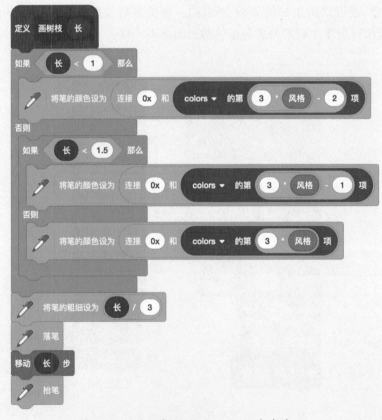

图 8-33 "美丽勾股树"Scratch 程序清单(3)

Python 程序清单

```python
from turtle_plus import *
from math import sin, cos, radians
from random import randint

def draw_branch(b):
    '''画树枝'''
    colors = (('#f4c6db', '#bb6489', '#452302'),
              ('#84c95b', '#276008', '#452302'),
              ('#ffc50b', '#f77226', '#452302'),
              ('#fdffff', '#dce4e9', '#452302'))
    c = colors[style]                      #选择不同的风格
    if b < 1:
        color(c[0])
    else:
        if b < 1.5:
            color(c[1])
        else:
            color(c[2])
    pensize(b/3)
    down()
    fd(b)
    up()
    return

def draw_tree(b):
    '''递归画勾股分形树'''
    #分枝小于指定值时结束递归
    if b < 1: return

    #设定夹角
    a = 10 * randint(2, 7)

    #画左侧分枝
    left(a)
    draw_branch(b * cos(radians(a)))
    draw_tree(b * cos(radians(a)))
    fd(0 - b * cos(radians(a)))

    #画右侧分枝
    right(90)
    draw_branch(b * sin(radians(a)))
    draw_tree(b * sin(radians(a)))
    fd(0 - b * sin(radians(a)))

    #恢复初始方向
    left(90 - a)

    #通过多次递归调用让树木更茂盛
    if randint(1, 10) >= 5:
        draw_tree(b * randint(0, 9) / 10)
    return
```

```python
if __name__ == '__main__':
    '''绘制勾股分形树'''
    style = 1
    main_branch = 45
    mode('logo')
    speed(0)
    up()
    goto(0, -150)
    seth(0)
    draw_branch(main_branch)                #画出树干
    draw_tree(main_branch)                  #画勾股树
    done()
```

提示：该 Python 程序需使用 turtle_plus 库运行才能够快速绘制。turtle_plus 库基于 pyglet 库编写，读者可通过 pip 包管理器进行安装。

C++（GoC）程序清单

```cpp
const float PI = 3.14159;
int style = 1;                          //选择不同的风格
int main_branch = 45;                   //主枝干的长度

//画树枝
void draw_branch(float b)
{
    int colors[4][3] = {{8947967, 2500351, 460573},
                        {8702299, 2580488, 4530946},
                        {3509247, 27903, 460573},
                        {16646143, 14476521, 460573}};
    int c[3] = {0};                     //选择不同的风格
    memcpy(c, colors[style], sizeof(int));
    if (b < 1)
        pen.color(c[0]);
    else if (b < 1.5)
        pen.color(c[1]);
    else
        pen.color(c[2]);
    pen.size(b/3);
    pen.down();
    pen.fd(b);
    pen.up();
    return;
}

//递归画勾股分形树
void draw_tree(float b)
{
    //分枝小于指定值时结束递归
    if (b < 1) return;

    //设定夹角
    int a = 10 * (rand() % 6 + 2);
```

```
    //画左侧分枝
    pen.lt(a);
    draw_branch(b * cos(a * PI / 180));
    draw_tree(b * cos(a * PI / 180));
    pen.bk(b * cos(a * PI / 180));

    //画右侧分枝
    pen.lt(90),
    draw_branch(b * sin(a * PI / 180));
    draw_tree(b * sin(a * PI / 180));
    pen.bk(b * sin(a * PI / 180));

    //恢复初始方向
    pen.lt(90 - a);

    //通过多次递归调用让树木更茂盛
    if (rand() % 10 + 1 >= 5)
        draw_tree(b * (rand() % 10) / 10);
    return;
}

//绘制勾股分形树
int main()
{
    pen.speed(10);
    pen.up();
    pen.move(0, -150);
    pen.angle(0);
    draw_branch(main_branch);           //画出树干
    draw_tree(main_branch);             //画勾股树
    return 0;
}
```

拓展练习

如图 8-34 所示，这是在勾股分形树的末端随机画出一些红色圆点作为果实，看上去像挂满了红苹果。请修改勾股分形树的程序，实现这个效果。

图 8-34　挂满果实的勾股分形树

8.6　蕨叶和圣诞树

问题描述

　　落枫丹叶舞，新蕨紫芽拳。在诗人眼中，朴实无华的绿蕨拥有独特的气质，惹人喜爱。在分形图中，蕨叶分形也是一种让人喜爱的分形结构。如图 8-35(a)所示，这是一个利用递归技术生成的蕨叶分形结构，它遵循自相似的规则，其中的每一个局部都是整体的缩影与再现。

(a)　　　　　　　　　　　　(b)

图 8-35　蕨叶分形图

　　如果要绘制这样一个蕨叶分形图，可以按照下面的方法进行构造。

　　(1) 先画出一定长度的线段作为主枝，如图 8-36(a)所示。

　　(2) 在主枝的末端分别向左右画出两个分枝，且两个分枝错开一定距离；同时，主枝继续生长，如图 8-36(b)所示。

　　(3) 将每个分枝看作是主枝，不断地重复前面的操作，部分过程如图 8-36 所示。经过若干次操作之后，就能得到如图 8-35(a)所示的蕨叶分形图。

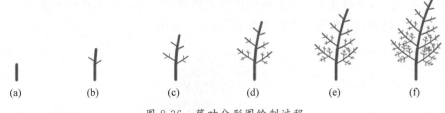

(a)　　　　　(b)　　　　　(c)　　　　　(d)　　　　　(e)　　　　　(f)

图 8-36　蕨叶分形图绘制过程

编程思路

　　在上述方法中，以线段作为分形体的基本形状。如图 8-37 所示，先画出主枝 c，然后以主枝 c 长度的一半向左右分别画出分枝 a 和 b，分枝 a 向右旋转 $60°$，分枝 b 向左旋转 $60°$，且分枝 a 和 b 之间错开一定距离。同时，主枝 c 向右旋转 $5°$，按当前长度缩减 1 个像素继续生长。采用递归方式不断重复这个过程若干次，就可以呈现出蕨叶分形结构。

　　为了使蕨叶结构更加美观，将每个线段的粗细设为其长度的 1/6，并用浅绿色和深绿色

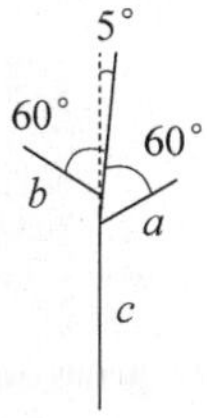

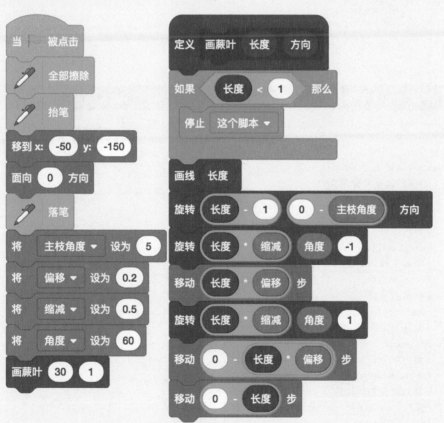

图 8-37 蕨叶分形图画法示意

区分枝叶。这样就可以绘制出如图 8-35(a)所示的蕨叶分形图。

如果将主枝线段修改为每次缩减为原来的 90%,则绘制出的蕨叶结构更为致密,效果如图 8-35(b)所示。

编程实现

 Scratch 程序清单(见图 8-38 和图 8-39)

运行程序可绘制出如图 8-35(a)所示的图形。

图 8-38 "蕨叶分形图"Scratch 程序清单(1)

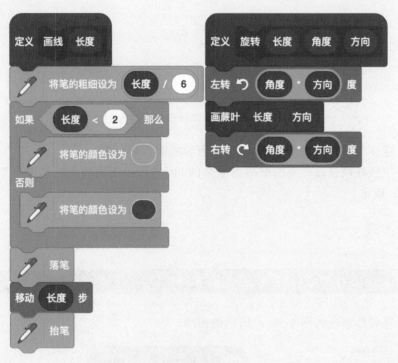

图 8-39 "蕨叶分形图"Scratch 程序清单(2)

Python 程序清单

```python
from turtle_plus import *

def draw(length, toward):
    '''递归画蕨叶分形图'''
    #递归结束条件
    if length < 1: return
    #画出主枝
    draw_line(length)
    #缩减主枝向右旋转5度继续生长
    rotation(length - 1, 0 - main_angle, toward)
    #画出右分枝
    rotation(length * scale, angle, -1)
    #偏移一定距离
    fd(length * offset)
    #画出左分枝
    rotation(length * scale, angle, 1)
    #画笔恢复初始位置
    fd(0 - length * offset)
    fd(0 - length)
    return
```

```
def rotation(length, angle, toward):
    '''旋转'''
    left(angle * toward)
    #间接递归调用
    draw(length, toward)
    right(angle * toward)
    return

def draw_line(length):
    '''画线'''
    pensize(length / 6)
    if length < 2:
        pencolor('#66bb21')
    else:
        pencolor('#4b6d3c')
    down()
    fd(length)
    up()
    return

if __name__ == '__main__':
    '''绘制蕨叶分形图'''
    mode('logo')
    speed(0)
    up()
    goto( - 50, - 150)
    seth(0)
    down()
    main_angle = 5
    offset = 0.2
    scale = 0.5
    angle = 60
    draw(30, 1)
    done()
```

提示：该 Python 程序需使用 turtle_plus 库运行才能够快速绘制。turtle_plus 库基于 pyglet 库编写，读者可通过 pip 包管理器进行安装。

C++（GoC）程序清单

```
//全局变量
int main_angle = 5;              //主枝旋转角度
float offset = 0.2;             //两分枝偏移量
float scale = 0.5;              //分枝缩减量
int angle = 60;                 //分枝旋转角度

//函数声明
//递归画蕨叶分形图
```

```cpp
void draw(float length, int toward);
//旋转
void rotation(float length, int angle, int toward);
//画线
void draw_line(float length);

//绘制蕨叶分形图
int main()
{
    pen.speed(10);
    pen.up();
    pen.move(-50, -150);
    pen.angle(0);
    pen.down();
    draw(30, 1);
    return 0;
}

//函数实现
//递归画蕨叶分形图
void draw(float length, int toward)
{
    //递归结束条件
    if (length < 1) return;
    //画出主枝
    draw_line(length);
    //缩减主枝,并向右旋转一个角度继续生长
    rotation(length - 1, 0 - main_angle, toward);
    //画出右分枝
    rotation(length * scale, angle, -1);
    //偏移一定距离
    pen.fd(length * offset);
    //画出左分枝
    rotation(length * scale, angle, 1);
    //画笔恢复初始位置
    pen.fd(0 - length * offset);
    pen.fd(0 - length);
}

//旋转
void rotation(float length, int angle, int toward)
{
    pen.lt(angle * toward);
    //间接递归调用
    draw(length, toward);
    pen.rt(angle * toward);
}

//画线
void draw_line(float length)
```

```
{
    pen.size(length / 6);
    if (length < 2)
        pen.color(0x66bb21);
    else
        pen.color(0x4b6d3c);
    pen.down();
    pen.fd(length);
    pen.up();
}
```

拓展练习

蕨叶分形图程序变化莫测,只需要简单修改一些参数,就能画出一棵如图 8-40 所示的圣诞树。如果你有所怀疑,那么不妨亲自验证一下吧。

图 8-40 圣诞树分形图

提示:把"资源包/第 8 章/圣诞树/"目录下的 Scratch 源文件"蕨叶变圣诞树.sb3"文件、Python 源文件"蕨叶变圣诞树.py"或者 C++源文件"蕨叶变圣诞树.cpp"复制一份进行修改。

打开准备好的蕨叶模板文件,运行之后将生成如图 8-41(a)所示的蕨叶分形图。接下来,只要按照以下 4 个步骤进行操作,就可以把蕨叶变成圣诞树。

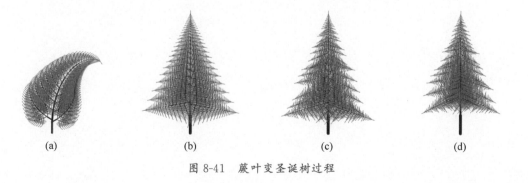

(a)   (b)   (c)   (d)

图 8-41 蕨叶变圣诞树过程

　　第一步：将主枝旋转角度（变量：主枝角度、main_angle）由 5°改为 0°，分枝旋转角度（变量：角度、angle）由 60°改为 100°，同时调用画线函数 draw_line(50)让主干增高 50 像素，这样就能绘制出如图 8-41(b)所示的图形。这时已经能看到一棵松树的样子。

　　第二步：让左、右分枝的旋转角度在 100°～120°随机变化，使树枝向下倾斜并让细节有一些变化，让树冠显得更自然一些。这样就能绘制出如图 8-41(c)所示的图形，此时更加接近松树的样子。

　　第三步：修改旋转函数 rotation()，让线段长度大于等于 15 时不再向左、右旋转，可使松树显得更美观一些。这时绘制的图形如图 8-41(d)所示。

　　第四步：通过画彩色圆点的方式，给松树挂上各种颜色的礼物，变成一棵圣诞树，效果如图 8-40 所示。

　　经过以上 4 个步骤，就把一个蕨叶变成一棵漂亮的圣诞树。

　　如果你觉得不够美观，可以尝试修改程序。例如，调整树的颜色、礼物的形状等。

第9章 数学游戏

很多人都听说过吉普赛人的水晶球读心术,这个古老而神秘的读心术,能看透你的心思,读出你心里所想,让人感到非常神奇。其实,这个神奇的读心术是运用数学原理设计出来的数学游戏。

像读心术这样的数学游戏有很多,人们在游戏的过程中需要运用计算或逻辑推理的方法来解题。数学游戏既是一种智力游戏,也是一种休闲娱乐的趣味游戏。数学游戏将数学原理蕴含在游戏之中,让人们在做游戏的过程中学到数学知识、数学方法和数学思想。数学游戏是数学之美的一种游戏化呈现,它让人们感受到数学并非那么枯燥乏味、晦涩难懂,数学原来就藏身于人们喜闻乐见的各种趣味休闲游戏之中。

我国数学家华罗庚曾说过:"就数学本身而言,是壮丽多彩、千姿百态、引人入胜的……认为数学枯燥乏味的人,只是看到了数学的严谨性,而没有体会出数学的内在美。"

本章收录了吉普赛读心术、猜生肖、猜数字、十点半、抢十八、常胜将军、汉诺塔和兰顿蚂蚁等经典而有趣的数学游戏,通过创建人机互动的数学游戏程序,揭秘数学游戏背后的秘密。现在,就让我们踏上数学游戏的趣味之旅吧!

9.1 吉普赛读心术

问题描述

据说吉普赛人会一种古老的读心术,通常是这样设计和表演的。

先让游戏参与者从 10～99 任意选择一个整数,再用这个数依次减去它的十位和个位上的数得到一个新数(比如你选的数是 28,则得到新数 28−2−8=18)。然后把这个新数作为编号在一个由图形符号组成的图表中找到对应的图形,并把这个图形记在心里。接着询问水晶球或表演者。你会发现,水晶球或表演者会准确地说出你心里记下的那个图形,犹如能读懂你的内心一样。

其实,这是一个利用数学规律巧妙设计的数学游戏。游戏参与者要对自己选择的数作一个运算,就是把 10～99 的任意一个整数减去它的十位和个位上的数。这个运算结果只会是 9、18、27、36、45、54、63、72、81 中的一个,它们都是 9 的倍数。由于每次运算的结果都是固定的 9 个数,而且图表中对应的图形都是一样的,所以水晶球或表演者每次都能"读心"成功。

编程思路

这个人机互动的读心术游戏的核心是动态地生成图形表。为了便于编程,使用 26 个大写的英文字母来代替图形。创建一个由 100 个英文字母组成的列表,在列表索引是 9 的倍数的位置放上一个固定的英文字母,其他位置随机放置任意英文字母,这样就得到了一个读心术游戏的图表。

在读心术游戏开始时,向游戏参与者说明游戏规则,引导参与者进行正确的运算,并找到图表中对应的英文字母,同时,生成读心术图表。

游戏规则的描述为:"从 10~99 任选一个数,用这个数分别减去它的十位和个位上的数字。如你选择 68,那就用 68−6−8=54。然后在字母表中找到 54 对应的字母,并记在心里。然后点我一下,我就能说出你心里想的。"

当游戏参与者在图表中找到英文字母并记在心里后,就可以单击舞台上的角色,这时该角色就会说出参与者心里记下的字母。

编程实现

Scratch 程序清单(见图 9-1 和图 9-2)

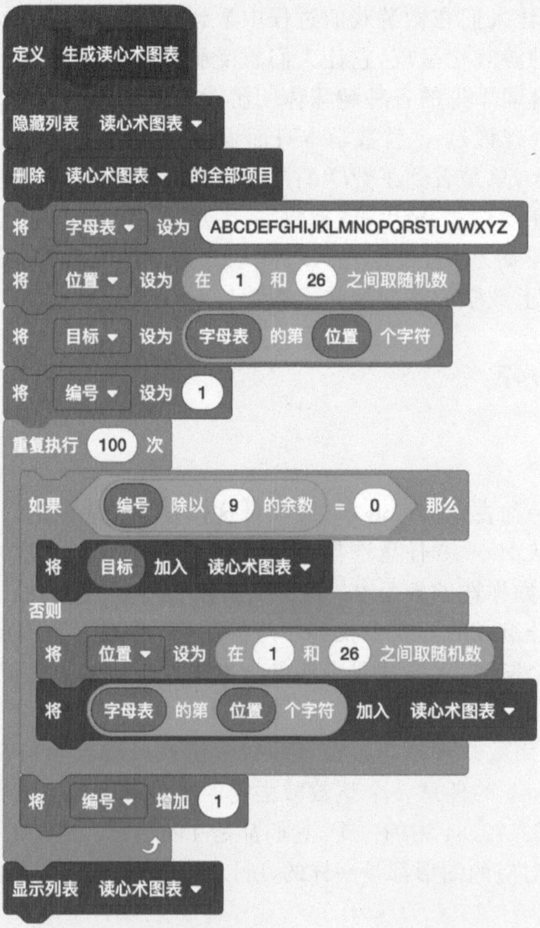

```
定义  生成读心术图表

隐藏列表  读心术图表 ▼

删除  读心术图表 ▼  的全部项目

将  字母表 ▼  设为  ABCDEFGHIJKLMNOPQRSTUVWXYZ

将  位置 ▼  设为  在 1 和 26 之间取随机数

将  目标 ▼  设为  字母表 的第 位置 个字符

将  编号 ▼  设为  1

重复执行 100 次
    如果  编号 除以 9 的余数 = 0  那么
        将  目标 加入 读心术图表 ▼
    否则
        将  位置 ▼  设为  在 1 和 26 之间取随机数
        将  字母表 的第 位置 个字符 加入 读心术图表 ▼
    将  编号 ▼  增加 1

显示列表  读心术图表 ▼
```

图 9-1 "吉普赛读心术"Scratch 程序清单(1)

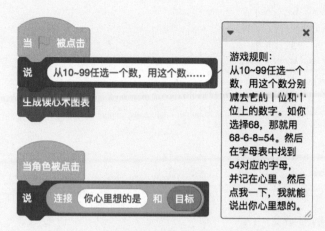

图 9-2 "吉普赛读心术"Scratch 程序清单(2)

"吉普赛读心术"游戏程序的运行画面如图 9-3 所示,按屏幕提示操作即可。

图 9-3 "吉普赛读心术"Scratch 程序运行画面

Python 程序清单

```python
from random import randint

def show_chart():
    '''显示读心术图表'''
    global target
    print(' ================================================ ')
    alphabet = 'ABCDEFGHIJKLMNOPQRSTUVWXYZ'
    pos = randint(0, 25)
```

```python
            target = alphabet[pos]
        for index in range(1, 101):
            if index % 9 == 0:
                print(index, target, sep = ':', end = '\t')
            else:
                pos = randint(0, 25)
                print(index, alphabet[pos], sep = ':', end = '\t')
            if index % 6 == 0: print()
        print()
        print('================================================== ')
        return target


def main():
    '''吉普赛读心术游戏'''
    print('================================================== ')
    print('                     吉普赛读心术                          ')
    print('================================================== ')
    print('从 10~99 任选一个数,用这个数分别减去它的十位和个位上的数字.')
    print('如你选择 68,那就用 68 - 6 - 8 = 54.')
    print('然后在下面的字母表中找到 54 对应的字母,并记在心里.')
    # 显示图表
    target = show_chart()
    # 等待用户选择数字
    reply = input('输入 yes,我就能说出你心里想的: ')
    if reply == 'yes':
        print('你心里想的是: ', target)
    else:
        print('放弃!')
    return


if __name__ == '__main__':
    main()
```

C++ 程序清单

```cpp
#include < bits/stdc++.h >
using namespace std;

// 显示读心术图表
char show_chart()
{
    cout << " ================================================== " << endl;
    string alphabet = "ABCDEFGHIJKLMNOPQRSTUVWXYZ";
    srand(time(0));
    int pos = rand() % 26;
    char target = alphabet[pos];
    for (int index = 1; index <= 100; index++) {
        if (index % 9 == 0)
```

```
                cout << index << ":" << target << "\t";
            else {
                pos = rand() % 26;
                cout << index << ":" << alphabet[pos] << "\t";
            }
            if (index % 6 == 0) cout << endl;
        }
    cout << endl;
    cout << " =================================================== " << endl;
    return target;
}


//吉普赛读心术游戏
int main()
{
    cout << " =================================================== " << endl;
    cout << "                        吉普赛读心术                   " << endl;
    cout << " =================================================== " << endl;
    cout << "从 10～99 任选一个数,用这个数分别减去它的十位和个位上的数字." << endl;
    cout << "如你选择 68,那就用 68 - 6 - 8 = 54." << endl;
    cout << "然后在下面的字母表中找到 54 对应的字母,并记在心里." << endl;
    //显示图表
    char target = show_chart();
    //等待用户选择数字
    cout << "输入 yes,我就能说出你心里想的: ";
    string reply; cin >> reply;
    if (reply == "yes")
        cout << "你心里想的是: " << target << endl;
    else
        cout << "放弃!" << endl;
    return 0;
}
```

拓展练习

请找小伙伴一起玩这个"神奇"的吉普赛读心术,给小伙伴一个惊喜吧!

9.2 猜生肖

问题描述

猜生肖是利用数学方法设计的一款趣味游戏。在游戏过程中,会将如图 9-4 所示的四张不同的生肖卡片展示给玩家,四张生肖卡片对应的数字分别是 1、2、4、8。玩家在看生肖卡片时,如果卡片中有他的生肖,就记下生肖卡片对应的数字;否则记下数字 0。在四张生肖卡片展示完毕后,玩家将刚才记下的四个数字相加,所得的和就是他的生肖排行。

请根据以上介绍,编写一个猜生肖的游戏程序。

生肖卡片一　　　　生肖卡片二　　　　生肖卡片三　　　　生肖卡片四

图 9-4　四张生肖卡片

 编程思路

在这个游戏的设计中,使用四张生肖卡片,卡片一的数字是 1,卡片二的数字是 2,卡片三的数字是 4,卡片四的数字是 8。这 4 个数字加起来的和就是生肖的排行,即从 1 到 12,且不会冲突。换句话说,就是根据生肖的排行,将不同的生肖安排在四张卡片中,使四张卡片的数字之和刚好等于不同生肖的排行。如表 9-1 所示,鼠的排行是 1,所以鼠只出现在卡片一;虎的排行是 3,所以虎分别出现在卡片一和二,即 3＝1＋2;马的排行是 7,所以马分别出现在卡片一、二、三,即 7＝1＋2＋4;狗的排行是 11,所以狗分别出现在卡片一、二、四,即 11＝1＋2＋8;依此类推。

表 9-1　猜生肖游戏设计

生肖	排行	卡片一	卡片二	卡片三	卡片四
鼠	1	1			
牛	2		2		
虎	3	1	2		
兔	4			4	
龙	5	1		4	
蛇	6		2	4	
马	7	1	2	4	
羊	8				8
猴	9	1			8
鸡	10		2		8
狗	11	1	2		8
猪	12			4	8

依据表 9-1 的设计,将各个生肖图案安排在不同的卡片中。玩游戏时,根据四张生肖卡片的数字之和就能算出某个生肖的排行,进而可知生肖的名称,这就是猜生肖游戏的数学原理。

例如,假设你的生肖只存在于第一张生肖卡片中,那么,在展示四张生肖卡片的过程中,你记下的四个数字就是 1、0、0、0,将它们加起来得到的和是 1,这样就能确定你的生肖是排行第一的鼠。

又如,假设你的生肖分别存在于第一、二、三张生肖卡片中,那么游戏时,你记下的四个数字就是 1、2、4、0,将它们相加得 7,这样就可知你的生肖是排行第七的马。

为了简化编程,不使用图形化的生肖卡片,而是直接在屏幕上输出每张卡片上的生肖名称。另外,在玩游戏时,也不需要玩家记住 4 个数字,只需要回答是或否,即通过键盘输入字母 y 或 n，让猜生肖游戏更轻松。

 编程实现

 Scratch 程序清单(见图 9-5)

运行程序即可按照屏幕提示进行"猜生肖"的游戏。

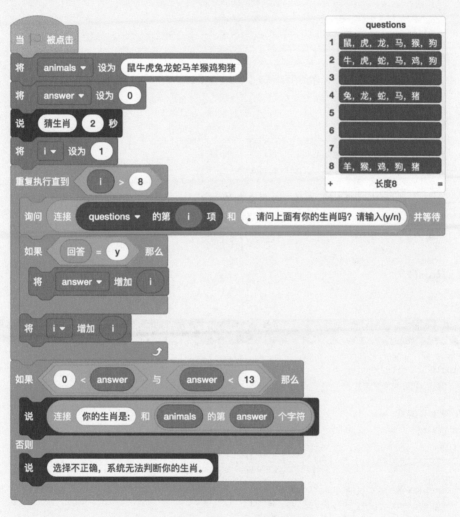

图 9-5 "猜生肖"Scratch 程序清单

 Python 程序清单

```python
def main():
    '''猜生肖游戏'''
```

```python
    animals = '鼠牛虎兔龙蛇马羊猴鸡狗猪'
    questions = {1:'鼠,虎,龙,马,猴,狗',
                 2:'牛,虎,蛇,马,鸡,狗',
                 4:'兔,龙,蛇,马,猪',
                 8:'羊,猴,鸡,狗,猪'}
    answer = 0

    print('************************************')
    print('*                猜生肖             *')
    print('************************************')
    for n in (1, 2, 4, 8):
        print('------------------------------------')
        print(questions[n])
        print('------------------------------------')
        print('请问上面有你的生肖吗?', end = '')
        if input('请输入(y/n):') == 'y':
            answer += n

    print('=============== 结果 =================')
    if 1 <= answer <= 12:
        print('你的生肖是:', animals[answer - 1])
    else:
        print('选择不正确,系统无法判断你的生肖.')
    print('==================================')
    return

if __name__ == '__main__':
    main()
```

C++程序清单

```cpp
#include < bits/stdc++.h >
using namespace std;

//猜生肖游戏
int main()
{
    string animals[] = {"鼠", "牛", "虎", "兔", "龙", "蛇",
                        "马", "羊", "猴", "鸡", "狗", "猪"};
    map < int, string > questions;
    questions[1] = "鼠,虎,龙,马,猴,狗";
    questions[2] = "牛,虎,蛇,马,鸡,狗";
    questions[4] = "兔,龙,蛇,马,猪";
    questions[8] = "羊,猴,鸡,狗,猪";
    int answer = 0;

    cout << "************************************" << endl;
    cout << "*                猜生肖             *" << endl;
    cout << "************************************" << endl;
    for (int n = 1; n <= 8; n = n * 2) {
```

```
        cout << " ----------------------------------- " << endl;
        cout << questions[n] << endl;
        cout << " ----------------------------------- " << endl;
        cout << "请问上面有你的生肖吗?请输入(y/n):";
        string input;
        cin >> input;
        if (input == "y")
            answer += n;
    }

    cout << " =============== 结果 =============== " << endl;
    if (1 <= answer && answer <= 12)
        cout << "你的生肖是: " << animals[answer - 1] << endl;
    else
        cout << "选择不正确,系统无法判断你的生肖.";
    cout << " =============================== " << endl;
    return 0;
}
```

拓展练习

有一种魔术卡片游戏,具体玩法如下。

(1) 游戏表演者提示游戏参与者从自然数 1~31 中任意选择一个数字。

(2) 游戏表演者分别向参与者展示 5 张数字卡片(每张卡片的内容如表 9-2 所示),并让参与者确认所选的数字出现在哪些卡片中。

(3) 游戏表演者将参与者确认的卡片上的第 1 个数相加,所得的和就是游戏参与者所选择的数。

例如,游戏参与者在心里想的数字是 21,然后他在表 9-2 所展示的 5 张卡片中依次选择包含 21 的卡片是 1 号卡、3 号卡、5 号卡。接着,游戏表演者将这 3 张卡片上的第 1 个数字相加(即 1+4+16=21),就可以知道游戏参与者选择的数字是 21。

表 9-2 魔术卡片游戏设计

卡片名称	卡 片 内 容
1 号卡	1、3、5、7、9、11、13、15、17、19、21、23、25、27、29、31
2 号卡	2、3、6、7、10、11、14、15、18、19、22、23、26、27、30、31
3 号卡	4、5、6、7、12、13、14、15、20、21、22、23、28、29、30、31
4 号卡	8、9、10、11、12、13、14、15、24、25、26、27、28、29、30、31
5 号卡	16、17、18、19、20、21、22、23、24、25、26、27、28、29、30、31

请根据上述游戏玩法,编写一个魔术卡片游戏程序。

9.3 猜数字

问题描述

有一个经典的猜数字游戏:A、B 两人玩游戏,先让 A 在 0 到 100 随意选一个数字,然后由 B 开始猜这个数字。如果 B 猜的比 A 选的数字大，A 就说大了；反之，则说小了。如此进行游戏，直到 B 猜中 A 选的数字为止。

请编写一个程序，实现人机互动的猜数字游戏。

 编程思路

在设计这个猜数字游戏时，由计算机扮演 A，使用随机函数生成任意一个 100 以内的数字。由用户扮演 B，通过键盘输入自己猜的数字。计算机程序会根据用户输入的数字提示"大了！"或"小了！"。当用户猜中时，提示"对了！"，并结束游戏。

 编程实现

Scratch 程序清单(见图 9-6)

运行程序即可按照屏幕提示进行"猜数字"的游戏。

图 9-6 "猜数字"Scratch 程序清单

Python 程序清单

```python
from random import randint

def guess_number():
    '''猜数字游戏'''
    num = randint(1, 100)
    guess = 0
    while guess != num:
        guess = int(input('请输入要猜的数字：'))
        if guess > num:
            print('大了!')
        if guess < num:
            print('小了!')
    print('对了!')

if __name__ == '__main__':
    guess_number()
```

C++ 程序清单

```cpp
#include <bits/stdc++.h>
using namespace std;

//猜数字游戏
void guess_number()
{
    srand(time(0));
    int num = rand() % 100 + 1;
    int guess = 0;
    while (guess != num) {
        cout << "请输入要猜的数字：";
        cin >> guess;
        if (guess > num)
            cout << "大了!" << endl;
        if (guess < num)
            cout << "小了!" << endl;
    }
    cout << "对了!" << endl;
}

int main()
{
    guess_number();
    return 0;
}
```

拓展练习

在某电视节目上曾有过看商品猜价格的游戏，游戏规则如下。

A、B两人进行看商品猜价格的游戏，A知道商品的价格，B只知道商品，A会根据B所说的价格，判断是高于实际价格还是低于实际低格，并提示"高了"还是"低了"，直到B猜对价格为止。

这种游戏采用二分法的策略能够快速猜中答案。但是，由于商品价格往往是一些比较大的数字，仅凭心算容易出错。请设计一个采用二分法猜数的程序，在给定的价格区间内提示要猜的价格。如果提示的价格高了就输入 d；如果低了就输入 x；如果猜对了就输入 yes，并结束程序。

9.4　十点半

问题描述

十点半是一种比较流行的扑克纸牌游戏，在这里我们稍作修改，制定其基本玩法：游戏人数为 2～4 人，游戏者的目标是使手中牌的点数之和在不超过 10.5 的情况下尽量大。

该游戏使用一副完整的扑克牌，人牌有大王、小王、J、Q、K 共 14 张，每张算半点；点牌有 A、2、3、4、5、6、7、9、10 共 40 张，其中 A 为 1 点，其他牌为本身的点数。

设计一个由人和计算机两个玩家玩的十点半游戏。先由玩家要牌，在玩家停牌后，轮到计算机要牌。要牌时，无论玩家还是计算机，当总点数超过 10.5 时将不能再要牌。等计算机停牌之后，比较双方点数决定输赢。

编程思路

"十点半"游戏程序由主程序、"洗牌""发牌""玩家要牌""计算机要牌""判断输赢"和"显示结果"模块组成。

主程序负责调用其他各个模块。首先调用的是"洗牌"模块，该模块将 54 张牌代表的点数放入一个名为"纸牌"的列表，然后使用"发牌"模块在"纸牌"列表中随机抽取，用来模拟发牌行为。

玩家要牌时，按 Y 键请求发牌，按 N 键停牌。玩家可以连续要牌，当玩家的总点数等于或大于 10.5 时，会自动停牌。玩家停牌后，轮到计算机要牌。当计算机的点数小于 10.5 时可以连续要牌，并且在点数大于 8 时会随机选择停牌。随机概率为 30%，你也可以调整这个概率，使计算机采取保守或激进的要牌策略。

在玩家和计算机停牌后，根据双方点数判断输赢。判断胜负的逻辑如下。

（1）如果双方点数相等，则为平局。

（2）如果某一方的点数等于 10.5 时，则胜出。

（3）如果双方同时大于 10.5 或小于 10.5 时，点数大的一方胜出；否则，点数小的一方胜出。

在判断玩家或计算机输赢时，将计算机设定为默认的赢家，即将变量"结果"的值设为2。在判断过程中如果玩家取胜，则将变量"结果"的值修改为1；否则将保持变量"结果"的值不变。

最后根据判断结果显示玩家或计算机的输赢情况。

　编程实现

　Scratch 程序清单(见图 9-7～图 9-10)

运行程序即可按照屏幕提示进行"十点半"的游戏。

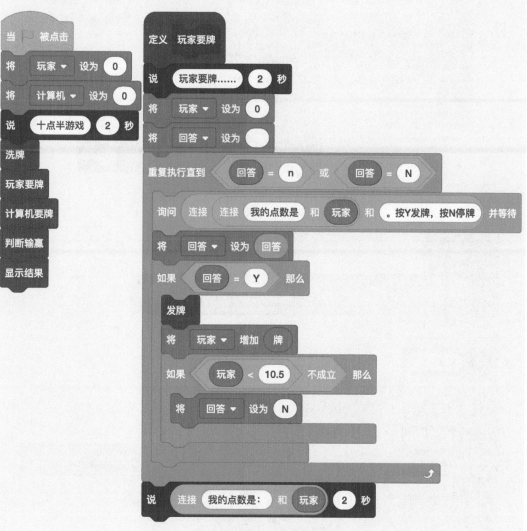

图 9-7　"十点半"Scratch 程序清单(1)

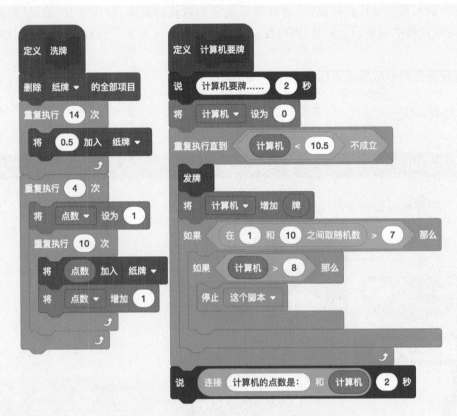

图 9-8 "十点半"Scratch 程序清单(2)

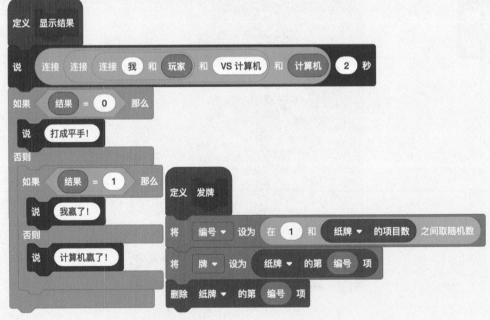

图 9-9 "十点半"Scratch 程序清单(3)

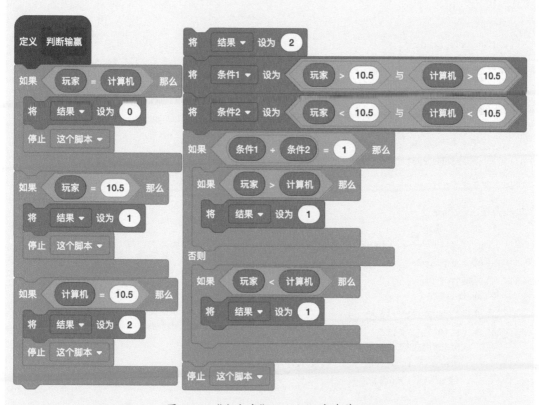

图 9-10　"十点半"Scratch 程序清单(4)

提示：图 9-10 中的两段 Scratch 脚本需要拼接在一起。

Python 程序清单

```python
from random import randint, shuffle
'''定义全局变量'''
cards = []                              #存放扑克牌
player = 0                              #记录玩家的点数
computer = 0                            #记录计算机的点数
result = 0                             #对战结果

def main():
    '''十点半游戏'''
    print('*****************************************')
    print('*                 十点半游戏                   *')
    print('*****************************************')
    shuffle_cards()                    #洗牌
    player_hit()                       #玩家要牌
    computer_hit()                     #计算机要牌
    check()                            #判断输赢
    show()                             #显示结果
```

```python
        return

    def shuffle_cards():
        '''洗牌'''
        for i in range(14):
            cards.append(0.5)
        for j in range(4):
            for i in range(1, 11):
                cards.append(i)
        shuffle(cards)
        return

    def player_hit():
        '''玩家要牌'''
        print('=============== 玩家要牌 ================= ')
        global player
        player = 0
        state = ''
        while state.lower() != 'n':
            print('------------------------------------------ ')
            print('我的点数是:', player)
            state = input('按 y 发牌,按 n 停牌:')
            if state.lower() == 'y':
                n = cards.pop()
                player += n
                if player >= 10.5:
                    state = 'n'
                    break
        print('我的点数是:', player)
        if player == 0:
            player_hit()
        return

    def computer_hit():
        '''计算机要牌'''
        print('=============== 计算机要牌 ================ ')
        global computer
        computer = 0
        while computer < 10.5:
            n = cards.pop()
            computer += n
            if randint(1, 10) > 7 and computer > 8:
                break
        print('计算机的点数是:', computer)
        return

    def check():
```

```
        '''判断输赢'''
        global result
        '''双方点数相等则为平局'''
        if player == computer:
            result = 0
            return;

        '''某一方点数等于10.5则胜出'''
        if player == 10.5:
            result = 1
            return
        elif computer == 10.5:
            result = 2
            return
        '''
        如果双方同时大于10.5或小于10.5,那么点数大的一方胜出.
        否则,点数小的一方胜出.
        '''
        result = 2
        p1 = player > 10.5 and computer > 10.5
        p2 = player < 10.5 and computer < 10.5
        if p1 + p2 == 1:
            if player > computer:
                result = 1
        else:
            if player < computer:
                result = 1
        return


def show():
    '''显示结果'''
    print('================ 对战结果 ================= ')
    print('我 %s VS 计算机 %s' % (player, computer))
    if result == 0:
        print('打成平手!')
    elif result == 1:
        print('我赢了!')
    else:
        print('计算机赢了!')
    print('==================================== ')
    return


if __name__ == '__main__':
    main()
```

C++程序清单

```cpp
#include <bits/stdc++.h>
using namespace std;

vector <float> cards;                          //存放扑克牌
float player = 0;                              //记录玩家的点数
float computer = 0;                            //记录计算机的点数
int result = 0;                                //对战结果

//洗牌
void shuffle_cards()
{
    for (int i = 0; i < 14; i++)
        cards.push_back(0.5);

    for (int j = 0; j < 4; j++)
        for (int i = 1; i <= 10; i++)
            cards.push_back(i);

    srand(time(0));
    random_shuffle(cards.begin(), cards.end());
}

//玩家要牌
void player_hit()
{
    cout << " =============== 玩家要牌 ================= " << endl;
    player = 0;
    string state = "";
    while (state != "n") {
        cout << " ----------------------------------------- " << endl;
        cout << "我的点数是：" << player << endl;
        cout << "按 y 发牌，按 n 停牌：";
        cin >> state;
        if (state == "y") {
            float n = cards.back();
            cards.pop_back();
            player += n;
            if (player >= 10.5) {
                state = "n";
                break;
            }
        }
    }
    cout << "我的点数是:" << player << endl;
    if (player == 0)
        player_hit();
```

```cpp
}

//计算机要牌
void computer_hit()
{
    cout << " ================ 计算机要牌 ================ " << endl;
    computer = 0;
    while (computer < 10.5) {
        float n = cards.back();
        cards.pop_back();
        computer += n;
        if (rand() % 10 + 1 > 7 && computer > 8)
            break;
    }
    cout << "计算机的点数是:" << computer << endl;
}

//判断输赢
void check()
{
    //双方点数相等则为平局
    if (player == computer) {
        result = 0;
        return;
    }
    //某一方点数等于10.5则胜出
    if (player == 10.5) {
        result = 1;
        return;
    }
    if (computer == 10.5) {
        result = 2;
        return;
    }
    //如果双方同时大于10.5或小于10.5,那么点数大的一方胜出.
    //否则,点数小的一方胜出.
    result = 2;
    int p1 = player > 10.5 && computer > 10.5;
    int p2 = player < 10.5 && computer < 10.5;
    if (p1 + p2 == 1) {
        if (player > computer)
            result = 1;
    }
    else {
        if (player < computer)
            result = 1;
    }
}
```

```cpp
//显示结果
void show()
{
    cout << " ================ 对战结果 ================ " << endl;
    cout << "我 " << player << " VS 计算机 " << computer << endl;
    if (result == 0)
        cout << "打成平手!" << endl;
    else if (result == 1)
        cout << "我赢了!" << endl;
    else
        cout << "计算机赢了!" << endl;
    cout << " ===================================== " << endl;
}

//十点半游戏
int main()
{
    cout << " ****************************************** " << endl;
    cout << " *                 十点半游戏              * " << endl;
    cout << " ****************************************** " << endl;
    shuffle_cards();                    //洗牌
    player_hit();                       //玩家要牌
    computer_hit();                     //计算机要牌
    check();                            //判断输赢
    show();                             //显示结果
    return 0;
}
```

拓展练习

挑战一下计算机,看看谁赢的次数多?

9.5 抢十八

问题描述

"抢十八"是我国民间一直流传的一个数学游戏,它的游戏规则：参与游戏的两人从1开始轮流报数,每人每次可以报1个数或2个连续的数,谁先报到18,谁就获胜。

请你想一想,如果要取胜,应该怎么报数?

该游戏对后报数者有优势,取胜策略是后报数者只要使自己的报数为3的整数倍,就可以最终取胜。

如果对方不愿意先报数,但对方不知道这个策略,那么我们可以在报数过程中利用对方的失误,尽早抢到3的倍数,并使剩下的数是3的倍数,就能确保取胜。

编程思路

"抢十八"游戏程序由主程序、"玩家报数"模块和"计算机报数"模块组成。

为了使游戏更加公平,在游戏开始时随机决定先报数的是计算机还是玩家。

在玩家报数时,须做一些检测,防止玩家输入的数超出游戏允许的范围。

在计算机报数时,采用的策略:在每次报数时如果剩下的数差 2 能被 3 整除,那么本次报数就增加 2,否则就增加 1,即尽量抢到 3 的整数倍。所以,如果计算机是后报数的一方,会始终按此策略执行,并最终获胜。

 编程实现

 Scratch 程序清单(见图 9-11 和图 9-12)

运行程序即可按照屏幕提示进行“抢十八”的游戏。

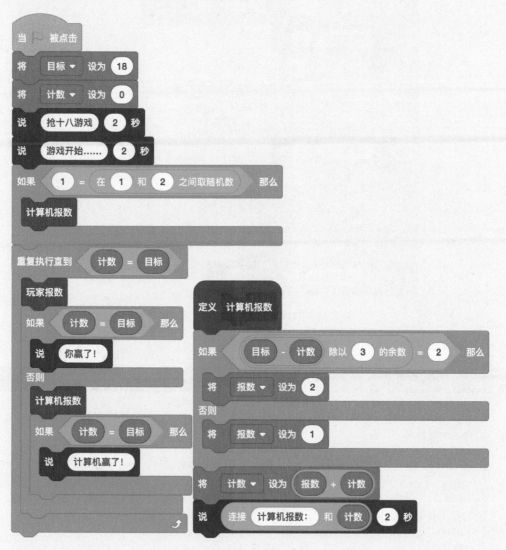

图 9-11　“抢十八”Scratch 程序清单(1)

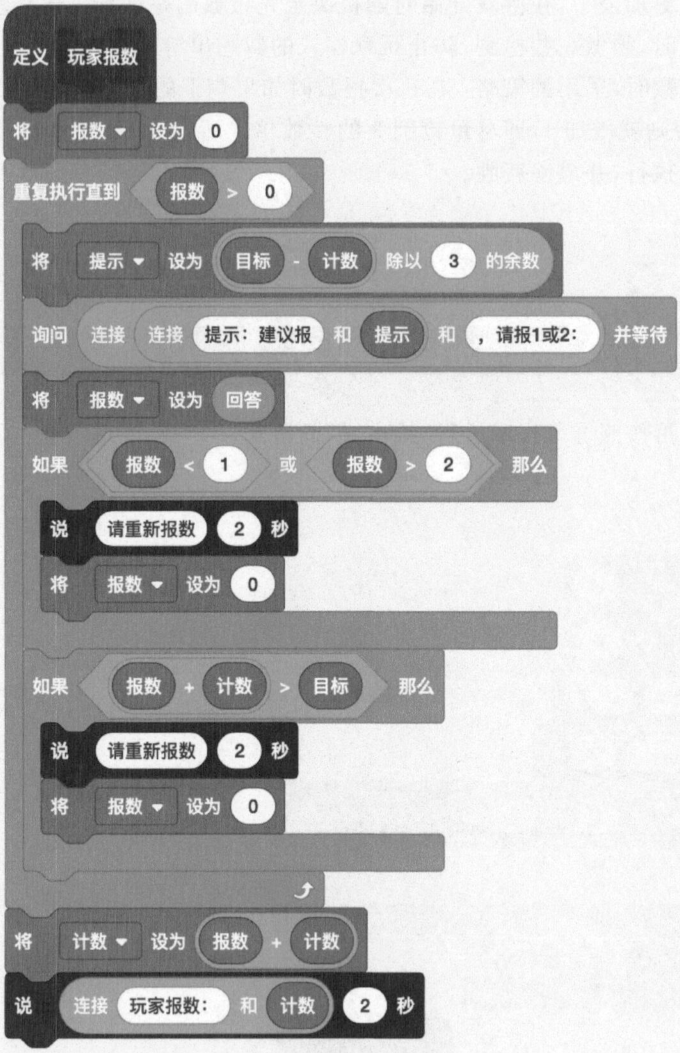

图 9-12 "抢十八"Scratch 程序清单(2)

Python 程序清单

```python
from random import randint
'''定义全局变量'''
target = 18                      #要抢的目标数
count_num = 0                    #计数器,记录玩家或计算机的当前报数

def main():
    '''主程序'''
    print('*****************************************')
    print('*                抢十八游戏               *')
    print('*****************************************')
```

```python
    print('游戏开始...')
    #计算机或玩家随机由一方开始报数
    if 1 == randint(1, 2):
        computer_say()
    #进行报数游戏
    while count_num != target:
        player_say()
        if count_num == target:
            print('================ 对战结果 ================ ')
            print('你赢了!')
        else:
            computer_say()
            if count_num == target:
                print('================ 对战结果 ================ ')
                print('计算机赢了!')
    return


def player_say():
    '''玩家报数'''
    print('================ 玩家报数 ================ ')
    global count_num
    num = 0
    while num <= 0:
        print('提示:建议报', (target - count_num) % 3)
        num = int(input('请报 1 或 2:'))
        if num < 1 or num > 2:
            print('请重新报数!')
            num = 0
        if num + count_num > target:
            print('请重新报数!')
            num = 0
        else:
            count_num += num
            print('玩家报数:', count_num)
    return


def computer_say():
    '''计算机报数'''
    print('================ 计算机报数 ================ ')
    global count_num
    num = (target - count_num) % 3
    if num == 0:
        num = randint(1, 2)
    count_num += num
    print('计算机报数:', count_num)
    return


if __name__ == '__main__':
    main()
```

C++程序清单

```cpp
#include <bits/stdc++.h>
using namespace std;

int target = 18;                    //要抢的目标数
int count_num = 0;                  //计数器,记录玩家或计算机的当前报数

//玩家报数
void player_say()
{
    cout << "================= 玩家报数 ================= " << endl;
    int num = 0;
    while (num <= 0) {
        cout << "提示：建议报" << (target - count_num) % 3 << endl;
        cout << "请报 1 或 2 : ";
        cin >> num;
        if (num < 1 || num > 2) {
            cout << "请重新报数!" << endl;
            num = 0;
        }
        if (num + count_num > target) {
            cout << "请重新报数!" << endl;
            num = 0;
        }
    }
    count_num = count_num + num;
    cout << "玩家报数： " << count_num << endl;
}

//计算机报数
void computer_say()
{
    cout << "================= 计算机报数 ================= " << endl;
    int num = (target - count_num) % 3;
    if (num == 0)
        num = rand() % 2 + 1;

    count_num = count_num + num;
    cout << "计算机报数： " << count_num << endl;
}

//主程序
int main()
{
    cout << "****************************************** " << endl;
    cout << "*                 抢十八游戏             * " << endl;
    cout << "****************************************** " << endl;
```

```
//计算机或玩家随机由一方开始报数
srand(time(0));
if (rand() % 10 + 1 > 5)
    computer_say();

while (count_num != target) {
    player_say();
    if (count_num == target) {
        cout << " ================= 结果 ================= " << endl;
        cout << "你赢了!" << endl;
    }
    else {
        computer_say();
        if (count_num == target) {
            cout << " ================= 结果 ================= " << endl;
            cout << "计算机赢了!" << endl;
        }
    }
}
return 0;
}
```

拓展练习

如果你是后报数的一方,只要坚持按取胜策略报数,就一定能取胜。请你试一试!

9.6 常胜将军

问题描述

这里要编写的是一个人机对战的取火柴数学游戏。假设有 n 根火柴,玩家和计算机轮流取,每次取走的火柴数量不能超过 m 根,至少取一根,取到最后一根火柴者为输家。由于每次取走火柴前都需要进行数学运算,计算机通常都能胜利,是"常胜将军"。

编程思路

"常胜将军"游戏程序由主程序、"设定参数"模块、"计算机操作"模块和"玩家操作"模块组成。

游戏开始时,计算机提示玩家输入火柴总数 n 和每次允许取走的火柴的最大数量 m。首先从玩家开始,在玩家输入要取走的火柴数量后,计算机提示剩余多少根火柴;然后轮到计算机操作,提示计算机取走多少根火柴和剩余多少根火柴。双方轮流取火柴直到最后一根火柴被取走为止。最后计算机会提示谁输谁赢。

该游戏的最佳操作策略: $x = (n-1) \% (m+1)$,其中,%表示取余数运算。

计算机要保持"常胜将军"的地位,就要按上述公式计算每次取走火柴的数量 x;如果 $x = 0$,则取 1。在玩家或计算机每次取走火柴后,n 值会减少。

　　玩家每次取火柴时,要进行限制,即$1 \leqslant x$ 与 $x \leqslant m$ 与 $x \leqslant n$,也就是每次取火柴的数量为$1 \sim m$,并且不能超过剩余火柴总数 n。

 编程实现

Scratch 程序清单(见图 9-13~图 9-15)

运行程序即可按照屏幕提示进行"常胜将军"的游戏。

图 9-13 "常胜将军"Scratch 程序清单(1)

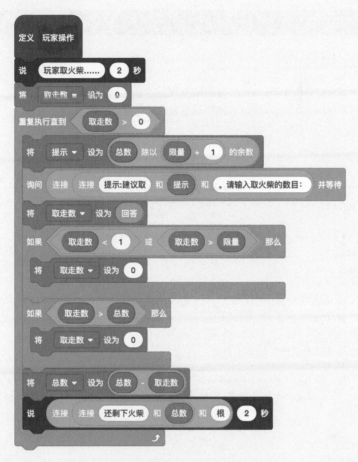

图 9-14 "常胜将军"Scratch 程序清单(2)

图 9-15 "常胜将军"Scratch 程序清单(3)

Python 程序清单

```python
from random import randint
'''全局变量'''
total = 0                      #火柴总数
limit = 0                      #每次取火柴的限量

def main():
    '''主程序'''
    print('*************************************')
    print('*                取火柴游戏                *')
    print('*************************************')
    set_rule()
    print('================ 开始游戏 ================')
    while total > 0:
        player_take()
        if total == 0:
            print('================ 对战结果 ================')
            print('你赢了,计算机输了!')
        else:
            computer_take()
            if total == 0:
                print('================ 对战结果 ================')
                print('计算机赢了,你输了!')
    return

def set_rule():
    '''设定规则'''
    print('================ 设定规则 ================')
    global total, limit
    while limit < 2:
        limit = int(input('请输入每次最多取多少根火柴(如 2,3,4,…):'))
        if limit < 2:
            print('每次最多取火柴数不能小于 2')

    while total <= limit:
        total = int(input('请输入火柴的总数(如 15,18,21,…):'))
        if total <= limit:
            print('火柴的总数必须大于 %d' % limit)

    print('================ 游戏规则 ================')
    print('一堆火柴有 %d 根,二人轮流取火柴,' % total)
    print('每次可取走 1～ %d 根,取走最后一根的获胜.' % limit)
    return

def player_take():
    '''玩家取火柴'''
    print('----------------- 玩家取火柴 -----------------')
```

```python
        global total
        n = 0
        while n <= 0:
            print('提示:建议取', total % (limit + 1))
            n = int(input('请输入取火柴的数目:'))
            if n < 1 or n > limit:
                n = 0
            if n > total:
                n = 0
            total = total - n
            print('还剩下火柴 %d 根' % total)
        return


def computer_take():
    '''计算机取火柴'''
    print('--------------- 计算机取火柴 --------------- ')
    global total
    n = total % (limit + 1)
    if n == 0:
        n = randint(1, limit)
    total = total - n
    print('计算机取走 %d 根' % n)
    print('还剩下火柴 %d 根' % total)
    return


if __name__ == '__main__':
    main()
```

C++程序清单

```cpp
#include <bits/stdc++.h>
using namespace std;
//全局变量
int total = 0;                          //火柴总数
int limit = 0;                          //每次取火柴的限量

//设定规则
void set_rule()
{
    cout << " =============== 设定规则 ================= " << endl;
    while (limit < 2) {
        cout << "请输入每次最多取多少根火柴(如2,3,4…):";
        cin >> limit;
        if (limit < 2)
            cout << "每次最多取火柴数不能小于2" << endl;
    }

    while (total <= limit) {
```

```cpp
        cout << "请输入火柴的总数(如 15,18,21…):";
        cin >> total;
        if (total <= limit)
            cout << "火柴的总数必须大于" << limit << endl;
    }

    cout << "================= 游戏规则 ================== " << endl;
    cout << "一堆火柴有" << total << "根,二人轮流取火柴," << endl;
    cout << "每次可取走 1~" << limit << "根,取走最后一根的获胜." << endl;
}

//玩家取火柴
void player_take()
{
    cout << "---------------- 玩家取火柴 ---------------- " << endl;
    int n = 0;
    while (n <= 0) {
        cout << "提示:建议取" << total % (limit + 1) << endl;
        cout << "请输入取火柴的数目:";
        cin >> n;
        if (n < 1 || n > limit)
            n = 0;
        if (n > total)
            n = 0;
        total = total - n;
        cout << "还剩下火柴" << total << "根" << endl;
    }
}

//计算机取火柴
void computer_take()
{
    cout << "--------------- 计算机取火柴 --------------- " << endl;
    srand(time(0));
    int n = total % (limit + 1);
    if (n == 0)
        n = rand() % limit + 1;
    total = total - n;
    cout << "计算机取走" << n << "根" << endl;
    cout << "还剩下火柴" << total << "根" << endl;
}

//主程序
int main()
{
    cout << "***************************************** " << endl;
    cout << "*                  取火柴游戏            * " << endl;
    cout << "***************************************** " << endl;
    set_rule();
```

```
        cout << " =============== 开始游戏 =============== " << endl;
        while (total > 0) {
            player_take();
            if (total == 0) {
                cout << " =============== 对战结果 =============== " << endl;
                cout << "你赢了,计算机输了!" << endl;
            }
            else {
                computer_take();
                if (total == 0) {
                    cout << " =============== 对战结果 =============== " << endl;
                    cout << "计算机赢了,你输了!" << endl;
                }
            }
        }
        return 0;
}
```

拓展练习

请你试一试挑战一下计算机,看看谁才是常胜将军?

9.7 汉诺塔

问题描述

在印度流传着一个古老的传说:相传在世界中心贝拿勒斯(在印度北部)的圣庙里,一块黄铜板上插着三根宝石针。印度教的主神梵天在创造世界时,在其中的一根针上从下到上穿好了由大到小的 64 片金片,这就是所谓的汉诺塔。不论白天黑夜,总有一个僧侣在按照下面的法则移动这些金片:一次只移动一片,不管在哪根针上,小片必须在大片上面。僧侣们预言,当所有的金片都从梵天穿好的那根针上移到另外一根针上时,世界将在一声霹雳中湮灭,而梵塔、庙宇和众生也都将同归于尽。

后来,这个传说演变成了汉诺塔游戏。汉诺塔游戏的规则:

有 A、B、C 三根相邻的柱子,A 柱上有若干个大小不等的圆盘,大的在下,小的在上。要求把这些盘子从 A 柱移到 C 柱,中间可以借用 B 柱,但每次只允许移动一个盘子,并且在移动过程中,三根柱子上的盘子始终保持大盘在下,小盘在上。

请编写一个汉诺塔程序,输入给定的盘子数,求出将全部盘子从 A 柱移到 C 柱的步骤。

编程思路

设有 n 个盘子,则汉诺塔游戏的移动步骤如下。

(1) 把 $1 \sim (n-1)$ 号盘由 C 柱中转,从 A 柱移到 B 柱。

(2) 把 n 号盘从 A 柱移到 C 柱。

(3) 把 $1 \sim (n-1)$ 号盘由 A 柱中转,从 B 柱移到 C 柱。

编程实现

Scratch 程序清单(见图 9-16)

运行程序,输入汉诺塔盘子数量 3,程序执行后,在有 3 个盘子时汉诺塔游戏的移动步骤会记录到"日志"列表中。

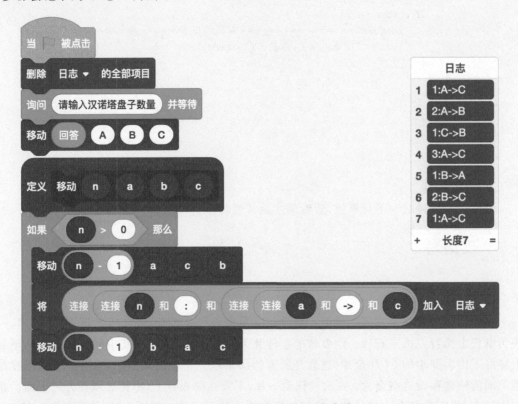

图 9-16 "汉诺塔"Scratch 程序清单

Python 程序清单

```python
def move(n, a, b, c):
    '''移动盘子'''
    if n > 0:
        move(n - 1, a, c, b)
        print('%d:%s->%s' % (n, a, c))
        move(n - 1, b, a, c)


def main():
```

```
    '''汉诺塔游戏'''
    n = int(input('请输入汉诺塔盘子数量:'))
    move(n, 'A', 'B', 'C')


if __name__ == '__main__':
    main()
```

C++ 程序清单

```cpp
#include < bits/stdc++.h>
using namespace std;

//移动盘子
void move(int n, char a, char b, char c)
{
    if (n > 0) {
        move(n - 1, a, c, b);
        cout << n << ":" << a << " = >" << c << endl;
        move(n - 1, b, a, c);
    }
}

//汉诺塔游戏
int main()
{
    cout << "请输入汉诺塔盘子数量:";
    int n; cin >> n;
    move(n, 'A', 'B', 'C');
    return 0;
}
```

拓展练习

找一个"汉诺塔"玩具,然后按照上述程序给出的移动步骤验证其结果是否正确。

9.8 兰顿蚂蚁

问题描述

兰顿蚂蚁由克里斯·兰顿于 1986 年提出,属于细胞自动机的一种,它其实是一个零玩家游戏,其游戏规则如下。

有一个无限大的二维平面,被分为无数个形状相同的格子,这些格子被涂成白色或黑色。在其中一个格中有一只"蚂蚁"，其初始朝向为上、下、左、右任意一方。这只蚂蚁会按照如下规则移动：如果蚂蚁脚下是白格，则左转90°，反转该格颜色为黑色后，向前移动一步；如果蚂蚁脚下是黑格，则右转90°，反转该格颜色为白色后，向前移动一步；如此循环。

虽然规则简单，但是蚂蚁的行为却十分复杂。无论起始状态如何，蚂蚁在开始阶段留下的路线都是杂乱无章的，但是经过漫长的混乱活动之后，会开辟出一条有规则的"高速公路"。

 编程思路

"兰顿蚂蚁"游戏程序由一个主程序和一个"蚂蚁爬行"模块组成。

（1）主程序。在480×360大小的舞台上创建一个120行×160列的格子矩阵，使用一个19200个元素（120×160）的"地图"列表表示这个格子矩阵。每个格子对应一个列表中的元素，每个元素用1和0分别表示黑色和白色。所有元素都初始化为0。这样就为蚂蚁的爬行创造了一个空白的世界地图。然后，让蚂蚁从舞台中心(0,0)开始爬行。

（2）"蚂蚁爬行"模块。蚂蚁爬行时，根据蚂蚁在舞台上的平面坐标(x,y)转换为格子矩阵的行和列，然后再把行列位置转换为蚂蚁所在位置的格子编号。计算公式如下：

$$行＝(y 坐标＋180)÷格子大小$$
$$列＝(x 坐标＋240)÷格子大小$$
$$格子编号＝(行－1)×列数＋列$$

根据格子编号从地图列表中获取蚂蚁所在格子的颜色，然后决定蚂蚁转向和改变格子颜色。

 编程实现

🐱 **Scratch 程序清单（见图9-18）**

运行程序，蚂蚁在"混乱"爬行1万步之后，一条"高速公路"开始出现，如图9-17所示。

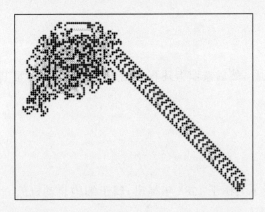

图9-17　兰顿蚂蚁走出的"高速公路"

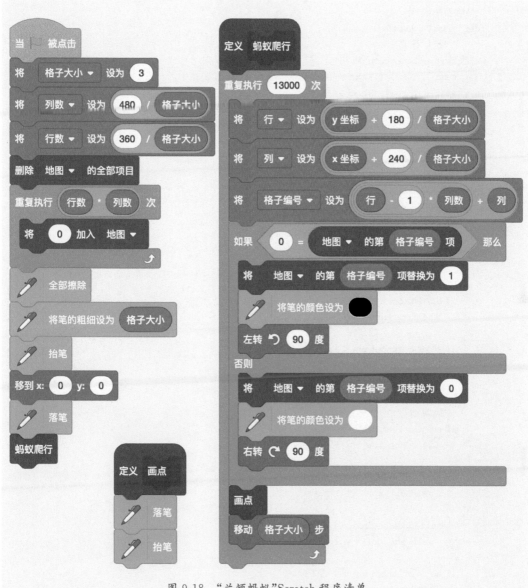

图 9-18 "兰顿蚂蚁"Scratch 程序清单

Python 程序清单

```python
from turtle_plus import *
#全局变量
STEP = 3
COLS = 480 // STEP
ROWS = 360 // STEP
UP, RIGHT, DOWN, LEFT = 1, 2, 3, 4

class LangtonAnt:
```

```python
'''兰顿蚂蚁'''
def __init__(self):
    '''初始化'''
    self.orientation = UP                 #蚂蚁向上移动
    self.ant_col = COLS // 2               #蚂蚁放在中心
    self.ant_row = ROWS // 2
    self.ant_map = []                      #蚂蚁的地图
    for i in range(ROWS):
        self.ant_map.append([0] * COLS)

def turn(self, direction):
    '''蚂蚁转弯'''
    if direction == 'right':
        self.orientation += 1

        if self.orientation > 4:
            self.orientation = 1

    if direction == 'left':
        self.orientation -= 1

        if self.orientation < 1:
            self.orientation = 4

def forward(self):
    '''蚂蚁前进'''
    if self.orientation == UP:
        self.ant_row += 1

    if self.orientation == DOWN:
        self.ant_row -= 1

    if self.orientation == RIGHT:
        self.ant_col += 1

    if self.orientation == LEFT:
        self.ant_col -= 1

def draw_dot(self):
    '''画点'''
    x = self.ant_col * STEP - 240 + STEP / 2
    y = self.ant_row * STEP - 180 + STEP / 2
    up()
    goto(x, y)
    down()
    dot(STEP)

def run(self):
    '''蚂蚁爬行'''
```

```python
        while True:
            if not (0 <= self.ant_row < ROWS and 0 <= self.ant_col < COLS):
                break

            if 0 == self.ant_map[self.ant_row][self.ant_col]:
                self.ant_map[self.ant_row][self.ant_col] = 1
                pencolor('black')
                self.turn('left')
            else:
                self.ant_map[self.ant_row][self.ant_col] = 0
                pencolor('white')
                self.turn('right')

            self.draw_dot()
            self.forward()
        done()

if __name__ == '__main__':
    '''初始化'''
    up()
    goto(0, 0)
    '''调用兰顿蚂蚁'''
    ant = LangtonAnt()
    ant.run()
```

提示：该 Python 程序需使用 turtle_plus 库运行才能够快速绘制。turtle_plus 库基于 pyglet 库编写，读者可通过 pip 包管理器进行安装。

C++（GoC）程序清单

```cpp
//蚂蚁爬行
void ant_run(vector < int > ant_map, int step, int cols, int rows)
{
    while (true) {
        float row = (pen.getY() + 180) / step;
        float col = (pen.getX() + 240) / step;
        if (row > rows || col > cols || row < 0 || col < 0)
            break;
        int index = (row - 1) * cols + col;
        if (0 == ant_map[index]) {
            ant_map[index] = 1;
            pen.color(_black);
            pen.lt(90);
        }
        else {
            ant_map[index] = 0;
            pen.color(_white);
            pen.rt(90);
```

```
        }
        pen.rr(step, step);
        pen.fd(step);
    }
}


//兰顿蚂蚁游戏
int main()
{
    int step = 3;                          //格子大小
    int cols = 480 / step;                 //地图的列数
    int rows = 360 / step;                 //地图的行数
    //初始化蚂蚁爬行的地图
    vector < int > ant_map(rows * cols + 1, 0);
    //初始化画笔
    pen.speed(10);
    pen.up();
    pen.angle(0);
    pen.move(0, 0);
    pen.down();
    //蚂蚁爬行
    ant_run(ant_map, step, cols, rows);
    return 0;
}
```

拓展练习

设定蚂蚁不同的初始方向，观察"高速公路"出现的位置。

第10章 逻辑推理

在编程语言中有一种数据类型是布尔类型,其值只有真(用 true 或 1 表示)和假(用 false 或 0 表示),称为布尔值。当布尔值参与算术运算时,会被自动转换为 1 或 0。利用这个特点可以方便地构建复杂的逻辑表达式,用以解决复杂的逻辑推理问题。

使用编程方式求解逻辑推理问题,其实质就是判断题目描述的一个或多个条件是真或是假。解决逻辑推理问题的关键是:根据题目中给出的已知条件,提炼出正确的逻辑关系,并将其转换为用编程语言描述的逻辑表达式。在各种编程语言中提供了基本的条件运算符(小于、等于、大于)和逻辑运算符(与、或、不成立),可以用来构建各种逻辑表达式。在编程求解逻辑推理问题时一般采用枚举策略,即使用循环结构将各种方案列举出来,并逐一判断根据题目建立的逻辑表达式是否成立,最终找到符合题意的答案。

本章收录了"是谁闯的祸""将军射鹿""谁是爱丽斯的朋友""谁击中了杀手""诚实族和说谎族""黑与白"等富有趣味的逻辑推理题。通过解决逻辑推理问题,能锻炼学生的逻辑推理能力,对于学好其他学科和处理日常生活中的问题都会有帮助。现在,就让我们一起迎接逻辑的挑战吧!

10.1 是谁闯的祸

问题描述

周末,小光、小明、小刚、小强 4 个同学在楼下空地踢足球,其中一人不小心把足球踢到楼上打碎了张叔叔家的玻璃。张叔叔非常生气,下楼质问是谁干的。小光说是小明干的,小明说是小强干的,小刚说他没干,小强说小明在撒谎。事实上,他们四人中有三人说了假话。你知道是谁打碎了张叔叔家的玻璃吗?

编程思路

把四人用数字表示:1 表示小光、2 表示小明、3 表示小刚、4 表示小强,用变量 who 表示打碎玻璃的人。根据题意把 4 个人说的话转换为逻辑表达式,见表 10-1。

表 10-1 "是谁闯的祸"逻辑表达式

已 知 条 件	逻辑表达式	已 知 条 件	逻辑表达式
小光说是小明干的	who == 2	小刚说他没干	who != 3
小明说是小强干的	who == 4	小强说小明在撒谎	who != 4

编程时构建一个循环结构，依次从 1 到 4 列举闯祸者的编号，然后判断如果 4 个已知条件中仅有 1 个成立（只有一个人说了真话），则找到该问题的答案。

 编程实现

Scratch 程序清单(见图 10-1)

运行程序得到答案：在"结果"列表中可以看到闯祸者的编号是 3。由此可知，打碎玻璃的人是小刚。

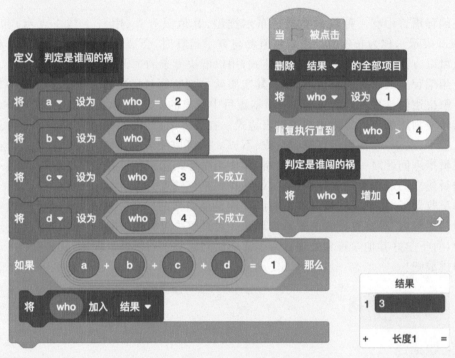

图 10-1 "是谁闯的祸"Scratch 程序清单

Python 程序清单

```python
def judge(who):
    '''判定是谁闯的祸'''
    a = who == 2
    b = who == 4
    c = who != 3
    d = who != 4
    if a + b + c + d == 1:
        print(who)
```

C++ 程序清单

```cpp
#include < bits/stdc++.h >
using namespace std;

//判定是谁闯的祸
void judge(int who)
{
    int a = who == 2;
    int b = who == 4;
    int c = who != 3;
```

```python
def main():
    '''是谁闯的祸'''
    who = 1
    while who <= 4:
        judge(who)
        who += 1


if __name__ == '__main__':
    main()
```

```cpp
    int d = who != 4;
    if (a + b + c + d == 1)
        cout << who << endl;
}

//是谁闯的祸
int main()
{
    int who = 1;
    while (who <= 4) {
        judge(who);
        who += 1;
    }
    return 0;
}
```

拓展练习

在警察局里,警长正在审问一宗钻石盗窃案的 5 个嫌疑犯,他们的供词如下。

A:是 D 偷的。

B:我是无辜的。

C:不是 E 偷的。

D:A 说的全是谎话。

E:B 说的全是真话。

已知他们当中只有 3 个人说的是真话,你能猜出是谁偷了钻石吗?

10.2 将军射鹿

问题描述

国王带着张、王、李、赵、钱五位将军外出狩猎,每位将军的箭上都刻有自己的姓氏。打猎中,一只鹿中箭倒下,但不知是哪位将军射中的。

张将军说:或者是我射中的,或者是李将军射中的。

王将军说:不是钱将军射中的。

李将军说:如果不是赵将军射中的,那么一定是王将军射中的。

赵将军说:既不是我射中的,也不是王将军射中的。

钱将军说:既不是李将军射中的,也不是张将军射中的。

国王让人把射中鹿的箭拿过来看,说:你们五位将军的猜测,只有两个人的话是真的。

请根据国王的话,判定鹿是被哪位将军射中的。

编程思路

把五位将军用数字表示:1 表示张、2 表示王、3 表示李、4 表示赵、5 表示钱,用变量 who 表示射中鹿的将军。根据题意把五位将军说的话转换为逻辑表达式,见表 10-2。

表 10-2 "将军射鹿"逻辑表达式

已 知 条 件	逻辑表达式
或者是张将军射中的，或者是李将军射中的	who == 1 or who == 3
不是钱将军射中的	who != 5
如果不是赵将军射中的，那么一定是王将军射中的	who == 4 or who == 2
既不是赵将军射中的，也不是王将军射中的	who != 4 and who != 2
既不是李将军射中的，也不是张将军射中的	who != 3 and who != 1

编程时构建一个循环结构，依次从 1 到 5 列举五位将军的编号，然后判断如果 5 个已知条件中仅有 2 个成立（只有两个人说的是真话），则找到该问题的答案。

 编程实现

Scratch 程序清单(见图 10-2)

运行程序得到答案：在"结果"列表中可以看到射鹿者的编号是 5。由此可知，鹿是被钱将军射中的。

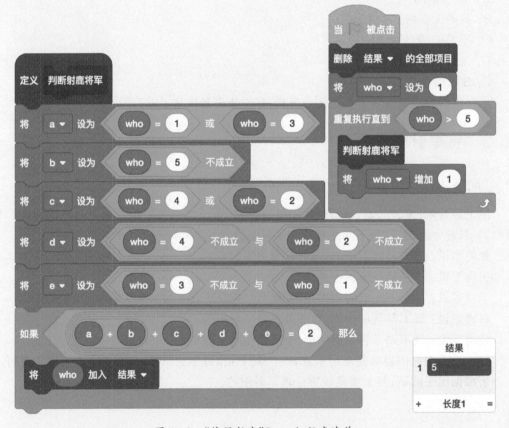

图 10-2 "将军射鹿"Scratch 程序清单

Python 程序清单

```python
def judge(who):
    '''判断射鹿将军'''
    a = who == 1 or who == 3
    b = who != 5
    c = who == 4 or who == 2
    d = who != 4 and who != 2
    e = who != 3 and who != 1
    if a + b + c + d + e == 2:
        print(who)

def main():
    '''将军射鹿'''
    who = 1
    while who <= 5:
        judge(who)
        who += 1

if __name__ == '__main__':
    main()
```

C++ 程序清单

```cpp
#include < bits/stdc++.h>
using namespace std;

//判断射鹿将军
void judge(int who)
{
    int a = who == 1 or who == 3;
    int b = who != 5;
    int c = who == 4 or who == 2;
    int d = who != 4 and who != 2;
    int e = who != 3 and who != 1;
    if (a + b + c + d + e == 2)
        cout << who << endl;
}

//将军射鹿
int main()
{
    int who = 1;
    while (who <= 5) {
        judge(who);
        who += 1;
    }
    return 0;
}
```

拓展练习

在大森林里举行了一场运动会，小狗、小兔、小猫、小猴和小鹿参加了百米赛跑。比赛结束后，小动物们说了下面的一些话。

小猴说："我比小猫跑得快。"

小狗说："小鹿在我前面冲过了终点线。"

小兔说："我的名次排在小猴的前面，小狗的后面。"

请你根据小动物们的回答排出名次。

10.3 谁是爱丽斯的朋友

问题描述

爱丽斯气质优雅、乐于助人，班上有 9 位同学都希望成为她的好朋友。已知在这 9 人中有一人是爱丽斯真正的朋友。当问她们谁是爱丽斯的朋友时,她们说了如下的话。

A:我想一定是 G。

B:我想是 G。

C:我是爱丽斯真正的朋友。

D:C 在说谎。

E:我想一定是 I。

F:不是我也不是 I。

G:F 说的是实话。

H:C 是爱丽斯真正的朋友。

I:我才是爱丽斯真正的朋友。

假设她们 9 人中只有 4 人说的是实话,那么究竟谁才是爱丽斯真正的朋友呢?

 编程思路

把 9 位同学用数字表示:1 表示 A、2 表示 B、3 表示 C、4 表示 D、5 表示 E、6 表示 F、7 表示 G、8 表示 H、9 表示 I,用变量 who 表示爱丽斯的朋友。根据题意把 9 位同学说的话转换为逻辑表达式,见表 10-3。

表 10-3 "谁是爱丽斯的朋友"逻辑表达式

已 知 条 件	逻 辑 表 达 式
A:我想一定是 G	who == 7
B:我想是 G	who == 7
C:我是爱丽斯真正的朋友	who == 3
D:C 在说谎	who != 3
E:我想一定是 I	who == 9
F:不是我也不是 I	who != 6 and who != 9
G:F 说的是实话	who != 6 and who != 9
H:C 是爱丽斯真正的朋友	who == 3
I:我才是爱丽斯真正的朋友	who == 9

编程时构建一个循环结构,依次从 1 到 9 列举各位同学的编号,然后判断如果 9 个已知条件中仅有 4 个成立(只有 4 人说的是实话),则找到该问题的答案。

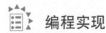 编程实现

 Scratch 程序清单(见图 10-3)

运行程序得到答案:在"结果"列表中可以看到朋友的编号是 3。由此可知,C 是爱丽斯真正的朋友。

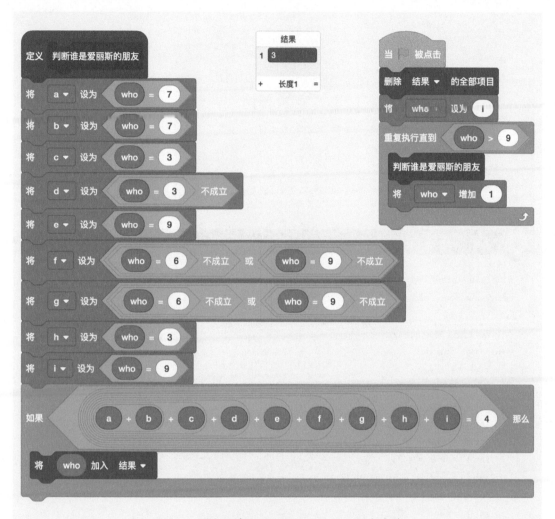

图 10-3 "谁是爱丽斯的朋友"Scratch 程序清单

Python 程序清单

```python
def judge(who):
    '''判断谁是爱丽斯的朋友'''
    a = who == 7
    b = who == 7
    c = who == 3
    d = who != 3
    e = who == 9
    f = who != 6 or who != 9
    g = who != 6 or who != 9
    h = who == 3
    i = who == 9
    if a + b + c + d + e + f + g + h + i == 4:
```

```python
        print(who)

def main():
    '''谁是爱丽斯的朋友'''
    who = 1
    while who <= 9:
        judge(who)
        who += 1


if __name__ == '__main__':
    main()
```

C++程序清单

```cpp
#include <bits/stdc++.h>
using namespace std;

//判断谁是爱丽斯的朋友
void judge(int who)
{
    int a = who == 7;
    int b = who == 7;
    int c = who == 3;
    int d = who != 3;
    int e = who == 9;
    int f = who != 6 or who != 9;
    int g = who != 6 or who != 9;
    int h = who == 3;
    int i = who == 9;
    if (a + b + c + d + e + f + g + h + i == 4)
        cout << who << endl;
}

//谁是爱丽斯的朋友
int main()
{
    int who = 1;
    while (who <= 9) {
        judge(who);
        who += 1;
    }
    return 0;
}
```

拓展练习

某学校举办排球比赛,进入决赛的是五(1)班、五(2)班、六(1)班、六(2)班的代表队,到底谁得第一,谁得第二,谁得第三,谁得第四呢?甲、乙、丙三人做了如下猜测。

甲说:"五(1)班第一,五(2)班第二。"

乙说:"六(1)班第二,六(2)班第四。"

丙说:"六(2)班第三,五(1)班第二。"

比赛结束后,发现甲、乙、丙三人谁也没有完全猜对,但他们都猜对了一半。

你能根据上面情况排出 1~4 名的名次吗?

10.4 国王的保镖

问题描述

国王身边有 8 位保镖。一次,有个杀手谋杀国王未遂,逃跑时,8 个保镖都开枪了,杀手被其中一位保镖击中,但不知道是谁击中的。下面是他们的谈话。

A:或者是 H 击中的,或者是 F 击中的。

B:如果这颗子弹正好击中杀手的头部,那么是我击中的。

C:我可以断定是 G 击中的。

D:即使这颗子弹正好击中杀手的头部,也不可能是 B 击中的。

E:A 猜错了。

F:不会是我击中的,也不是 H 击中的。

G:不是 C 击中的。

H:A 没有猜错。

事实上,8 位保镖中有 3 人猜对了。你知道是谁击中了杀手吗?

编程思路

把国王的 8 位保镖用数字表示:1 表示 A、2 表示 B、3 表示 C、4 表示 D、5 表示 E、6 表示 F、7 表示 G、8 表示 H,用变量 who 表示国王的保镖。根据题意把 8 位保镖的话转换为逻辑表达式,见表 10-4。

表 10-4 "谁击中了杀手"逻辑表达式

已 知 条 件	逻辑表达式
A:或者是 H 击中的,或者是 F 击中的	who == 8 or who == 6
B:如果这颗子弹正好击中杀手的头部,那么是我击中的	who == 2
C:我可以断定是 G 击中的	who == 7
D:即使这颗子弹正好击中杀手的头部,也不可能是 B 击中的	who != 2
E:A 猜错了	not(who == 8 or who == 6)
F:不会是我击中的,也不是 H 击中的	not(who == 6 or who == 8)
G:不是 C 击中的	who != 3
H:A 没有猜错	who == 8 or who == 6

编程时构建一个循环结构,依次从 1 到 8 列举各位保镖的编号,然后判断如果 8 个已知条件中仅有 3 个成立(只有 3 人猜对了),则找到该问题的答案。

 编程实现

Scratch 程序清单(见图 10-4)

运行程序得到答案:在"结果"列表中可以看到保镖的编号是 3。由此可知,C 是击中杀手的保镖。

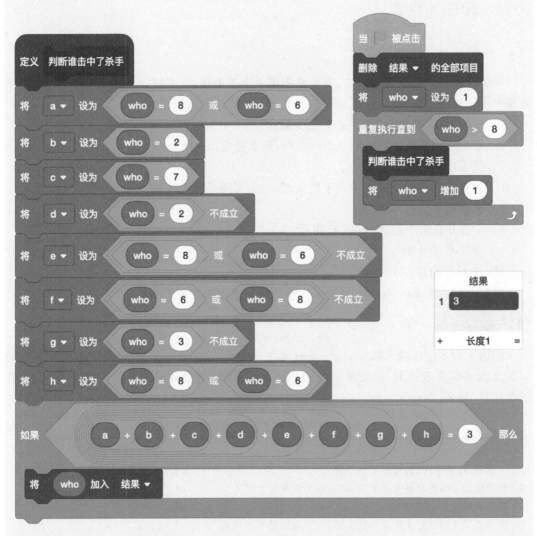

图 10-4 "谁击中了杀手"Scratch 程序清单

Python 程序清单

```python
def judge(who):
    '''判断谁击中了杀手'''
    a = who == 8 or who == 6
    b = who == 2
    c = who == 7
    d = who != 2
    e = not (who == 8 or who == 6)
    f = not (who == 6 or who == 8)
    g = who != 3
    h = who == 8 or who == 6
    if a + b + c + d + e + f + g + h == 3:
        print(who)


def main():
    '''国王的保镖'''
    who = 1
    while who <= 8:
        judge(who)
        who += 1


if __name__ == '__main__':
    main()
```

C++ 程序清单

```cpp
#include <bits/stdc++.h>
using namespace std;

//判断谁击中了杀手
void judge(int who)
{
    int a = who == 8 or who == 6;
    int b = who == 2;
    int c = who == 7;
    int d = who != 2;
    int e = not (who == 8 or who == 6);
    int f = not (who == 8 or who == 6);
    int g = who != 3;
    int h = who == 8 or who == 6;
    if (a + b + c + d + e + f + g + h == 3)
        cout << who << endl;
}
```

```
//国王的保镖
int main()
{
    int who = 1;
    while (who <= 8) {
        judge(who);
        who += 1;
    }
    return 0;
}
```

拓展练习

某校举办编程竞赛,有 8 位同学获得前 8 名。老师让他们猜一下谁是第一名,8 位同学的猜测如下。

A：G 是第一名。

B：我是第一名。

C：或者 E 是第一名,或者 G 是第一名。

D：B 不是第一名。

E：我不是第一名,G 也不是第一名。

F：C 说得不对。

G：C 不是第一名。

H：我同意 C 的意见。

老师指出,8 个人中有 5 人猜对了。那么,你知道第一名是谁吗?

10.5 她们点的什么咖啡

问题描述

安妮、玛丽和莫尼卡三个好朋友常结伴去某咖啡馆,她们每人点的咖啡不是拿铁就是摩卡。已知下列情况:

(1) 如果安妮要的是拿铁,那么玛丽要的就是摩卡。

(2) 安妮或莫尼卡要的是拿铁,但是不会两人都要拿铁。

(3) 玛丽和莫尼卡不会两人都要摩卡。

你知道是谁昨天要的是拿铁,今天要的是摩卡吗?

编程思路

把安妮、玛丽和莫尼卡分别用变量 a、b、c 表示,咖啡用数字表示：0 是拿铁,1 是摩卡。

根据题意把 3 个已知条件转换为逻辑表达式，见表 10-5。

表 10-5 "她们点的什么咖啡"逻辑表达式

已 知 条 件	逻辑表达式
如果安妮要的是拿铁，那么玛丽要的就是摩卡	a + b == 1 or a + b == 2
安妮或莫尼卡要的是拿铁，但是不会两人都要拿铁	a + c == 1
玛丽和莫尼卡不会两人都要摩卡	not (b + c == 2)

编程时构建一个三重循环结构，每个循环结构依次从 0 到 1 列举咖啡的编号，然后判断如果 3 个已知条件都成立，则找到该问题的答案。

 编程实现

Scratch 程序清单(见图 10-5)

运行程序得到答案：在"结果"列表中可以看到有 100 和 110 两组数据。由此可知，玛丽昨天要的是拿铁，今天要的是摩卡。

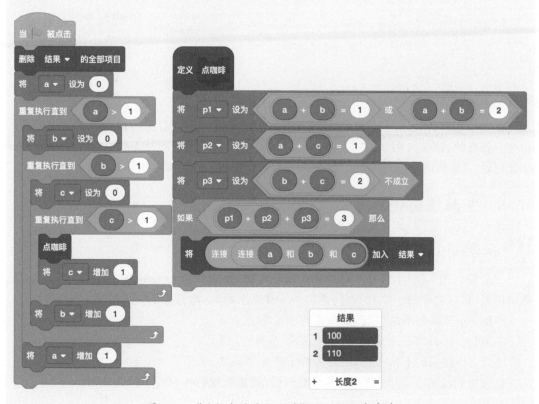

图 10-5 "她们点的什么咖啡"Scratch 程序清单

Python 程序清单

```python
def judge(a, b, c):
    '''判断谁点什么咖啡'''
    if a + b == 1 or a + b == 2:
        if a + c == 1:
            if not (b + c == 2):
                print(a, b, c)


def main():
    '''她们点的什么咖啡'''
    for a in range(2):
        for b in range(2):
            for c in range(2):
                judge(a, b, c)


if __name__ == '__main__':
    main()
```

C++ 程序清单

```cpp
#include < bits/stdc++.h>
using namespace std;

//判断她们点的什么咖啡
void judge(int a, int b, int c)
{
    if ((a + b == 1) or (a + b == 2))
        if (a + c == 1)
            if (not (b + c == 2))
                cout << a << b << c << endl;
}

//她们点的什么咖啡
int main()
{
    for (int a = 0; a <= 1; a++)
        for (int b = 0; b <= 1; b++)
            for (int c = 0; c <= 1; c++)
                judge(a, b, c);
    return 0;
}
```

拓展练习

　　在学校运动会上，1号、2号、3号、4号运动员取得了800m赛跑的前四名。小记者来采访他们各自的名次。1号说："3号第一个冲到终点。"另一名运动员说："2号不是第4名。"小裁判说："他们的号码与他们的名次都不相同。"你知道他们的名次吗？

10.6　三姐妹购物

问题描述

　　三个好姐妹小丽、小芳和小玲周末去商场购物，她们各自买了不同的东西（书包、U盘、英语词典、口红之中的一个）。当问她们买了什么东西时，她们说了如下的话。

　　小丽：小芳买的不是口红，小玲买的不是U盘。

　　小芳：小丽买的不是U盘，小玲买的不是英语词典。

　　小玲：小丽买的不是书包，小芳买的不是英语词典。

　　已知她们说的有一半是真话，一半是假话，请推断她们各自买了什么东西。

编程思路

　　把小丽、小芳和小玲分别用变量a、b、c表示，物品用数字表示：1表示书包，2表示U盘，3表示英语词典，4表示口红。根据题意把3个人说的话转换为逻辑表达式，见表10-6。

由于每个人说的一半是真话,一半是假话,因此把每个人的两个表达式相加,所得结果应该都是1。

表 10-6 "三姐妹购物"逻辑表达式

已 知 条 件	逻辑表达式
小丽:小芳买的不是口红,小玲买的不是 U 盘	(b != 4) + (c != 2)
小芳:小丽买的不是 U 盘,小玲买的不是英语词典	(a != 2) + (c != 3)
小玲:小丽买的不是书包,小芳买的不是英语词典	(a != 1) + (b != 3)

编程时构建一个三重循环结构,每个循环结构依次从 1 到 4 列举物品的编号,然后判断如果每个已知条件都成立,并且每个人购买的物品都不同,则找到该问题的答案。

编程实现

Scratch 程序清单(见图 10-6)

运行程序得到答案:在"结果"列表中可以看到 143 这组数据。由此可知,小丽买的是书包,小芳买的是口红,小玲买的是英语词典。

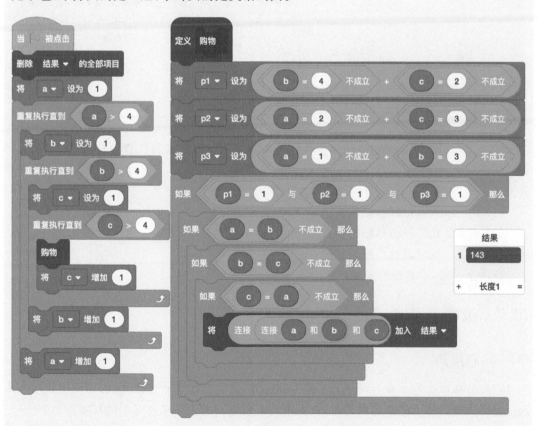

图 10-6 "三姐妹购物"Scratch 程序清单

| Python 程序清单 | C++ 程序清单 |

```python
def judge(a, b, c):
    '''判断三姐妹各自购买了什么'''
    p1 = (b != 4) + (c != 2)
    p2 = (a != 2) + (c != 3)
    p3 = (a != 1) + (b != 3)
    if p1 == 1 and p2 == 1 and p3 == 1:
        if len({a, b, c}) == 3:
            print(a, b, c)

def main():
    '''三姐妹购物'''
    for a in range(1, 5):
        for b in range(1, 5):
            for c in range(1, 5):
                judge(a, b, c)

if __name__ == '__main__':
    main()
```

```cpp
#include < bits/stdc++.h>
using namespace std;

//判断三姐妹各自购买了什么
void judge(int a, int b, int c)
{
    int p1 = (b != 4) + (c != 2);
    int p2 = (a != 2) + (c != 3);
    int p3 = (a != 1) + (b != 3);
    if (p1 == 1 and p2 == 1 and p3 == 1)
        if (a != b and b != c and c != a)
            cout << a << b << c << endl;
}

//三姐妹购物
int main()
{
    for (int a = 1; a <= 4; a++)
        for (int b = 1; b <= 4; b++)
            for (int c = 1; c <= 4; c++)
                judge(a, b, c);
    return 0;
}
```

拓展练习

张家三兄弟大林、二林、小林与李家三姐妹春红、夏红、秋红自幼青梅竹马,他们彼此都有喜欢的对象,三对恋人决定一起结婚。但三兄弟非常害羞,在说自己的新娘时都故意讲错。

(1) 大林:我要跟春红结婚。

(2) 春红:我要跟小林结婚。

(3) 小林:我要跟秋红结婚。

请你猜一猜,谁是谁的新娘?

10.7 诚实族和说谎族

问题描述

诚实族和说谎族是来自两个荒岛的不同民族,诚实族的人永远说真话,而说谎族的人永远说假话。谜语博士是个聪明的人,他要来判断所遇到的人是来自哪个民族的。

谜语博士遇到三个人,知道他们可能是来自诚实族或说谎族的。为了调查这三个人是什么族的人,谜语博士问他们:"你们是什么族?"

第一个人答："我们之中有两个来自诚实族。"

第二个人说："不要胡说，我们三个人中只有一个是诚实族的。"

第三个人听了第二个人的话后说："对，就是只有一个诚实族的。"

根据他们的回答，请判断他们分别是哪个族的人？

 编程思路

把三个人分别用变量 a、b、c 表示，其值为 0 表示说谎，其值为 1 表示诚实。根据题意把三个人说的话转换为逻辑表达式，见表 10-7。每个人的两个表达之间是"或"的关系，而三个人之间是"与"的关系。

表 10-7　"诚实族和说谎族"逻辑表达式

已 知 条 件	表 达 式
a 说：有两个来自诚实族	(a == 1 and a + b + c == 2) (a == 0 and a + b + c != 2)
b 说：只有一个是诚实族	(b == 1 and a + b + c == 1) (b == 0 and a + b + c != 1)
c 说：只有一个是诚实族	(c == 1 and a + b + c == 1) (c == 0 and a + b + c != 1)

编程时构建一个三重循环结构，每个循环结构依次用 0 和 1 两个值列举出真话或假话，然后判断如果 3 个已知条件都成立，则找到该问题的答案。

 编程实现

Scratch 程序清单（见图 10-7 和图 10-8）

运行程序得到答案：在"结果"列表中可以看到 000。由此可知，三个人都是说谎族。

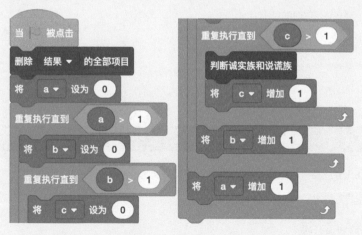

图 10-7　"诚实族和说谎族"Scratch 程序清单(1)

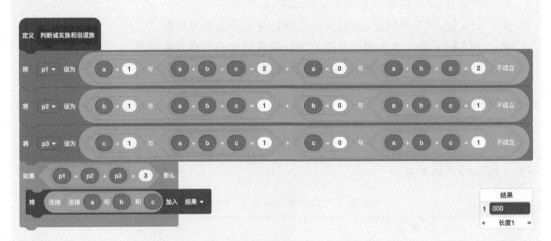

图 10-8 "诚实族和说谎族"Scratch 程序清单(2)

Python 程序清单

```python
def judge(a, b, c):
    '''判断诚实族和说谎族'''
    p1 = (a == 1 and a + b + c == 2) + (a == 0 and a + b + c != 2)
    p2 = (b == 1 and a + b + c == 1) + (b == 0 and a + b + c != 1)
    p3 = (c == 1 and a + b + c == 1) + (c == 0 and a + b + c != 1)
    if p1 + p2 + p3 == 3:
        print(a, b, c)


def main():
    '''诚实族和说谎族'''
    for a in range(2):
        for b in range(2):
            for c in range(2):
                judge(a, b, c)


if __name__ == '__main__':
    main()
```

C++ 程序清单

```cpp
#include < bits/stdc++.h>
using namespace std;

//判断诚实族和说谎族
void judge( int a, int b, int c)
```

```
{
    int p1 = (a == 1 and a + b + c == 2) or (a == 0 and a + b + c != 2);
    int p2 = (b == 1 and a + b + c == 1) or (b == 0 and a + b + c != 1);
    int p3 = (c == 1 and a + b + c == 1) or (c == 0 and a + b + c != 1);
    if (p1 + p2 + p3 == 3)
        cout << a << b << c << endl;
}

//诚实族和说谎族
int main()
{
    for (int a = 0; a <= 1; a++)
        for (int b = 0; b <= 1; b++)
            for (int c = 0; c <= 1; c++)
                judge(a, b, c);
    return 0;
}
```

拓展练习

谜语博士继续前行又遇到四个人，知道他们可能是来自诚实族和说谎族的。为了调查这四个人是什么族的人，谜语博士照例进行询问："你们是什么族的？"

第一人说："我们四人全都是说谎族的。"

第二人说："我们之中只有一人是说谎族的。"

第三人说："我们四人中有两个是说谎族的。"

第四人说："我是诚实族的。"

请问自称是"诚实族"的第四个人是否真的是诚实族的人？

10.8 谁在写信

问题描述

周末，甲、乙、丙、丁 4 位同学待在宿舍里，他们当中一个人正在做数学题，一个人正在念英语，一个人正在看小说，一个人正在写信。已知下列情况：

（1）甲不在念英语，也不在看小说。

（2）如果甲不在做数学题，那么丁不在念英语。

（3）有人说乙正在做数学题，或正在念英语，但事实并非如此。

（4）丁如果不在做数学题，那么一定在看小说，这种说法是不对的。

（5）丙既不在看小说，也不在念英语。

请问正在写信的是谁？

编程思路

　　把甲、乙、丙、丁 4 人分别用变量 a、b、c、d 表示，他们做的事情用数字表示：1 表示做数学题，2 表示念英语，3 表示看小说，4 表示写信。根据题意把 5 个已知条件转换为逻辑表达式，见表 10-8。

表 10-8　"谁在写信"逻辑表达式

已 知 条 件	逻辑表达式
甲不在念英语，也不在看小说	a != 2 and a != 3
如果甲不在做数学题，那么丁不在念英语	(a == 1 and d == 2) or (a != 1 and d != 2)
有人说乙正在做数学题，或正在念英语，但事实并非如此	b == 1 or b != 2
丁如果不在做数学题，那么一定在看小说，这种说法是不对的	d == 1 or d != 3
丙既不在看小说，也不在念英语	c != 3 and c != 2

　　编程时构建一个三重循环结构，每个循环结构依次从 0 到 1 列举做事情的编号，然后判断如果 5 个已知条件都成立，则找到该问题的答案。变量 d 的值由其他三个变量 a、b、c 的值求出，可减少嵌套一层循环。

编程实现

Scratch 程序清单（见图 10-9～图 10-11）

　　运行程序得到答案：在"结果"列表中可以看到 1342 这组数据。由此可知，是丙同学在写信。

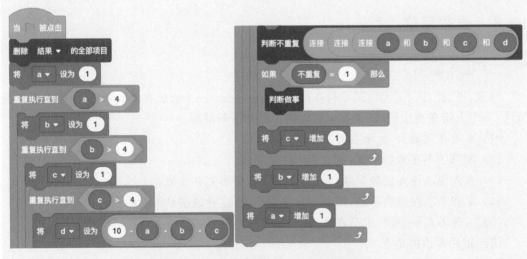

图 10-9　"谁在写信"Scratch 程序清单(1)

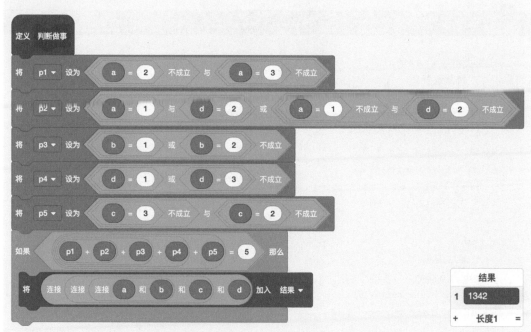

图 10-10 "谁在写信"Scratch 程序清单(2)

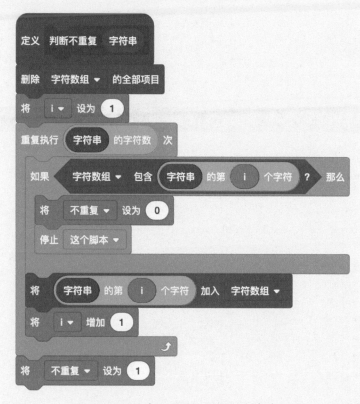

图 10-11 "谁在写信"Scratch 程序清单(3)

Python 程序清单

```python
def judge(a, b, c, d):
    '''判断做事'''
    p1 = a != 2 and a != 3
    p2 = (a == 1 and d == 2) or (a != 1 and d != 2)
    p3 = b == 1 or b != 2
    p4 = d == 1 or d != 3
    p5 = c != 3 and c != 2
    if p1 + p2 + p3 + p4 + p5 == 5:
        print(a, b, c, d)


def main():
    '''谁在写信'''
    for a in range(1, 5):
        for b in range(1, 5):
            for c in range(1, 5):
                d = 10 - a - b - c
                if len({a, b , c, d}) == 4:
                    judge(a, b, c, d)


if __name__ == '__main__':
    main()
```

C++程序清单

```cpp
#include <bits/stdc++.h>
using namespace std;

//判断做事
void judge(int a, int b, int c, int d)
{
    int p1 = a != 2 and a != 3;
    int p2 = (a == 1 and d == 2) or (a != 1 and d != 2);
    int p3 = b == 1 or b != 2;
    int p4 = d == 1 or d != 3;
    int p5 = c != 3 and c != 2;
    if (p1 + p2 + p3 + p4 + p5 == 5)
        cout << a << b << c << d << endl;
}

//谁在写信
```

```
int main()
{
    for (int a = 1; a <= 4; a++)
        for (int b = 1; b <= 4; b++)
            for (int c = 1; c <= 4; c++) {
                int d = 10 - a - b - c;
                int arr[] = {a, b, c, d};
                set < int > myset(arr, arr + 4);
                if (myset.size() == 4)
                    judge(a, b, c, d);
            }
    return 0;
}
```

拓展练习

四姐妹 A、B、C、D 结伴去旅游,晚上住在酒店的同一个房间里。她们一边听着流行音乐,一边做着自己的事情。她们当中一个人在修指甲,一个人在写信,一个人躺在床上,一个人在看书。已知下列情况:

(1) A 不在修指甲,也不在看书。

(2) B 没有躺在床上,也不在修指甲。

(3) 如果 A 不躺在床上,那么 D 不在修指甲。

(4) C 既不在看书,也不在修指甲。

(5) D 不在看书,也没有躺在床上。

请问她们各自正在做什么?

10.9 钻石的颜色

问题描述

国王把红、绿、黄、黑、蓝 5 种颜色的钻石分别装在 5 个盒子里,然后让 5 个人猜盒子里钻石的颜色,谁猜中了就把里面的钻石赏给他。

A:第 2 个盒子里是蓝色的,第 3 个盒子里是黑色的。

B:第 2 个盒子里是绿色的,第 4 个盒子里是红色的。

C:第 1 个盒子里是红色的,第 5 个盒子里是黄色的。

D:第 3 个盒子里是绿色的,第 4 个盒子里是黄色的。

E:第 2 个盒子里是黑色的,第 5 个盒子里是蓝色的。

在答案揭晓后,5 个人都猜对了一个,且每个人猜对的颜色都不相同。

请问:每个盒子里分别装了什么颜色的钻石?

编程思路

把 5 个盒子分别用变量 box1、box2、box3、box4、box5 表示,把 5 种颜色用数字表示:

1表示红色、2表示绿色、3表示黄色、4表示黑色、5表示蓝色。根据题意把5个人说的话转换为逻辑表达式,见表10-9。由于5个人都猜对了一个,因此把每个人的两个表达式相加,所得结果应该都是1。

表10-9 "钻石的颜色"逻辑表达式

已 知 条 件	逻辑表达式
第2个盒子里是蓝色的,第3个盒子里是黑色的	(box2 == 5) + (box3 == 4)
第2个盒子里是绿色的,第4个盒子里是红色的	(box2 == 2) + (box4 == 1)
第1个盒子里是红色的,第5个盒子里是黄色的	(box1 == 1) + (box5 == 3)
第3个盒子里是绿色的,第4个盒子里是黄色的	(box3 == 2) + (box4 == 3)
第2个盒子里是黑色的,第5个盒子里是蓝色的	(box2 == 4) + (box5 == 5)

编程时构建一个四重循环结构,每个循环结构依次从1到5列举钻石颜色的编号,然后判断如果5个已知条件都成立,则找到该问题的答案。变量box5的值由其他四个变量box1、box2、box3、box4的值求出,可减少嵌套一层循环。

编程实现

Scratch 程序清单(见图 10-12 和图 10-13)

运行程序得到答案:在"结果"列表中可以看到12435这组数据。由此可知,第1个盒子里的钻石是红色的,第2个盒子里的钻石是绿色的,第3个盒子里的钻石是黑色的,第4盒子里的钻石是黄色的,第5个盒子里的钻石是蓝色的。

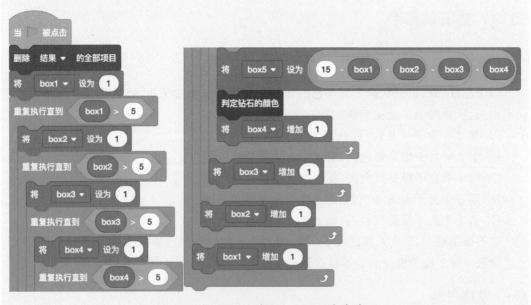

图 10-12 "钻石的颜色"Scratch 程序清单(1)

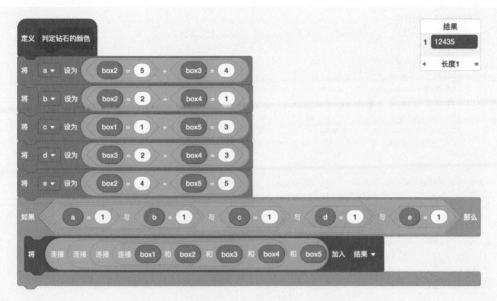

图 10-13 "钻石的颜色"Scratch 程序清单(2)

Python 程序清单

```python
def judge(box1, box2, box3, box4, box5):
    '''判断钻石的颜色'''
    a = (box2 == 5) + (box3 == 4)
    b = (box2 == 2) + (box4 == 1)
    c = (box1 == 1) + (box5 == 3)
    d = (box3 == 2) + (box4 == 3)
    e = (box2 == 4) + (box5 == 5)
    if a == 1 and b == 1 and c == 1 and d == 1 and e == 1:
        print(box1, box2, box3, box4, box5)


def main():
    '''钻石的颜色'''
    for box1 in range(1, 6):
        for box2 in range(1, 6):
            for box3 in range(1, 6):
                for box4 in range(1, 6):
                    box5 = 15 - box1 - box2 - box3 - box4
                    judge(box1, box2, box3, box4, box5)


if __name__ == '__main__':
    main()
```

C++ 程序清单

```cpp
#include < bits/stdc++.h>
using namespace std;
```

```cpp
//判断钻石的颜色
void judge(int box1, int box2, int box3, int box4, int box5)
{
    int a = (box2 == 5) + (box3 == 4);
    int b = (box2 == 2) + (box4 == 1);
    int c = (box1 == 1) + (box5 == 3);
    int d = (box3 == 2) + (box4 == 3);
    int e = (box2 == 4) + (box5 == 5);
    if (a == 1 and b == 1 and c == 1 and d == 1 and e == 1)
        cout << box1 << box2 << box3 << box4 << box5 << endl;
}

//钻石的颜色
int main()
{
    for (int box1 = 1; box1 <= 6; box1++)
        for (int box2 = 1; box2 <= 6; box2++)
            for (int box3 = 1; box3 <= 6; box3++)
                for (int box4 = 1; box4 <= 6; box4++) {
                    int box5 = 15 - box1 - box2 - box3 - box4;
                    judge(box1, box2, box3, box4, box5);
                }
    return 0;
}
```

拓展练习

地理老师在黑板上挂了一张世界地图，并给五大洲的每一个洲都标上了一个数字代号，再让同学们认出五大洲。有五名学生分别作了回答。

甲：3号是欧洲，2号是美洲。

乙：4号是亚洲，2号是大洋洲。

丙：1号是亚洲，5号是非洲。

丁：4号是非洲，3号是大洋洲。

戊：2号是欧洲，5号是美洲。

老师说他们每人都只说对了一半，请问1～5号分别代表哪个洲？

10.10　委派任务

问题描述

某部队侦察连接到一项紧急任务，要求在 A、B、C、D、E、F 六名战士中尽可能多地挑选若干人去执行，但是有以下限制条件：

（1）A 和 B 两人中至少去一人。

（2）A 和 D 不能一起去。

（3）A、E 和 F 三人中要派两人去。

（4）B 和 C 都去或者都不去。

（5）C 和 D 两人中去一个。

（6）如果 D 不去，那么 E 也不去。

请问应当派哪几名战士去执行任务？

编程思路

把六名战士分别用变量 a、b、c、d、e、f 表示,用数字 0 表示不去执行任务,1 表示去执行任务。根据题意把 6 个已知条件转换为逻辑表达式,见表 10-10。

表 10-10 "委派任务"逻辑表达式

已 知 条 件	逻辑表达式
A 和 B 两人中至少去一人	a + b > 0
A 和 D 不能一起去	a + d != 2
A、E 和 F 三人中要派两人去	a + e + f == 2
B 和 C 都去或者都不去	b + c == 0 or b + c == 2
C 和 D 两人中去一个	c + d == 1
如果 D 不去,那么 E 也不去	d + e == 0 or d == 1

编程时构建一个六重循环结构,每个循环结构依次从 0 到 1 列举某名战士是否去执行任务,然后判断如果 6 个已知条件都成立,则找到该问题的答案。

 编程实现

Scratch 程序清单(见图 10-14 和图 10-15)

运行程序得到答案:在"结果"列表中可以看到 111001 这组数据。由此可知,应当派去执行任务的是 A、B、C、F 四名战士。

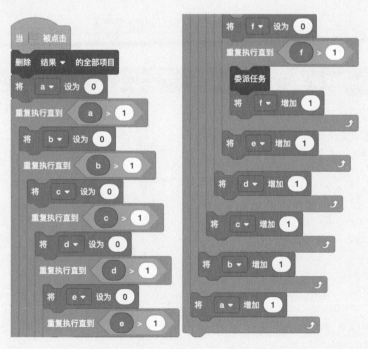

图 10-14 "委派任务"Scratch 程序清单(1)

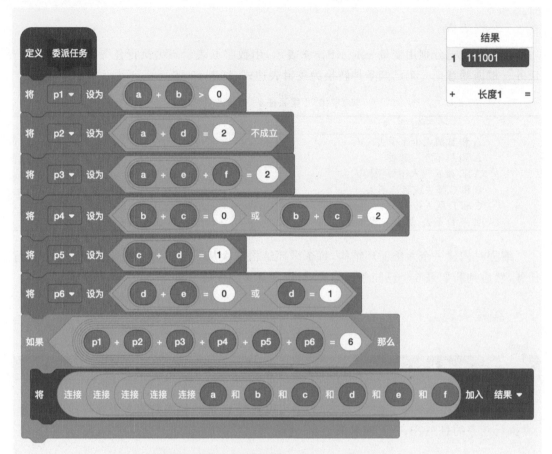

图 10-15 "委派任务"Scratch 程序清单(2)

Python 程序清单

```python
def judge(a, b, c, d, e, f):
    '''判断谁去执行任务'''
    p1 = a + b > 0
    p2 = a + d != 2
    p3 = a + e + f == 2
    p4 = b + c == 0 or b + c == 2
    p5 = c + d == 1
    p6 = d + e == 0 or d == 1
    if p1 + p2 + p3 + p4 + p5 + p6 == 6:
        print(a, b, c, d, e, f)


def main():
    '''委派任务'''
    for a in range(2):
        for b in range(2):
```

```python
            for c in range(2):
                for d in range(2):
                    for e in range(2):
                        for f in range(2):
                            judge(a, b, c, d, e, f)

if __name__ == '__main__':
    main()
```

C++程序清单

```cpp
#include <bits/stdc++.h>
using namespace std;

//判断谁去执行任务
void judge(int a, int b, int c, int d, int e, int f)
{
    int p1 = a + b > 0;
    int p2 = a + d != 2;
    int p3 = a + e + f == 2;
    int p4 = b + c == 0 or b + c == 2;
    int p5 = c + d == 1;
    int p6 = d + e == 0 or d == 1;
    if (p1 + p2 + p3 + p4 + p5 + p6 == 6)
        cout << a << b << c << d << e << f << endl;
}

//委派任务
int main()
{
    for (int a = 0; a < 2; a++)
        for (int b = 0; b < 2; b++)
            for (int c = 0; c < 2; c++)
                for (int d = 0; d < 2; d++)
                    for (int e = 0; e < 2; e++)
                        for (int f = 0; f < 2; f++)
                            judge(a, b, c, d, e, f);
    return 0;
}
```

拓展练习

六年级同学毕业前,凡报考重点中学的同学都要参加体育加试。加试后,甲、乙、丙、丁四名同学在谈论他们的成绩。

甲说：如果我得优，那么乙也得优。

乙说：如果我得优，那么丙也得优。

丙说：如果我得优，那么丁也得优。

已知以上三名同学说的都是真话，但是这四人中得优的只有两名。请问这四人中谁得优秀？

10.11 黑与白

问题描述

有 A、B、C、D、E 五人，每人额头上都贴了一张或黑或白的纸。五人对坐，每人都可以看到其他人额头上纸的颜色。五人相互观察后说了下面这些说。

A 说："我看见有三人额头上贴的是白纸，一人额头上贴的是黑纸。"

B 说："我看见其他四人额头上贴的都是黑纸。"

C 说："我看见一人额头上贴的是白纸，其他三人额头上贴的是黑纸。"

D 说："我看见四人额头上贴的都是白纸。"

E 什么也没说。

已知额头上贴黑纸的人说的都是谎话，额头上贴白纸的人说的都是实话。请问这五人谁的额头上贴了白纸，谁的额头上贴了黑纸？

编程思路

把五个人分别用变量 a、b、c、d、e 表示，用 0 表示黑色，1 表示白色。根据题意把四个人所说的内容转换为逻辑表达式，见表 10-11。因为四个人说的可能是谎话或实话，所以每人的话用两个表达式来描述。

表 10-11 "黑与白"逻辑表达式

已 知 条 件	表 达 式
A 看见有三人额头上贴的是白纸，一人额头上贴的是黑纸	(a == 1 and b+c+d+e == 3) (a == 0 and b+c+d+e != 3)
B 看见其他四人额头上贴的都是黑纸	(b == 1 and a+c+d+e == 0) (b == 0 and a+c+d+e != 0)
C 看见一人额头上贴的是白纸，其他三人额头上贴的是黑纸	(c == 1 and a+b+d+e == 1) (c == 0 and a+b+d+e != 1)
D 看见四人额头上贴的都是白纸	(d == 1 and a+b+c+e == 4) (d == 0 and a+b+c+e != 4)

编程时构建一个五重循环结构，每个循环结构依次用 0 和 1 两个值列举额头上贴纸的颜色，然后判断如果 4 个已知条件都成立，则找到该问题的答案。

编程实现

Scratch 程序清单(见图 10-16 和图 10-17)

　　运行程序得到答案：在"结果"列表中可以看到 00101 这组数据。由此可知，这五人额头上的贴纸颜色分别是 A 为黑色，B 为黑色，C 为白色，D 为黑色，E 为白色。

图 10-16　"黑与白"Scratch 程序清单(1)

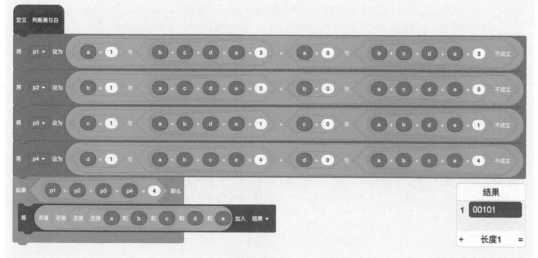

图 10-17　"黑与白"Scratch 程序清单(2)

Python 程序清单

```python
def judge(a, b, c, d, e):
    '''判断黑与白'''
    p1 = (a == 1 and b + c + d + e == 3) or (a == 0 and b + c + d + e != 3)
    p2 = (b == 1 and a + c + d + e == 0) or (b == 0 and a + c + d + e != 0)
    p3 = (c == 1 and a + b + d + e == 1) or (c == 0 and a + b + d + e != 1)
    p4 = (d == 1 and a + b + c + e == 4) or (d == 0 and a + b + c + e != 4)
    if p1 + p2 + p3 + p4 == 4:
        print(a, b, c, d, e)


def main():
    '''黑与白'''
    for a in range(2):
        for b in range(2):
            for c in range(2):
                for d in range(2):
                    for e in range(2):
                        judge(a, b, c, d, e)


if __name__ == '__main__':
    main()
```

C++程序清单

```cpp
#include < bits/stdc++.h >
using namespace std;

//判断黑与白
void judge(int a, int b, int c, int d, int e)
{
    int p1 = (a == 1 and b + c + d + e == 3) or (a == 0 and b + c + d + e != 3);
    int p2 = (b == 1 and a + c + d + e == 0) or (b == 0 and a + c + d + e != 0);
    int p3 = (c == 1 and a + b + d + e == 1) or (c == 0 and a + b + d + e != 1);
    int p4 = (d == 1 and a + b + c + e == 4) or (d == 0 and a + b + c + e != 4);
    if (p1 + p2 + p3 + p4 == 4)
        cout << a << b << c << d << e << endl;
}

//黑与白
int main()
{
    for (int a = 0; a <= 1; a++)
        for (int b = 0; b <= 1; b++)
            for (int c = 0; c <= 1; c++)
                for (int d = 0; d <= 1; d++)
                    for (int e = 0; e <= 1; e++)
                        judge(a, b, c, d, e);
    return 0;
}
```

 拓展练习

张三说李四在说谎,李四说王五在说谎,王五说张三和李四都在说谎。

问:这三人中到底谁说的是真话,谁说的是假话?

10.12 去哪里参观

问题描述

某参观团根据下列条件从 A、B、C、D、E 5 个地方选定参观地点:

(1)如果去 A 地,那么也必须去 B 地。

(2)B、C 两地中最多去一地。

(3)D、E 两地中至少去一地。

(4)C、E 两地都去或者都不去。

(5)如果去 E 地,那么一定要去 A、D 两地。

请问参观团去参观的是哪些地方?

编程思路

把 5 个地方分别用变量 a、b、c、d、e 表示,用数字 0 表示不去参观,1 表示去参观。根据题意把 5 个已知条件转换为逻辑表达式,见表 10-12。

表 10-12 "去哪里参观"逻辑表达式

已知条件	逻辑表达式
如果去 A 地,那么也必须去 B 地	$a + b == 2$ or ($a == 0$ and $b < 2$)
B、C 两地中最多去一地	$b + c < 2$
D、E 两地中至少去一地	$d + e > 0$
C、E 两地都去或者都不去	$c + d == 2$ or $c + d == 0$
如果去 E 地,那么一定要去 A、D 两地	$e + a + d == 3$ or ($e == 0$ and $a + d < 3$)

编程时构建一个五重循环结构,每个循环结构依次从 0 到 1 列举是否去某个地方参观,然后判断如果 5 个已知条件都成立,则找到该问题的答案。

编程实现

 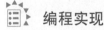 Scratch 程序清单(见图 10-18 和图 10-19)

运行程序得到答案:在"结果"列表中可以看到 00110 这组数据。由此可知,参观团去参观的地方是 C、D 两地。

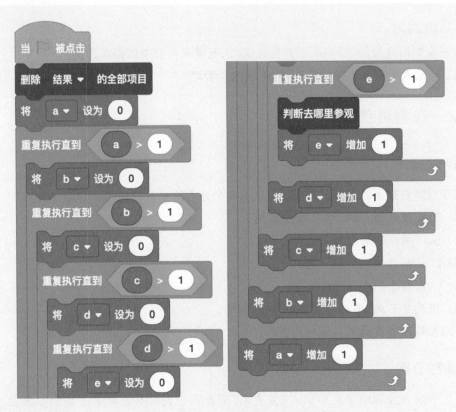

图 10-18　"去哪里参观"Scratch 程序清单(1)

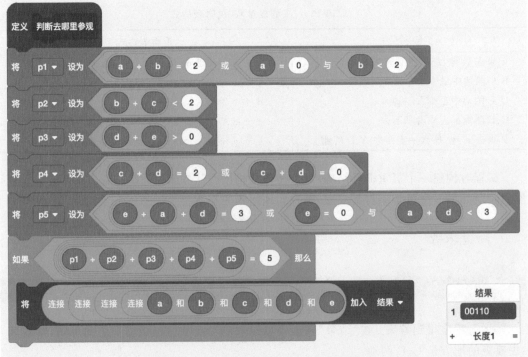

图 10-19　"去哪里参观"Scratch 程序清单(2)

Python 程序清单

```python
def judge(a, b, c, d, e):
    '''判断去哪里参观'''
    p1 = a + b == 2 or (a == 0 and b < 2)
    p2 = b + c < 2
    p3 = d + e > 0
    p4 = c + d == 2 or c + d == 0
    p5 = e + a + d == 3 or (e == 0 and a + d < 3)
    if p1 + p2 + p3 + p4 + p5 == 5:
        print(a, b, c, d, e)


def main():
    '''去哪里参观'''
    for a in range(2):
        for b in range(2):
            for c in range(2):
                for d in range(2):
                    for e in range(2):
                        judge(a, b, c, d, e)


if __name__ == '__main__':
    main()
```

C++ 程序清单

```cpp
#include <bits/stdc++.h>
using namespace std;

//判断去哪里参观
void judge(int a, int b, int c, int d, int e)
{
    int p1 = a + b == 2 or (a == 0 and b < 2);
    int p2 = b + c < 2;
    int p3 = d + e > 0;
    int p4 = c + d == 2 or c + d == 0;
    int p5 = e + a + d == 3 or (e == 0 and a + d < 3);
    if (p1 + p2 + p3 + p4 + p5 == 5)
        cout << a << b << c << d << e << endl;
}

//去哪里参观
int main()
{
    for (int a = 0; a < 2; a++)
        for (int b = 0; b < 2; b++)
```

270

```
                for (int c = 0; c < 2; c++)
                    for (int d = 0; d < 2; d++)
                        for (int e = 0; e < 2; e++)
                            judge(a, b, c, d, e);
        return 0;
    }
```

拓展练习

在一个旅馆中住着六位不同国籍的客人，他们分别来自美国、德国、英国、法国、俄罗斯和意大利。他们的名字叫 A、B、C、D、E 和 F。名字的顺序与上面的国籍不一定是相互对应的。现在已知：

（1）A 和美国人是医生。

（2）E 和俄罗斯人是教师。

（3）C 和德国人是技师。

（4）B 和 F 曾经当过兵，而德国人从未参过军。

（5）法国人比 A 年龄大，意大利人比 C 年龄大。

（6）B 同美国人下周要去西安旅行，而 C 同法国人下周要去杭州度假。

根据上述已知条件，请你说出 A、B、C、D、E 和 F 分别是哪国人？

第11章 竞赛趣题

在信息化高度发达的时代,编程已经成为各行各业不可或缺的重要技能,在将来也会成为像阅读写作一样的基本技能。随着国内信息教育的不断推广和普及,越来越多的学生踏上编程之路。

数学优秀的学生可以去参加奥林匹克数学竞赛,而在编程方面表现突出的学生可以选择同等级别的奥林匹克信息学竞赛。近年来,已经有越来越多的学生参加全国青少年信息学奥林匹克竞赛(简称 NOI)、全国青少年信息学奥林匹克联赛(简称 NOIP)、蓝桥杯青少年编程大赛等各类赛事。参加这类比赛的优势非常明显,能帮助学生在升学择校、高考乃至以后择业方面都比一般学生获得更多的机会。

编程竞赛的题目类型五花八门,但归根到底还是考查学生分析问题和解决问题的能力,培养学生的逻辑思维能力和抽象思维能力。

本章收录有了"国王发金币""微生物增殖"猴子选大王""古堡算式""拦截导弹"等富有趣味、难度适中的题目,是从各类编程竞赛中挑选出来的。现在,就让我们一起来挑战这些妙趣横生的竞赛题吧。

11.1 雯雯摘苹果

问题描述

雯雯家的院子里有一棵苹果树,每到秋天,树上就会结出 10 个苹果。当苹果成熟时,雯雯就会跑去摘苹果。雯雯有个 30cm 高的板凳,当她不能直接伸手摘到苹果时,就会踩到板凳上去试一试。她每摘一个苹果需要力气 2 点,每次搬板凳需要力气 1 点。

现在已知 10 个苹果距离地面的高度(单位:cm)分别为 100、200、150、140、129、134、167、198、200、99,又知道雯雯把手伸直的时候能够达到的最大高度为 110cm,她摘苹果前的力气为 10 点。

假设雯雯碰到苹果,苹果就会掉下来,现在请你算一算,她能够摘到多少个苹果?

编程思路

根据题意,用一个循环结构依次检查每一个苹果的高度,如果雯雯伸手能摘到苹果就将力气减 2 个点，并累计采摘数；如果雯雯站在凳子上能够摘到苹果就将力气减 3 个点，并累计采摘数。

编程实现

Scratch 程序清单(见图 11-1)

运行程序得到答案：雯雯可以摘到 4 个苹果。

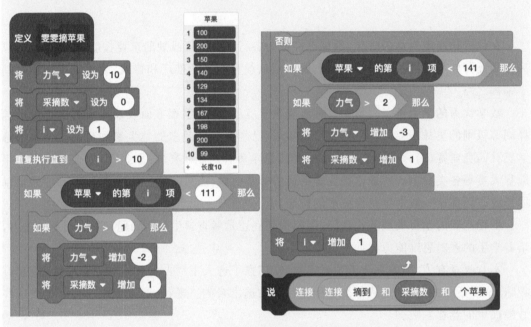

图 11-1　"雯雯摘苹果"Scratch 程序清单

Python 程序清单

```python
def main():
    '''雯雯摘苹果'''
    apple = [100, 200, 150, 140, 129, 134, 167, 198, 200, 99]
    vit, num, i = 10, 0, 0          #力气 vit、采摘数 num、计数器 i
    while i < 10:
        if apple[i] <= 110:         #伸手摘苹果
            if vit > 1:
                vit -= 2
                num += 1
        elif apple[i] <= 140:       #站到凳子上摘苹果
            if vit > 2:
                vit -= 3
                num += 1
```

```
            i += 1
        print('摘到%d个苹果' % num)

    if __name__ == '__main__':
        main()
```

C++程序清单

```cpp
#include <bits/stdc++.h>
using namespace std;

//雯雯摘苹果
int main()
{
    int apple[] = {100, 200, 150, 140, 129, 134, 167, 198, 200, 99};
    int vit = 10, num = 0, i = 0;              //力气vit、采摘数num、计数器i
    while (i < 10) {
        if (apple[i] <= 110) {                 //伸手摘苹果
            if (vit > 1) {
                vit -= 2;
                num += 1;
            }
        }
        else if (apple[i] < 140) {             //站到凳子上摘苹果
            if (vit > 2) {
                vit -= 3;
                num += 1;
            }
        }
        i += 1;
    }
    cout << "摘到" << num << "个苹果" << endl;
    return 0;
}
```

拓展练习

假设是雯雯的哥哥来摘苹果,他的初始力气是20点,伸手的高度能达到120cm;而其他条件不变。那么请问,雯雯的哥哥能摘到多少个苹果?

11.2 国王发金币

问题描述

国王将金币作为工资发给忠诚的骑士。第1天,骑士收到1枚金币;之后两天(第2、3天),每天收到2枚金币;之后3天(第4、5、6天),每天收到3枚金币;之后4天(第7、8、9、10天),每天收到4枚金币……这种工资发放模式会一直这样延续下去;当连续N天每

天收到 N 枚金币后，骑士会在之后的连续 $N+1$ 天里，每天收到 $N+1$ 枚金币（N 为任意正整数）。

已知 N 为 365，请你计算从第 1 天开始的给定天数内，骑士一共获得多少金币？

 编程思路

根据题意，国王发放金币的规律为[1]、[2,2]、[3,3,3]、[4,4,4,4]……依此类推。编程时使用双重循环结构按此规律列举每天的金币数量并累计，直到发放 365 次后结束循环。

编程实现

 Scratch 程序清单（见图 11-2）

运行程序得到答案：骑士一共获得了 6579 枚金币。

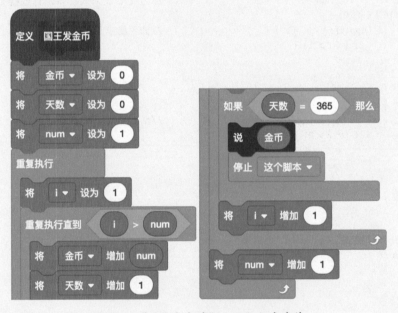

图 11-2 "国王发金币"Scratch 程序清单

Python 程序清单

```python
def main():
    '''国王发金币'''
    #金币总数 coins、天数 days、每次发放金币数 num
    coins, days, num = 0, 0, 0
    while True:
        i = 1
        while i <= num:
```

```
                coins += num
                days += 1
                if days == 365:
                    print(coins)
                    return
                i += 1
            num += 1


if __name__ == '__main__':
    main()
```

C++程序清单

```cpp
#include <bits/stdc++.h>
using namespace std;

//国王发金币
int main()
{
    //金币总数 coins、天数 days、每次发放金币数 num
    int coins = 0, days = 0, num = 0;
    while (true) {
        int i = 0;
        while (i < num) {
            coins += num;
            days += 1;
            if (days == 365) {
                cout << coins << endl;
                return 0;
            }
            i += 1;
        }
        num += 1;
    }
    return 0;
}
```

拓展练习

如果其他条件不变,假设国王要求骑士每 45 天出征一次,每次出征骑士需要自己购买武器和铠甲等物资,需要花去他当时积蓄的一半。那么 365 天时,骑士能攒下多少金币?

11.3 小鱼有危险吗

问题描述

小鱼要从 A 处沿直线向右边游,小鱼第一秒可以游 7m,从第二秒开始每秒游的距离只有前一秒的 98%。有一个捕鱼者在距离 A 处右边 14m 的地方安装了一个隐蔽的探测器,探测器左右1m之内是探测范围。一旦小鱼进入探测器的范围,探测器就把信号传递给捕鱼者,捕鱼者在1s后就要对探测器范围内的水域进行抓捕。这时如果小鱼还在这个范围内就危险了,也就是说小鱼一旦进入探测器范围,如果能在下一秒的时间内马上游出探测器的范围,则是安全的。

请你判断小鱼是否有危险？如果有危险输出 Y,没有危险输出 N。

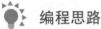 编程思路

根据题意,用一个循环结构累计小鱼游动的距离,当小鱼进入探测器范围时结束循环,然后判断小鱼在1s内是否能游出探测范围,从而判断小鱼是否有危险。

 编程实现

 Scratch 程序清单(见图 11-3)

运行程序得到答案：N,即小鱼没有危险。

图 11-3 "小鱼有危险吗"Scratch 程序清单

Python 程序清单

```python
def main():
    speed = 7                              #小鱼游动速度
    distance = 14                          #探测器与小鱼的初始距离
    detect = 1                             #探测器的检测范围
    fish = 0                               #小鱼游过的距离

    #小鱼游进探测器的检测范围内
    while fish < distance - detect:
        fish += speed
        speed = speed * 0.98

    #判断小鱼是否能游出探测器的检测范围
    if fish + speed > distance + detect:
        print('N')
    else:
        print('Y')


if __name__ == '__main__':
    main()
```

C++程序清单

```cpp
#include < bits/stdc++.h >
using namespace std;

//小鱼有危险吗
int main()
{
    int speed = 7;                //小鱼游动速度
    int distance = 14;            //探测器与小鱼的初始距离
    int detect = 1;               //探测器的检测范围
    int fish = 0;                 //小鱼游过的距离

    //小鱼游进探测器的检测范围内
    while (fish < distance - detect) {
        fish += speed;
        speed = speed * 0.98;
    }
```

```
    //判断小鱼是否能游出探测器的检测范围
    if (fish + speed > distance + detect)
        cout << "N" << endl;
    else
        cout << "Y" << endl;


    return 0;
}
```

拓展练习

如果其他条件不变,小鱼从第二秒开始每秒游的距离只有前一秒的 50%,请问小鱼会有危险吗?

11.4 守望者的逃离

问题描述

恶魔猎手尤迪安野心勃勃,他背叛了暗夜精灵,率领深藏在海底的娜迦族企图叛变。

守望者在与尤迪安的交锋中遭遇了围杀,被困在一个荒芜的大岛上。为了杀死守望者,尤迪安开始对这个荒岛施咒,这座岛很快就会沉没,到那时,岛上的所有人都会遇难。守望者的跑步速度为 17m/s,以这样的速度是无法逃离荒岛的。庆幸的是守望者拥有闪烁法术,可在 1s 内移动 60m,不过每次使用闪烁法术都会消耗魔法值 10 点。守望者的魔法值恢复的速度为 4 点/s,只有处在原地休息状态时才能恢复。

现在已知守望者的魔法初值为 39 点,他所在的初始位置与岛的出口之间的距离为 200m,岛沉没的时间为 9s。

你的任务是写一个程序帮助守望者计算如何在最短的时间内逃离荒岛,若不能逃出,则输出守望者在剩下的时间内能走的最远距离。注意:守望者跑步、闪烁或休息活动均以秒(s)为单位,且每次活动的持续时间为整数秒(s);距离的单位为米(m)。

编程思路

根据题意,用一个循环结构进行计时,将两种移动方式移动的距离分别用 a 和 b 表示,先计算守望者用跑步方式移动的距离,再计算用闪烁法术移动的距离,并判断如果它比跑步快,就用它替换前者。直到最后守望者逃离荒岛或者失败。

编程实现

Scratch 程序清单(见图 11-4)

运行程序得到答案：Yes,5。由此可知,守望者用 5s 逃离了荒岛。

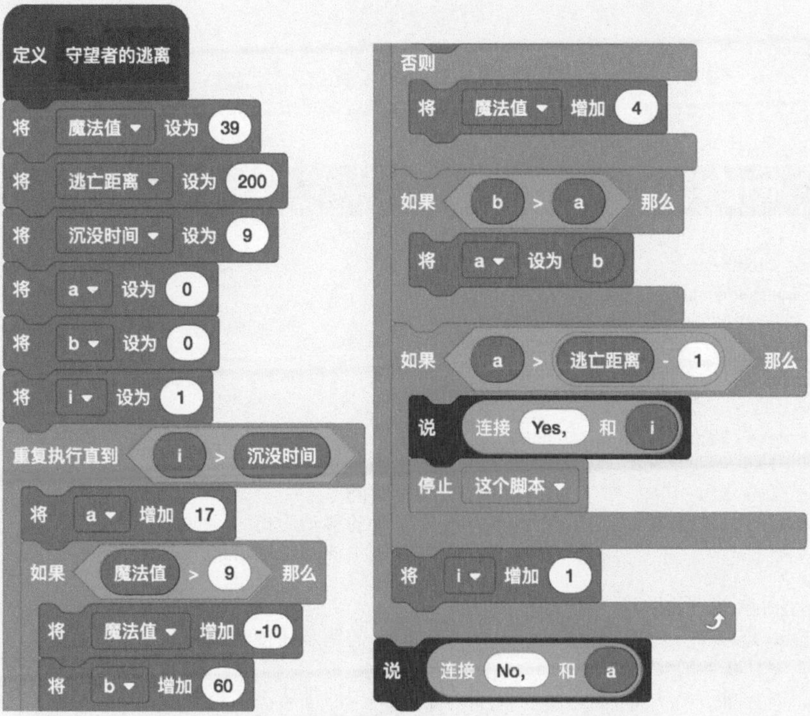

图 11-4 "守望者的逃离"Scratch 程序清单

Python 程序清单

```python
def main():
    '''守望者的逃离'''
    mp = 39                      #魔法值
    distance = 200               #逃亡距离
    time =  9                    #沉没时间
    a = 0                        #守望者的移动距离
    b = 0                        #闪烁法术的移动距离
    i = 1
    while i <= time:
        a += 17                  #守望者的跑步速度为17m/s
        if mp > 9:
            mp -= 10             #每次使用闪烁法术消耗魔法值10点
            b += 60              #用闪烁法术的移动速度为60m/s
```

```python
        else:
            mp += 4                     #魔法值的恢复速度为4点/s
        if b > a:
            a = b
        if a >= distance:
            print('Yes, ', i)
            return
        i += 1
    print('No, ', a)


if __name__ == '__main__':
    main()
```

C++程序清单

```cpp
#include <bits/stdc++.h>
using namespace std;

//守望者的逃离
int main()
{
    int mp = 39;                        //魔法值
    int distance = 200;                 //逃亡距离
    int time = 9;                       //沉没时间
    int a = 0;                          //守望者的移动距离
    int b = 0;                          //闪烁法术的移动距离
    int i = 1;
    while (i <= time) {
        a += 17;                        //守望者的跑步速度为17m/s
        if (mp > 9) {
            mp -= 10;                   //每次使用闪烁法术消耗魔法值10点
            b += 60;                    //用闪烁法术的移动速度为60m/s
        }
        else
            mp += 4;                    //魔法值的恢复速度为4点/s
        if (b > a)
            a = b;
        if (a >= distance) {
            cout << "Yes, " << i << endl;
            return 0;
        }
        i += 1;
    }
    cout << "No, " << a << endl;
    return 0;
}
```

拓展练习

假设其他条件不变，守望者所在的初始位置与岛的出口之间的距离为 320m，请问他还能逃离荒岛吗？

11.5 微生物增殖

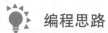 问题描述

假设有两种微生物 x 和 y。x 出生后每隔 3min 分裂一次（数量加倍），y 出生后每隔 2min 分裂一次（数量加倍）。一个新出生的 x，0.5min 之后吃掉 1 个 y，并且从此开始，每隔 1min 吃 1 个 y。现在已知有新出生的 x 为 10，y 为 90，求 60min 后 y 的数量是多少？

 编程思路

本题的要求是写出初始条件下 60min 后 y 的数量。编程时使用一个循环结构进行 60min 计时，时间以秒为单位增加；在循环体中，使 y 每次减少 x 个，即 y 被 x 吃掉；使 y 和 x 分别间隔 2min 和 3min 增加一倍；最后在循环结束时输出 y 值即可。

编程实现

Scratch 程序清单（见图 11-5）

运行程序得到答案：60min 后 y 的数量是 94371840。

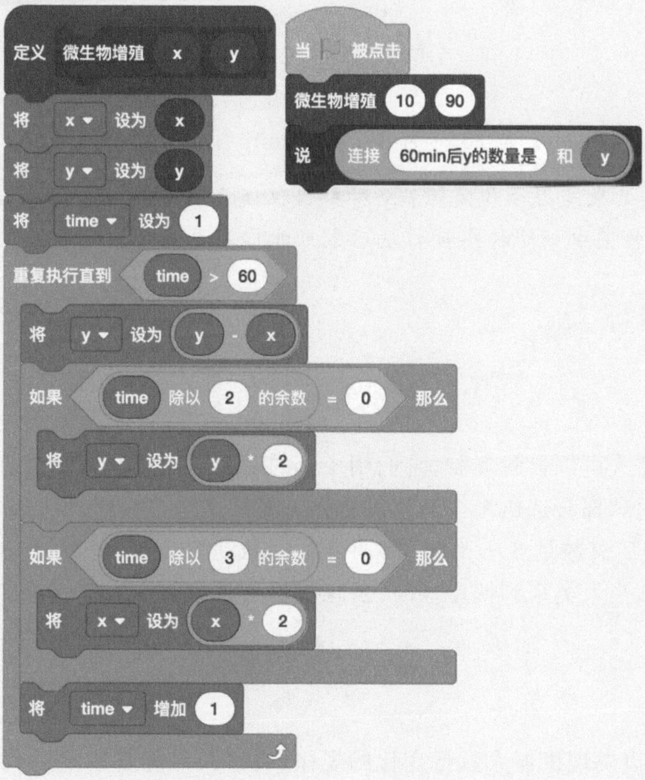

图 11-5 "微生物增殖"Scratch 程序清单

Python 程序清单

```python
def main():
    '''微生物增殖'''
    x, y, time = 10, 90, 1
    while time <= 60:
        y = y - x
        if time % 2 == 0:
            y = y * 2
        if time % 3 == 0:
            x = x * 2
        time += 1
    print('60min 后 y 的数量是', y)

if __name__ == '__main__':
    main()
```

C++（GoC）程序清单

```cpp
#include < bits/stdc++.h>
using namespace std;

//微生物增殖
int main()
{
    int x = 10, y = 90, time = 1;
    while (time <= 60) {
        y = y - x;
        if (time % 2 == 0)
            y = y * 2;
        if (time % 3 == 0)
            x = x * 2;
        time += 1;
    }
    cout << "60min 后 y 的数量是" << y << endl;
    return 0;
}
```

拓展练习

假设现在有新出生的 x 为 10，y 为 89，求 60min 后 y 的数量是多少？

思考：最后的结果是否令你震惊？y 种群仅仅因为数量减少一个而使整个种群遭到灭绝，而在真实的生物圈中平衡状态被打破后也可能出现类似可怕的后果。

11.6 复制机器人

问题描述

钛星球的机器人可以自我复制，它们用 1 年的时间可以复制出 2 个自己，之后就失去复制能力。每年钛星球都会选出 1 个新生的机器人发往太空，也就是说，如果钛星球原有机器人 5 个，那么，1 年后总数是 $5 + 9 = 14$，2 年后总数是 $5 + 9 + 17 = 31$。

在 10 年之后，当人类来到钛星球时，发现机器人总数为 14340，你能算出最初有多少机器人吗？

编程思路

根据题意，可以发现机器人数量变化的规律，机器人只能复制出一代就失去复制能力，而每年新生代的机器人数量为上一年新生代机器人数量的两倍减一，即 $x = 2x - 1$。以最初的机器人数量为基数，依次累加每年新生代机器人的数量，即可求出该问题的解。

编程实现

 Scratch 程序清单(见图 11-6)

运行程序得到答案:最初机器人数量为 8。

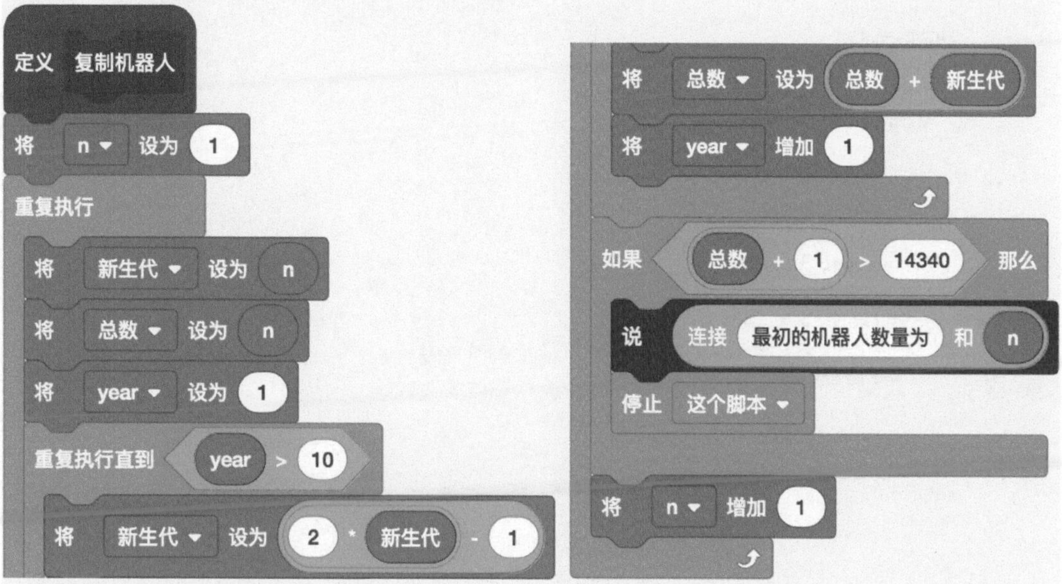

图 11-6 "复制机器人"Scratch 程序清单

Python 程序清单

```python
def main():
    '''复制机器人'''
    n = 1
    while True:
        new_gen = n
        total = n
        year = 1
        while year <= 10:
            new_gen = 2 * new_gen - 1
            total = total + new_gen
            year += 1
        if total >= 14340:
            print('最初的机器人数量为', n)
            break
        n += 1

if __name__ == '__main__':
    main()
```

C++程序清单

```cpp
#include <bits/stdc++.h>
using namespace std;

//复制机器人
int main()
{
    int n = 1;
    while (true) {
        int new_gen = n;
        int total = n;
        int year = 1;
        while (year <= 10) {
            new_gen = 2 * new_gen - 1;
            total = total + new_gen;
            year += 1;
        }
        if (total >= 14340) {
            cout << "最初的机器人数量为" << n << endl;
            break;
        }
        n += 1;
    }
    return 0;
}
```

拓展练习

在人类先遣队定居钛星球后,人类对钛星球上的机器人作了改进,机器人每年可以复制3个自己,之后失去复制能力。同时人类决定每年向太空发送两个新出生的机器人。请问,在人类定居钛星球10年后,该星球上有多少个机器人?

11.7 龟兔赛跑

问题描述

乌龟与兔子赛跑,赛场是一个矩形跑道,跑道边可以随地进行休息。乌龟每分钟前进3m,兔子每分钟前进9m;兔子嫌乌龟跑得慢,觉得肯定能跑赢乌龟,于是每跑10min回头看一下乌龟,若发现自己超过乌龟,就在路边休息,每次休息30min,否则继续跑10min;而乌龟非常努力,一直跑,不休息。假定乌龟与兔子在同一起点同一时刻开始起跑,请问Tmin后乌龟和兔子谁跑得远?

编程思路

按照题目描述进行编程即可。编程时用一个循环结构来计时,乌龟一直跑,直接累加其路程;而兔子则区分跑步和休息两种状态,只在跑步状态时才累加兔子的路程。

编程实现

Scratch 程序清单(见图 11-7)

运行程序,输入赛跑的时间就能求出龟兔各自的路程,谁快谁慢一目了然。

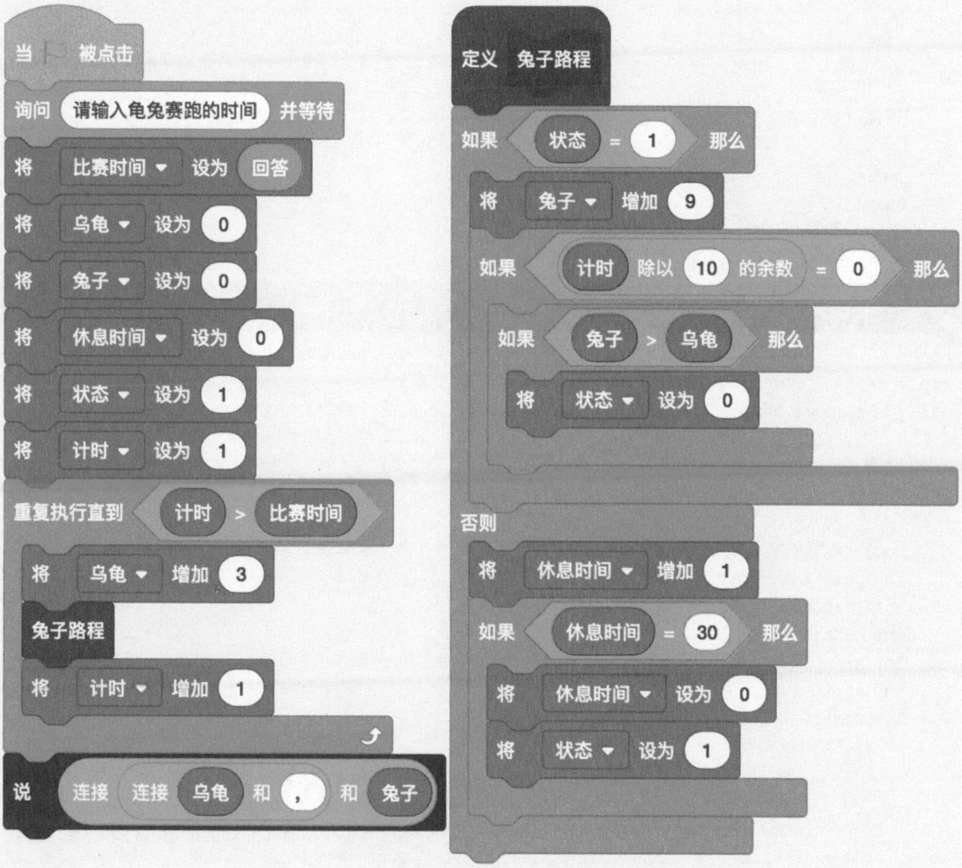

```
当 [绿旗] 被点击
询问 (请输入龟兔赛跑的时间) 并等待
将 (比赛时间) 设为 (回答)
将 (乌龟) 设为 0
将 (兔子) 设为 0
将 (休息时间) 设为 0
将 (状态) 设为 1
将 (计时) 设为 1
重复执行直到 <计时 > 比赛时间>
    将 (乌龟) 增加 3
    兔子路程
    将 (计时) 增加 1
说 (连接 (连接 (乌龟) 和 (,)) 和 (兔子))
```

```
定义 兔子路程
如果 <状态 = 1> 那么
    将 (兔子) 增加 9
    如果 <(计时 除以 10 的余数) = 0> 那么
        如果 <兔子 > 乌龟> 那么
            将 (状态) 设为 0
否则
    将 (休息时间) 增加 1
    如果 <休息时间 = 30> 那么
        将 (休息时间) 设为 0
        将 (状态) 设为 1
```

图 11-7 "龟兔赛跑"Scratch 程序清单

Python 程序清单

```python
def main():
    '''龟兔赛跑'''
    game_time = int(input('请输入龟兔赛跑的时间: '))
    tortoise = 0
    rabbit = 0
    sleep_time = 0
    state = 1
    timer = 1
```

```python
    while timer <= game_time:
        tortoise += 3
        if state == 1:
            rabbit += 9
            if timer % 10 == 0:
                if rabbit > tortoise:
                    state = 0
        else:
            sleep_time += 1
            if sleep_time == 30:
                sleep_time = 0
                state = 1
        timer += 1
    print(tortoise, rabbit, sep = ', ')

if __name__ == '__main__':
    main()
```

C++程序清单

```cpp
#include <bits/stdc++.h>
using namespace std;

//龟兔赛跑
int main()
{
    cout << "请输入龟兔赛跑的时间：";
    int game_time; cin >> game_time;
    int tortoise = 0;
    int rabbit = 0;
    int sleep_time = 0;
    int state = 1;
    int timer = 1;
    while (timer <= game_time) {
        tortoise += 3;
        if (state == 1) {
            rabbit += 9;
            if (timer % 10 == 0) {
                if (rabbit > tortoise)
                    state = 0;
            }
        }
        else {
            sleep_time += 1;
            if (sleep_time == 30) {
                sleep_time = 0;
                state = 1;
            }
        }
        timer += 1;
    }
    cout << tortoise << ", " << rabbit << endl;
    return 0;
}
```

拓展练习

如果想让乌龟赢得比赛,请问将比赛设定为多长时间合适?

11.8 换购饮料

? 问题描述

某超市举办一个某品牌饮料促销优惠活动:凭3个瓶盖可以兑换一瓶饮料,并且可以一直循环下去,但不允许暂借或赊账。

请你计算一下,如果小明不浪费瓶盖,并且尽量参加活动,那么,对于他初始买入的 n 瓶饮料,最后他一共能得到多少瓶饮料?

💡 编程思路

根据题意,用一个循环结构来处理小明不断换购饮料的过程。将瓶盖数除以3取整得到换购饮料的数量,再将换购数加上剩余的瓶盖数。不断重复换购过程,并累计总瓶数,直到全部瓶盖数小于3不能再换购为止。

☰ 编程实现

Scratch 程序清单(见图 11-8)

运行程序,输入一个初始买入的饮料数量:36。程序执行后得到答案:小明最多得到 53 瓶饮料。

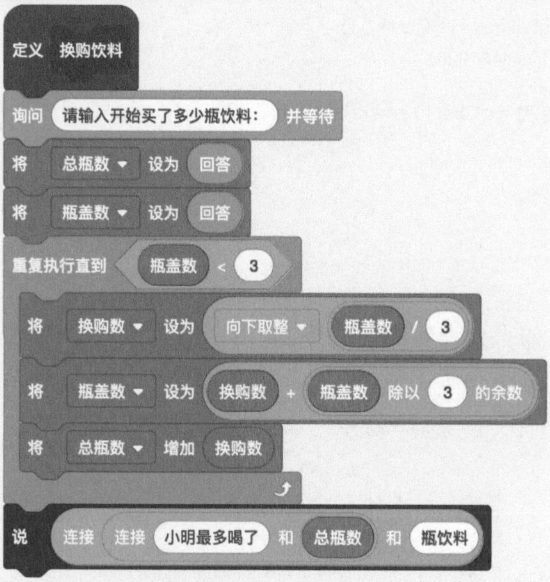

图 11-8 "饮料换购"Scratch 程序清单

Python 程序清单

```python
def main():
    '''换购饮料'''
    bottles = int(input('请输入开始买了多少瓶饮料：'))
    caps = bottles
    while caps >= 3:
        exchange = caps // 3
        caps = exchange + caps % 3
        bottles += exchange
    print('一共能喝%d瓶饮料' % bottles)

if __name__ == '__main__':
    main()
```

C++程序清单

```cpp
#include <bits/stdc++.h>
using namespace std;

//换购饮料
int main()
{
    int bottles;
    cout << "请输入开始买了多少瓶饮料：";
    cin >> bottles;
    int caps = bottles;
    while (caps >= 3) {
        int exchange = caps / 3;
        caps = exchange + caps % 3;
        bottles += exchange;
    }
    cout << "一共能喝" << bottles << "瓶饮料" << endl;
    return 0;
}
```

拓展练习

在上面的题目中，如果允许暂借或赊账，即当小明有两个空瓶时，可以先向老板借一个空瓶，凑够三个空瓶就能换一瓶饮料，喝完饮料后，再把一个空瓶还给老板。请你试一试，按这种情况修改上述程序。

11.9 停靠加油

问题描述

有一个人骑摩托车去旅游，摩托车加满油后可行驶 100km，他在起始地的加油站加满油后就出发了。沿途会经过 6 个加油站,每个加油站和上一个加油站的距离分别是 50km、80km、39km、60km、40km、32km。请编写一个程序,指出应在哪些加油站停靠并加满油,使得沿途加油次数最少。

 编程思路

在这个问题中,两个加油站之间的距离没有超过摩托车加满油后的行驶距离,骑摩托车的人只要合理地停靠加油站进行加油就能够到达终点。停靠加油的策略:到达某个加油站后检查剩余可行驶里程是否能够到达下一个加油站,如果不能,停靠加满油;否则,继续前进到下一个加油站。

 编程实现

 Scratch 程序清单(见图 11-9)

运行程序得到答案:输出数据为 110100。由此可知,骑摩托车的人需要在第 1、2、4 号加油站停靠加油。

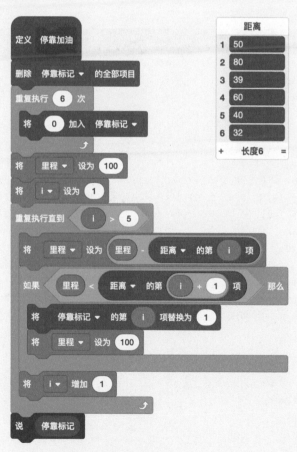

图 11-9　"停靠加油"Scratch 程序清单

Python 程序清单

```python
def main():
    '''停靠加油'''
    distance = [50, 80, 39, 60, 40, 32]       #各加油站之间的距离
    flags = [0, 0, 0, 0, 0, 0]                #设置在加油站停靠加油标记
    mileage = 100                             #摩托车可行驶的公里数

    for i in range(5):
        mileage -= distance[i]                #到达某个加油站后还能行驶的公里数
        if mileage < distance[i + 1] :        #如果不能行驶到下一个加油站,则停靠加油
            flags[i] = 1                      #设置加油标记,1 为需要加油
            mileage = 100                     #摩托车加满油

    print(flags)                              #输出在各加油站停靠加油的情况

if __name__ == '__main__':
    main()
```

 C++程序清单

```cpp
#include < bits/stdc++.h >
using namespace std;

//停靠加油
int main()
{
    int distance[] = {50, 80, 39, 60, 40, 32};    //各加油站之间的距离
    int flags[] = {0, 0, 0, 0, 0, 0};             //设置在加油站停靠加油标记
    int mileage = 100;                            //摩托车可行驶的公里数

    for (int i = 0; i < 5; i++) {
        mileage -= distance[i];                   //到达某个加油站后还能行驶的公里数
        if (mileage < distance[i + 1]) {          //如果不能到达下一个加油站,则停靠加油
            flags[i] = 1;                         //设置加油标记,1 为需要加油
            mileage = 100;                        //摩托车加满油
        }
    }

    for (int i = 0; i < 6; i++) {                 //输出在各加油站停靠加油的情况
        cout << flags[i] << ", ";
    }
    cout << endl;
    return 0;
}
```

拓展练习

　　在上面的题目中,如果其他条件不变,将沿途经过的 6 个加油站之间的距离改为 50km、80km、39km、60km、40km、102km,那么骑摩托车的人最后将无法到达目的地。请根据这一情况完善上述程序,在无法到达目的地时输出在哪个加油站等待救援。

11.10　猴子选大王

 问题描述

　　一群猴子要选新猴王。新猴王的选择方法是:让 88 只候选猴子围成一圈,从某位置起顺序编号为 1~88 号。从第 1 号开始报数,每轮从 1 报到 6,凡报到 6 的猴子退出,接着从紧邻的下一只猴子开始以同样的方式报数,如此不断循环,最后剩下的一只猴子被选为猴王。请问是原来的第几号猴子当选猴王?

 编程思路

　　根据题意,把 88 只猴子的编号放到一个名为“队列”的列表中,然后在一个循环结构中模拟报数,如果某个编号的报数能被 6 整除,则将该编号删除,否则就把该编号移动到“队列”列表的尾部参与后面的报数。

 编程实现

Scratch 程序清单(见图 11-10)

　　运行程序得到答案:当选猴王的是 85 号猴子。

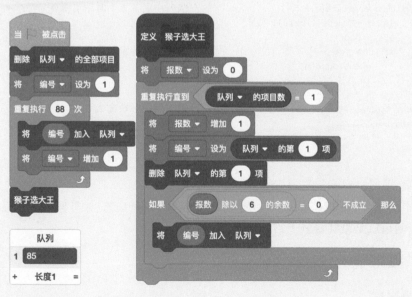

图 11-10　“猴子选大王”Scratch 程序清单

Python 程序清单

```python
def main():
    '''猴子选大王'''
    queue = []                      #创建一个空队列
    for i in range(1, 88 + 1):      #将 88 只猴子编号入列
        queue.append(i)
    num = 1                         #从 1 开始报数
    while len(queue) > 1:           #队列中剩下 1 个时结束循环
        n = queue.pop(0)            #将编号出列
        if num % 6 > 0:             #未报到 6 的重新入列
            queue.append(n)
        num += 1
    print(queue[0])                 #剩下的一个被选为大王

if __name__ == '__main__':
    main()
```

C++ 程序清单

```cpp
#include < bits/stdc++.h >
using namespace std;

//猴子选大王
int main()
{
    queue < int > queue;            //创建一个空队列
    for (int i = 1; i <= 88; i++)   //将 88 只猴子编号入列
        queue.push(i);
    int num = 1;                    //从 1 开始报数
    while (queue.size() > 1) {      //队列中剩下 1 个时结束循环
        int n = queue.front();      //将编号出列
        queue.pop();
        if (num % 6 > 0)            //未报到 6 的重新入列
            queue.push(n);
        num += 1;
    }
    cout << queue.front() << endl;  //剩下的一个被选为大王
    return 0;
}
```

拓展练习

在这个问题中，如果不是从第 1 号猴子开始报数，而是从第 18 号猴子开始报数，其他规则不变，请问最后是第几号猴子当选猴王？

11.11 狐狸找兔子

问题描述

围绕着山顶有 10 个洞，一只兔子和一只狐狸住在各自的洞里，狐狸总想吃掉兔子。有

一天,兔子对狐狸说:"你想吃我有一个条件,你先把这些洞从 1 到 10 进行编号,你从第 10 号洞出发,先到第 1 号洞找我,第二次隔一个洞找我,第三次隔两个洞找我,依此类推,次数不限。如果你能找到我,你就可以吃掉我。但是在没找到我之前你不能停止。"狐狸一想只有 10 个洞,寻找的次数又不限,哪有找不到的道理,就答应了兔子的条件。结果狐狸找了 1000 次,累晕了也没找到兔子。请问兔子躲在哪个洞里?

 编程思路

根据题意,狐狸每次进洞的编号可以用如下公式计算:
$$n=(n+i)\%10$$
其中,%为取余数运算;i 为进洞的次数,初值为 1;n 为洞的编号,初值为 0,如果编号为 0,则用 10 代替。

在编程时,先创建一个名为"洞"的列表,并把各个元素设置为 0;然后在一个循环结构中计算出每一次狐狸进洞的编号,并把编号对应的列表中的元素值设置为 1;最后列表中值为 0 的元素就是狐狸没有进过的洞。

编程实现

Scratch 程序清单(见图 11-11)

运行程序得到答案:兔子只要躲在 2、4、7、9 号洞中就不会被狐狸找到。

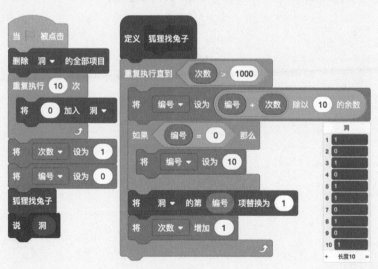

图 11-11 "狐狸找兔子"Scratch 程序清单

 Python 程序清单

```
def main():
    '''狐狸找兔子'''
```

```python
    holes = [0] * 10              #每个洞的值设为 0
    num = 0                        #洞的编号
    i = 1
    while i <= 1000:
        num = (num + i) % 10       #计算狐狸每次进洞的编号
        if num == 0:               #若编号为 0 则用 10 代替
            num = 10
        holes[num - 1] = 1         #将洞的值设为 1,即狐狸进过的洞
        i += 1
    print(holes)                   #为 0 的元素表示狐狸未进过的洞

if __name__ == '__main__':
    main()
```

C++程序清单

```cpp
#include <bits/stdc++.h>
using namespace std;

//狐狸找兔子
int main()
{
    int holes[10];
    for (int i = 0; i < 10; i++)
        holes[i] = 0;              //每个洞的值设为 0
    int num = 0;                   //洞的编号
    int i = 1;
    while (i <= 1000) {
        num = (num + i) % 10;      //计算狐狸每次进洞的编号
        if (num == 0)              //若编号为 0 则用 10 代替
            num = 10;
        holes[num - 1] = 1;        //将洞的值设为 1,即狐狸进过的洞
        i += 1;
    }
    for (int i = 0; i < 10; i++)   //为 0 的元素表示狐狸未进过的洞
        cout << holes[i] << ", ";
    cout << endl;
    return 0;
}
```

拓展练习

如果其他条件不变,假设山顶有 15 个洞,请问兔子躲在哪些洞里才安全?

11.12 石头剪刀布

问题描述

石头剪刀布是常见的猜拳游戏。石头胜剪刀,剪刀胜布,布胜石头。如果两个人出拳一

样,则为平局。

一天,小 A 和小 B 正好在玩石头剪刀布。已知他们的出拳都是有周期性规律的,比如"石头-布-石头-剪刀-石头-布-石头-剪刀……",就是以"石头-布-石头-剪刀"为周期不断循环。

已知小 A 的出拳规律是"石头-剪刀-布",小 B 的出拳规律是"石头-布-石头-剪刀"。请问,小 A 和小 B 比了 10 轮之后,谁赢的轮数多?

编程思路

根据题意,把石头、剪刀、布分别用 5、2、0 表示,那么游戏规则可以表示为:石头 5+剪刀 2 = 7,剪刀 2+布 0 = 2,石头 5+布 0 = 5,石头 5+石头 5 = 10,剪刀 2+剪刀 2 = 4,布 0+布 0 = 0。另外,小 A 的出拳规律为"5、2、0",小 B 的出拳规律为"5、0、5、2"。

在编程时,先把小 A 和小 B 的出拳规律放入两个列表中,然后从两个列表中按顺序依次取出两个人的出拳代号,并判断大小和统计输赢次数。只需要统计双方输赢的次数,而不需要统计平局的情况。

编程实现

Scratch 程序清单(见图 11-12)

运行程序得到答案:小 A 赢了 4 轮,小 B 赢了 2 轮,双方打平 4 轮,所以小 A 赢的轮数多。

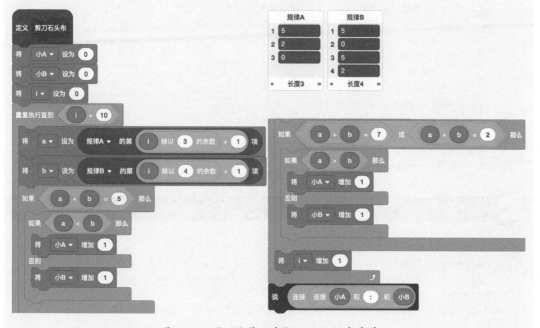

图 11-12 "石头剪刀布"Scratch 程序清单

Python 程序清单

```python
def compare(a, b):
    '''比较大小'''
    r = ''
    if a + b == 5:
        if a < b:
            r = 'a'
        else:
            r = 'b'
    if a + b == 7 or a + b == 2:
        if a > b:
            r = 'a'
        else:
            r = 'b'
    return r


def main():
    '''剪刀石头布'''
    series_a = [5, 2, 0]                #小 A 的出拳规律
    series_b = [5, 0, 5, 2]             #小 B 的出拳规律
    boy_a, boy_b = 0, 0                 #小 A 和小 B 赢的次数
    i = 0
    while i < 10:                       #比 10 轮
        a = series_a[i % 3]            #取出小 A 的出拳
        b = series_b[i % 4]            #取出小 B 的出拳
        r = compare(a, b)              #比较大小并统计
        if r == 'a':
            boy_a += 1
        if r == 'b':
            boy_b += 1
        i += 1
    print(boy_a, boy_b, sep = ' : ')


if __name__ == '__main__':
    main()
```

C++ 程序清单

```cpp
#include < bits/stdc++.h >
using namespace std;

//比较大小
string compare( int a, int b)
{
    string r = "";
```

```
        if (a + b == 5)
            r = a < b ? "a" : "b";
        if ((a + b == 7) or (a + b == 2))
            r = a > b ? "a" : "b";
        return r;
}


//剪刀石头布
int main()
{
        int series_a[3] = {5, 2, 0};              //小 A 的出拳规律
        int series_b[4] = {5, 0, 5, 2};           //小 B 的出拳规律
        int boy_a = 0, boy_b = 0;                 //小 A 和小 B 赢的次数
        int i = 0;
        while (i < 10) {
            int a = series_a[i % 3];
            int b = series_b[i % 4];
            string r = compare(a, b);
            if (r == "a")
                boy_a += 1;
            if (r == "b")
                boy_b += 1;
            i += 1;
        }
        cout << boy_a << " : " << boy_b << endl;
        return 0;
}
```

拓展练习

如果其他条件不变,小 A 的出拳规律改为"石头-布-剪刀",请问谁赢的轮数多?

11.13 古堡算式

问题描述

福尔摩斯到某古堡探险,看到门上写着一个奇怪的算式:

$$ABCDE \times ? = EDCBA$$

他对华生说:"ABCDE 应该代表不同的数字,问号也代表某个数字。"

华生:"我猜也是。"

于是,两人沉默了好久,还是没有算出合适的结果。

请编写一个程序,破解这个奇怪的算式,把 ABCDE 所代表的数字找出来。

编程思路

采用枚举策略求解该问题。在编程时,使用一个循环结构从 12345 到 98765 逐个列举

出 ABCDE 表示的乘数 n，然后判断如果 n 的各位数字不重复，就把 n 的各位数字反转得到 EDCBA 表示的乘积 p，再判断如果 p 能够被 n 整除，则找到该问题的解。

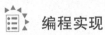 编程实现

 Scratch 程序清单(见图 11-13)

运行程序得到答案：ABCDE 各个字母代表的数字是 21978。

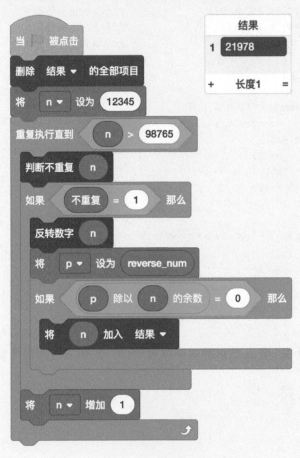

图 11-13　"古堡算式"Scratch 程序清单

提示：在这个 Scratch 程序中，"判断不重复"函数的代码可在第 10.8 节图 10-11 中找到，"反转数字"函数的代码可在第 4.7 节图 4-7 中找到。

 Python 程序清单

```
def main():
    '''古堡算式'''
    n = 12345
```

```python
    while n < 98765:
        if len(set(list(str(n)))) == 5:        #判断5位数字是否重复
            p = int(str(n)[::-1])               #反转数字
            if p % n == 0:                      #能整除则找到答案
                print(n)
        n += 1


if __name__ == '__main__':
    main()
```

 C++程序清单

```cpp
#include <bits/stdc++.h>
using namespace std;

//判断一个数是否有重复数字
bool no_repeat(int n)
{
    stringstream ss; ss << n;
    string num_str; ss >> num_str;
    set<char> myset;
    for (int i = 0; i < num_str.size(); i++) {
        myset.insert(num_str[i]);
    }
    return myset.size() == 5;
}


//反转数字
int reverse_num(int n)
{
    stringstream ss; ss << n;
    string num_str; ss >> num_str;
    reverse(num_str.begin(), num_str.end());
    ss.clear(); ss << num_str;
    int num; ss >> num;
    return num;
}


//古堡算式
int main()
{
    int n = 12345;
    while (n < 98765) {
```

```
        if (no_repeat(n)) {              //判断5位数字是否重复
            int p = reverse_num(n);      //反转数字
            if (p % n == 0)              //能整除则找到答案
                cout << n;
        }
        n += 1;
    }
    return 0;
}
```

拓展练习

如果福尔摩斯在古堡门上看到的算式是 ABCDE÷? = EDCBA，请求出 ABCDE 所代表的数字。

11.14　拦截导弹

问题描述

某国为了防御敌国的导弹袭击，开发出一种导弹拦截系统，但是这种导弹拦截系统有一个缺陷：虽然它的第一发炮弹能够到达任意高度，但是以后每一发炮弹都不能高于前一发的高度。某天，雷达捕捉到敌国的 8 枚导弹来袭。雷达给出导弹飞来的高度依次为 389m、207m、155m、300m、299m、170m、158m、65m。

要求按照导弹袭击的时间顺序拦截全部导弹，不允许先拦截后面的导弹，再拦截前面的导弹。请你计算一下最少需要多少套拦截系统？

编程思路

采用贪心策略求解该问题。首先把第 1 枚导弹的高度存入"拦截系统"列表中，也就是创建第一套拦截系统。然后把第 2 枚导弹的高度与"拦截系统"列表中的各个元素比较，如果它小于或等于某个元素，则将该元素的值替换为第 2 枚导弹的高度，也就是该元素代表的那套拦截系统能多次拦截高度更低的导弹，不需要增加新的拦截系统。如果第 2 枚导弹的高度比"拦截系统"列表中的各个元素值都大，则说明不能够拦截第 2 枚导弹的拦截系统，这时就创建一套新的拦截系统，将第 2 枚导弹的高度插入到"拦截系统"列表中。其他各枚导弹按此过程进行处理，最后"拦截系统"列表中包含的元素个数就是需要创建的拦截系统数量，到此求得该问题的解。

在编程时，需要创建一个名为"导弹"的列表，并把 8 枚导弹的高度依次录入到此列表中，再创建一个名为"拦截系统"的列表用于存放各套拦截系统最后拦截导弹的高度，每个元素代表一套拦截系统。

编程实现

Scratch 程序清单(见图 11-14)

运行程序得到答案：最少需要 2 套拦截系统。

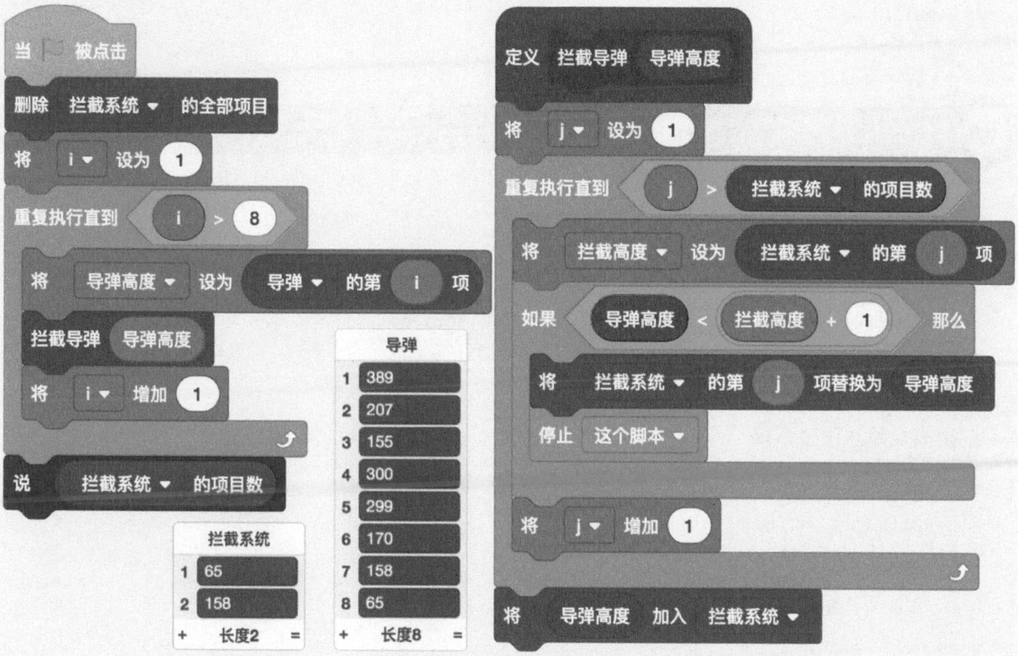

图 11-14　"拦截导弹"Scratch 程序清单

Python 程序清单

```
#导弹的高度
daodan = [389, 207, 155, 300, 299, 170, 158, 65]
#拦截系统
lanjie = []

def lanjie_daodan(h):
    '''拦截导弹并创建系统'''
    j = 0
    while j < len(lanjie):
        if h < lanjie[j] + 1:
            lanjie[j] = h
            return
        j += 1
    lanjie.append(h)

def main():
```

```python
    '''拦截导弹'''
    i = 0
    while i < 8:
        h = daodan[i]
        lanjie_daodan(h)
        i += 1
    print(len(lanjie))

if __name__ == '__main__':
    main()
```

C++程序清单

```cpp
#include <bits/stdc++.h>
using namespace std;

//导弹的高度
int daodan[8] = {389, 207, 155, 300, 299, 170, 158, 65};
//拦截系统
vector <int> lanjie;

//拦截导弹并创建系统
void lanjie_daodan(int h) {
    int j = 0;
    while (j < lanjie.size()) {
        if (h < lanjie[j] + 1) {
            lanjie[j] = h;
            return;
        }
        j += 1;
    }
    lanjie.push_back(h);
}

//拦截导弹
int main()
{
    int i = 0;
    while (i < 8) {
        int h = daodan[i];
        lanjie_daodan(h);
        i += 1;
    }
    cout << lanjie.size() << endl;
    return 0;
}
```

拓展练习

假设由于导弹拦截系统造价太高，某国只部署了一套这种系统，那么，面对来袭的 8 枚导弹，该系统最多能拦截多少枚导弹？

11.15 颠倒车牌号

 问题描述

一些数字可以颠倒过来看,例如,0、1、8 颠倒过来还是本身,6 颠倒过来看是 9,9 颠倒过来看是 6,其他数字颠倒过来都不构成数字。类似的,一些多位数也可以颠倒过来看,例如,106 颠倒过来是 901。假设某个城市的车牌只有 5 位数字,每一位都可以是 0 到 9。请问这个城市有多少个车牌倒过来恰好还是原来的车牌?

编程思路

采用枚举策略来求解该问题。在编程时,使用一个循环结构从 0 到 99999 列举出各个数字,然后将该数字颠倒过来得到一个新的数字,再判断如果两数相等,则找到该问题的一个解。在颠倒某个数前,如果该数字不是 5 位数,则在该数字前面用 0 补足 5 位。

为方便编程,创建一个有 10 个元素的数字列表,在索引为 1、6、8、9、10 的元素放上可以颠倒的数字 1、9、8、6、0,其他元素都置为 0。这样就建立了一个数字映射表,可以方便地获取一个数字颠倒后的数字。

编程实现

Scratch 程序清单(见图 11-15 和图 11-16)

运行程序得到答案:75 个符合题意的车牌号,前 3 个是 00000、00100、00800。

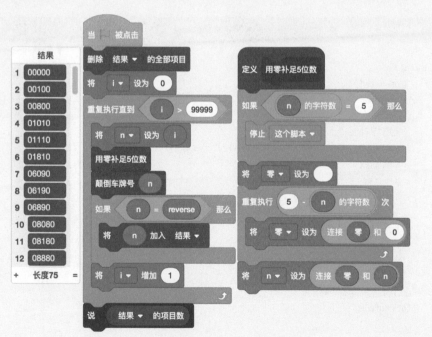

图 11-15 "颠倒车牌号"Scratch 程序清单(1)

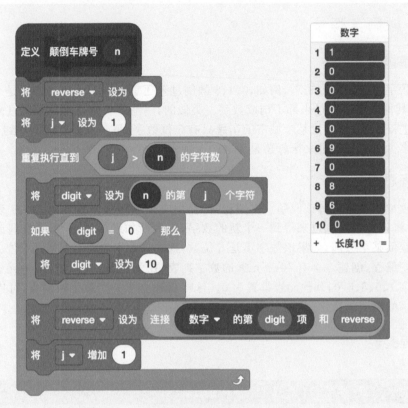

图 11-16 "颠倒车牌号"Scratch 程序清单(2)

Python 程序清单

```python
def main():
    '''颠倒车牌号'''
    total = 0
    for i in range(0, 100000):
        #用零补足 5 位数
        number = '0' * (5 - len(str(i))) + str(i)
        #颠倒数字
        reverse = ''
        for digit in number:
            reverse = '0100009086'[int(digit)] + reverse
        #找到符合的数字
        if number == reverse:
            print(number)
            total += 1
    #输出符合的车牌号数量
    print(total)


if __name__ == '__main__':
    main()
```

C++程序清单

```cpp
#include < bits/stdc++.h >
using namespace std;

//用零补足 5 位
string fill_zero(int n)
{
    stringstream ss; ss << n;
    string num_str; ss >> num_str;

    if (n > 9999)
        return num_str;

    string zeros = "";
    for (int i = 0; i < 5 - num_str.size(); i++)
        zeros += "0";
    num_str = zeros + num_str;

    return num_str;
}

//颠倒数字
string reverse_num(string num_str)
{
    string digits = "0100009086";
    string reverse = "";
    for (int i = 0; i < num_str.size(); i++)
        reverse = digits[num_str[i] - '0'] + reverse;
    return reverse;
}

//颠倒车牌号
int main()
{
    int total = 0;
    for (int i = 0; i < 100000; i++) {
        string n = fill_zero(i);
        string reverse = reverse_num(n);
        if (n == reverse) {
            cout << n << endl;
            total += 1;
        }
    }
    cout << total << endl;
    return 0;
}
```

拓展练习

在上面的题目中,如果车牌上的 5 位数能被 3 整除,那么这个城市有多少个车牌倒过来恰好还是原来的车牌?

第 12 章　玩扑克学算法

著名计算机科学家尼克劳斯·沃思提出过一个著名的公式：

算法 ＋ 数据结构 ＝ 程序

算法是程序的灵魂，一个优秀的算法能使程序的性能带来质的飞跃。通俗地说，算法是一个定义明确的计算过程，可以把一个值或一组值作为输入，经过一系列计算后，产生一个值或一组值作为输出。

学习算法往往不是一件容易的事。我们都知道学习编程最重要的是动手实践，但是在学习算法原理时，明明感觉自己懂了，而当编程时却又感受无从下手或不得要领。特别是向青少年讲授算法知识时，更是一种有难度的挑战。

我们在玩扑克纸牌时，抓牌整理的过程和插入排序算法极其类似。受此启发，本书作者设计了若干个学习排序算法的扑克纸牌游戏，使你不用编程就能学习排序算法。通过扑克纸牌游戏来领悟排序算法原理，反复练习即使是小学生也能轻松掌握，之后再编程自然倍感简单。

本章讲授二分查找、冒泡排序、选择排序、插入排序、快速排序等经典算法，并用扑克纸牌游戏的形式演示算法的工作原理，做到寓教于乐，让学习编程变得轻松有趣。

12.1　二分查找

算法描述

二分查找(Binary Search)是一种采用一分为二的策略来缩小查找范围并快速靠近目标的算法，它要求查找的数据必须是有序排列的。

二分查找算法的基本思想：假设序列中的元素是按从小到大的顺序排列的，在序列的中间位置将序列一分为二，再将序列中间位置的元素与目标数据比较。如果目标数据等于中间位置的元素，则查找成功，结束查找过程；如果目标数据大于中间位置的元素，则在序列的后半部分继续查找；如果目标数据小于中间位置的元素，则在序列中的前半部分继续查找。当序列不能被定位时，则查找失败，并结束查找过程。

二分查找算法在操作过程中需要计算中间位置，用它来将查找范围一分为二，不断靠近

目标。中间位置的计算公式为

$$中间位置 \approx (结束位置 - 起始位置) \div 2 + 起始位置$$

注意：对计算结果进行向下取整。

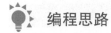 **编程思路**

下面介绍如何使用扑克纸牌演示二分查找算法。

准备扑克纸牌一副，红色瓶盖一个。为便于演示，取牌面为 2、3、5、7、8、9 的 6 张纸牌进行查找操作。将 6 张纸牌按从小到大的顺序放置，牌面朝下呈一字排开，从左到右依次为 2、3、5、7、8、9。

假设要查找纸牌 7 的位置，则具体步骤如下。

第一次查找：起始位置为 1，结束位置为 6，中间位置为 $(6-1) \div 2 + 1 = 3.5$，向下取整后得 3。将红色瓶盖放在第 3 张纸牌上方，翻开红色瓶盖处的纸牌，是 5，则目标 7 应该在纸牌 5 的右侧。

第二次查找：起始位置为 4，结束位置为 6，中间位置为 $(6-4) \div 2 + 4 = 5$，将红色瓶盖放在第 5 张纸牌上方，翻开红色瓶盖处的纸牌，是 8，则目标 7 应该在纸牌 8 的左侧。

第三次查找：起始位置为 4，结束位置为 4，中间位置为 $(4-4) \div 2 + 4 = 4$，将红色瓶盖放在第 4 张纸牌上方，翻开红色瓶盖处的纸牌，正好是 7。于是返回纸牌 7 所在的位置 4，查找过程结束。

以上使用扑克纸牌演示二分查找算法的过程如图 12-1 所示。

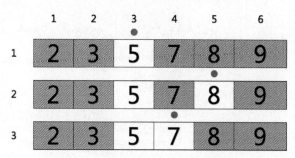

图 12-1 用扑克纸牌演示二分查找过程

通过观察上述算法演示，可以将二分查找算法的编程思路描述如下。

（1）根据待查找序列的起始位置和结束位置计算出一个中间位置。

（2）如果目标数据等于中间位置的元素，则查找成功，返回中间位置。

（3）如果目标数据小于中间位置的元素，就在序列的前半部分继续查找。

（4）如果目标数据大于中间位置的元素，就在序列的后半部分继续查找。

（5）重复进行以上步骤，直到待查找序列的起始位置大于结束位置，即待查找序列不可定位时，则查找失败。

编程实现

 Scratch 程序清单(见图 12-2)

在运行程序之前,先将一组有序数据 2、3、5、7、8、9 录入到"数组"列表中,然后运行程序,输入要查找的数字 7,就可以找到它在列表中的位置是 4。

注意:Scratch 的列表索引是从 1 开始编号的,而 Python 的列表和 C++ 的数组的索引是从 0 开始编号的。因此,在这个案例中,Scratch 程序的运行结果是 4,而 Python 和 C++ 程序的运行结果是 3。

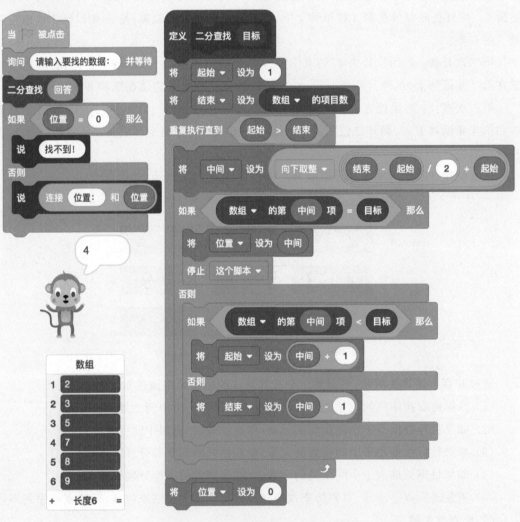

图 12-2 "二分查找"Scratch 程序清单

Python 程序清单

```python
def binary_search(n, a):
    '''二分查找'''
    left = 0                                #起始位置
    right = len(a) - 1                      #结束位置
    while left <= right:                    #不可定位时结束查找
        mid = (right - left) // 2 + left    #计算中间位置
        if n == a[mid]:                     #找到目标数据,返回其位置
            return mid
        elif n < a[mid]:                    #在前半部分查找
            right = mid - 1
        else:                               #在后半部分查找
            left = mid + 1
    return - 1                              #查找失败时返回 - 1

def main():
    '''主程序'''
    a = [2, 3, 5, 7, 8, 9]                  #要求数据是有序排列的
    n = int(input('请输入要查找的数据: '))
    pos = binary_search(n, a)
    if pos == - 1:
        print('找不到!')
    else:
        print('位置: ', pos)

if __name__ == '__main__':
    main()
```

C++程序清单

```cpp
#include < bits/stdc++.h >
using namespace std;

//二分查找
int binary_search(int target, int a[], int len)
{
    int left = 0;                              //起始位置
    int right = len - 1;                       //结束位置
    while (left <= right) {                    //不可定位时结束查找
        int mid = (int)((right - left) / 2) + left;  //计算中间位置
        if (target == a[mid]) {                //找到目标数据,返回其位置
            return mid;
        }
```

```
        else if (target < a[mid])          //在前半部分查找
            right = mid − 1;
        else                               //在后半部分查找
            left = mid + 1;
    }
    return −1;                             //查找失败时返回−1
}

int main()
{
    int a[] = {2, 3, 5, 7, 8, 9};          //要求数据是有序排列的
    int len = sizeof(a) / sizeof(int);

    cout << "输入要查找的数据: ";
    int n; cin >> n;
    int pos = binary_search(n, a, len);
    if (pos == −1)
        cout << "找不到!";
    else
        cout << "位置: " << pos;
    return 0;
}
```

拓展练习

(1) 练习使用扑克纸牌演示二分查找算法，并认真体会该算法的原理。

(2) 使用递归方式实现二分查找算法。

12.2 冒泡排序

算法描述

冒泡排序(Bubble Sort)是一种简单的排序算法，它的基本思想：从序列中未排序区域的最后一个元素开始，依次比较相邻的两个元素，并将小的元素与大的元素交换位置。这样经过一轮排序，最小的元素被移出未排序区域，成为已排序区域的第 1 个元素。接着对未排序区域中的其他元素重复以上过程，最后得到一个按升序排列的数组。在排序过程中，较小的元素就像气泡一样不断上浮，因此这个算法得名"冒泡排序"。

编程思路

下面介绍如何使用扑克纸牌演示冒泡排序算法。

准备扑克纸牌一副，红、蓝色瓶盖各一个。为便于演示，取牌面为 2、4、6、7、8 的 5 张纸牌进行排序操作。将 5 张纸牌打乱顺序，牌面朝下呈一字排开，假设 5 张牌从左到右依次为8、6、4、7、2。

第一轮排序：在左端第 1 张纸牌上方放置红色瓶盖，标记为 j，在第 5 张纸牌上方放置蓝色瓶盖，标记为 i。从右向左依次查看 i 和 $i-1$ 位置相邻的两张纸牌，并比较两张牌的大小。如果纸牌 i 小于纸牌 $i-1$，则交换两者位置，然后将蓝色瓶盖向左移动 1 步（$i=i-1$）。重复上述操作直到蓝色瓶盖与红色瓶盖碰到一起，将 j 位置的纸牌翻开。到此结束第一轮排序，最小的一张纸牌 2 被移动到正确位置，如图 12-3 所示。

第二轮排序：将红色瓶盖向右移动 1 步（$j=j+1$），将蓝色瓶盖放置到最右端（$i=5$）。然后按照前面描述的步骤进行比较和交换，直到蓝色瓶盖与红色瓶盖碰到一起，将 j 位置的纸牌翻开。到此结束第二轮排序，纸牌 4 被移动到正确位置，如图 12-4 所示。

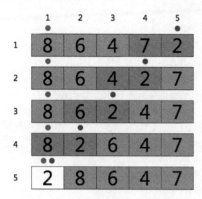

图 12-3 冒泡排序第一轮排序

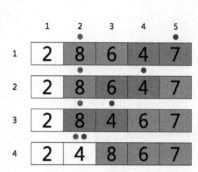

图 12-4 冒泡排序第二轮排序

第三轮排序：重复上述排序步骤，纸牌 6 被移动到正确位置，如图 12-5 所示。

第四轮排序：重复上述排序步骤，纸牌 7 被移动到正确位置，而最后一张纸牌 8 也处于正确位置，如图 12-6 所示。

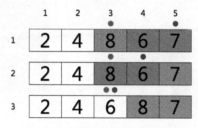

图 12-5 冒泡排序第三轮排序

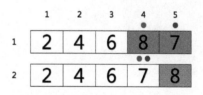

图 12-6 冒泡排序第四轮排序

至此整个冒泡排序过程结束，5 张纸牌已经按照从小到大的顺序排列完毕。

通过观察上述算法演示，可以看到存在以下几种情况。

（1）每一轮排序都是从未排序区域的末尾向前进行的。

（2）每一轮排序完成后，未排序区域的头部位置向后移动一位。

（3）在比较相邻的两个元素时，只把小的元素交换到前面。

根据上述分析，可以将冒泡排序算法的编程思路概括如下。

使用双重循环结构控制排序操作，外层循环控制排序轮数和每一轮排序时未排序区域的头部位置，内层循环用于遍历未排序区域中的各元素，并将最小的元素交换到未排序区域的头部。

编程实现

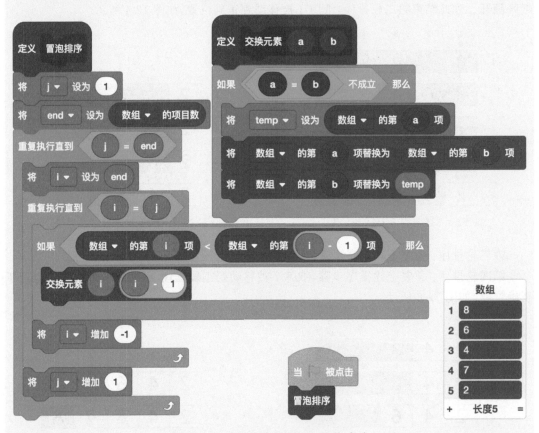

Scratch 程序清单(见图 12-7)

在运行程序之前，先将一组无序数据 8、6、4、7、2 录入到"数组"列表中，然后运行程序，冒泡排序算法将会把列表中的无序数据处理成按升序排列的数据。

图 12-7 "冒泡排序"Scratch 程序清单

Python 程序清单

```python
def bubble_sort(a):
    '''冒泡排序'''
    j = 1                        #起始位置
    end = len(a) - 1             #结束位置
    while j <= end:              #对未排序区域的元素进行排序
        i = end                  #从未排序区域末尾向前排序
        print('第 %d 轮排序' % j)
        while i >= j:            #遍历未排序区域
            if a[i] < a[i-1]:    #比较相邻两元素
```

```python
                a[i], a[i-1] = a[i-1], a[i]      #把小的元素交换到前面
            print(j, i, i-1, a, sep=',')
            i = i - 1                            #向前移动未排序区域的游标
        print()
        j = j + 1                                #未排序区域头部位置向后移动一位

def main():
    '''主程序'''
    a = [8, 6, 4, 7, 2]
    print('排序前: ', a)
    bubble_sort(a)
    print('排序后: ', a)

if __name__ == '__main__':
    main()
```

```cpp
#include <bits/stdc++.h>
using namespace std;

//将数组序列化
string arr_to_str(int a[], int size)
{
    stringstream ss; ss << "[";
    int i = 0;
    for (; i < size - 1; i++)
        ss << a[i] << ", ";
    ss << a[i] << "]";
    return ss.str();
}

//冒泡排序
void bubble_sort(int a[], int size)
{
    int j = 1;                                   //起始位置
    int end = size - 1;                          //结束位置
    while (j <= end) {                           //对未排序区域的元素进行排序
        int i = end;                             //从未排序区域末尾向前排序
        cout << "第" << j << "轮排序" << endl;
        while (i >= j) {                         //遍历未排序区域
            if (a[i] < a[i-1]) {                 //比较相邻两元素
                int temp = a[i];                 //把小的元素交换到前面
                a[i] = a[i-1];
                a[i-1] = temp;
            }
            cout << j << "," << i << "," << i-1 << ","
                << arr_to_str(a, size) << endl;
            i = i - 1;                           //向前移动未排序区域的游标
        }
        cout << endl;
```

```
            j = j + 1;                          //未排序区域头部位置向后移动一位
        }
    }

    //主程序
    int main()
    {
        int a[] = {8, 6, 4, 7, 2};
        int len = sizeof(a) / sizeof(int);
        cout << "排序前: " << arr_to_str(a, len) << endl;
        bubble_sort(a, len);
        cout << "排序后: " << arr_to_str(a, len) << endl;
        return 0;
    }
```

拓展练习

（1）练习使用扑克纸牌演示冒泡排序算法，并认真体会该算法的原理。

（2）假设待排序的序列为4、2、6、7、8，按照从小到大的顺序进行冒泡排序，第一轮排序之后，2和4交换位置，整个序列变成有序的。那么接下来的几轮排序都不会交换元素，是在做无用功。因此，可以在每一轮排序前设定一个标记，如果某一轮排序没有交换元素，则说明整个序列已经是有序的，可以结束排序操作。请根据以上描述对上面编写的冒泡排序程序进行优化。

12.3 选择排序

算法描述

选择排序（Selection Sort）是一种简单的排序算法，它的基本思想：从序列的未排序区域中再选出一个最小的元素，把它与序列中的第1个元素交换位置；然后从剩下的未排序区域中选出一个最小的元素，把它与序列中的第2个元素交换位置……如此重复进行，直到序列中的所有元素按升序排列完毕。

选择排序和冒泡排序相比，主要优点是减少了元素交换次数。它每次对序列中的未排序区域的元素遍历之后，才把最小（或最大）的元素交换到正确位置上。也就是一次遍历只交换一次，从而避免了冒泡排序中一些无价值的交换操作。

编程思路

下面介绍如何使用扑克纸牌演示选择排序算法。

准备扑克纸牌一副，红、蓝色瓶盖各一个。为便于演示，取牌面为2、4、6、7、8的5张纸牌进行排序操作。将5张纸牌打乱顺序，牌面朝下呈一字排开，假设5张牌从左到右依次为7、8、4、2、6。

第一轮排序：将红色和蓝色瓶盖放在左端第1张纸牌上方，标记为 j。然后从红色瓶盖所在位置的下一张纸牌（$j+1$）开始，从左向右依次把每一张纸牌与蓝色瓶盖所在位置的纸牌比较大小，将蓝色瓶盖放在较小的纸牌上方。直到将红色瓶盖右边的纸牌全部比较一遍，这时蓝色瓶盖停留在最小的纸牌上方。然后将蓝色和红色瓶盖所在位置的两张纸牌交换位置,到此完成第一轮排序,最小的一张纸牌 2 被移动到正确位置,如图 12-8 所示。

第二轮排序:将红色和蓝色瓶盖放在左端第 2 张纸牌上方($j=2$),按照上述步骤比较和交换。在第二轮排序完成后,纸牌 4 被移动到正确位置,如图 12-9 所示。

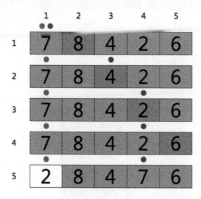

图 12-8 选择排序第一轮排序

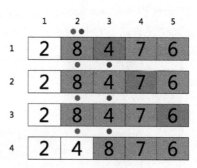

图 12-9 选择排序第二轮排序

第三轮排序:将红色和蓝色瓶盖放在左端第 3 张纸牌上方($j=3$),按照上述步骤比较和交换。在第三轮排序完成后,纸牌 6 被移动到正确位置,如图 12-10 所示。

第四轮排序:将红色和蓝色瓶盖放在左端第 4 张纸牌上方($j=4$),按照上述步骤比较和交换。在第四轮排序完成后,纸牌 7 处于正确位置,而最后一张纸牌 8 也处于正确位置,如图 12-11 所示。

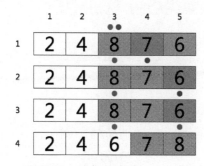

图 12-10 选择排序第三轮排序

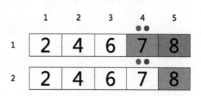

图 12-11 选择排序第四轮排序

至此整个排序过程结束,这时 5 张扑克纸牌已经按照从小到大的顺序排列完毕。

通过观察上述算法演示,可以看到存在以下几种情况。

(1)每一轮排序都是从未排序区域中找出最小元素的位置。

(2)每一轮排序完成后,未排序区域的头部位置向后移动一位。

(3)如果最小元素位于未排序区域的头部位置,不需要交换位置。

经过上述分析,可以将选择排序算法的编程思路概括如下。

使用双重循环结构控制排序操作,外层循环控制排序轮数和每一轮排序时未排序区域的头部位置,内层循环用于在未排序区域中寻找最小元素的位置。每一轮对未排序区域的元素遍历之后,如果找到的最小元素不在未排序区域的头部位置,就将最小元素与头部的元素交换位置。

编程实现

Scratch 程序清单(见图 12-12)

在运行程序之前,先将一组无序数据 7、8、4、2、6 录入到"数组"列表中,然后运行程序,选择排序算法将会把列表中的无序数据处理成按升序排列的数据。

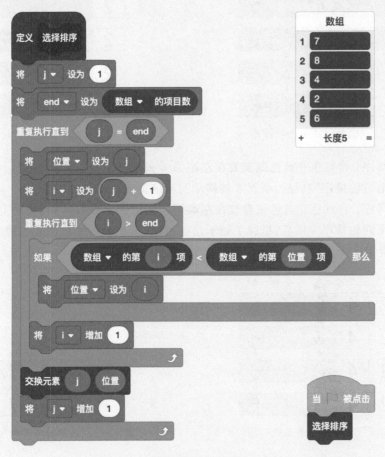

图 12-12 "选择排序"Scratch 程序清单

提示:这个 Scratch 程序中的"交换元素"函数参照冒泡排序程序中的同名函数编写,此处省略。

Python 程序清单

```python
def selection_sort(a):
    '''选择排序'''
    j = 0                                    #起始位置
```

```python
        end = len(a) - 1                    #结束位置
        while j < end:                      #对未排序区域的元素进行排序
            p = j                           #以未排序区域头部位置元素作为最小值
            i = j + 1                       #从未排序区域的第二个元素开始比较
            print('第 %d 轮排序' % i)
            while i <= end:                 #遍历未排序区域
                if a[i] < a[p]:             #从未排序区域中找到一个最小元素
                    p = i                   #记录最小元素的位置
                print(j, i, p, sep = ',')
                i = i + 1                   #向后移动未排序区域的游标
            a[j], a[p] = a[p], a[j]         #将最小元素交换到未排序区域头部
            print(a)
            j = j + 1                       #未排序区域的头部位置向后移动一位

def main():
    '''主程序'''
    a = [7, 8, 4, 2, 6]
    print('排序前: ', a)
    selection_sort(a)
    print('排序后: ', a)

if __name__ == '__main__':
    main()
```

C++程序清单

```cpp
#include < bits/stdc++.h >
using namespace std;

//将数组序列化
string arr_to_str(int a[], int size)
{
    stringstream ss; ss << "[";
    int i = 0;
    for (; i < size - 1; i++)
        ss << a[i] << ", ";
    ss << a[i] << "]";
    return ss.str();
}

//选择排序
void selection_sort(int a[], int size)
{
    int j = 0;                          //起始位置
    int end = size - 1;                 //结束位置
    while (j < end) {                   //对未排序区域的元素进行排序
        int p = j;                      //以未排序区域头部位置元素作为最小值
        int i = j + 1;                  //从未排序区域的第二个元素开始比较
        cout << "第" << i << "轮排序" << endl;
        while (i <= end) {              //遍历未排序区域
            if (a[i] < a[p])            //从未排序区域中找到一个最小元素
                p = i;                  //记录最小元素的位置
```

```
                cout << j << "," << i << "," << p << endl;
                i = i + 1;                      //向后移动未排序区域的游标
            }
            int temp = a[j];                    //将最小元素交换到未排序区域头部
            a[j] = a[p];
            a[p] = temp;
            cout << arr_to_str(a, size) << endl;
            j = j + 1;                          //未排序区域的头部位置向后移动一位
        }
    }

    //主程序
    int main()
    {
        int a[] = {7, 8, 4, 2, 6};
        int len = sizeof(a) / sizeof(int);
        cout << "排序前: " << arr_to_str(a, len) << endl;
        selection_sort(a, len);
        cout << "排序后: " << arr_to_str(a, len) << endl;
        return 0;
    }
```

拓展练习

（1）练习使用扑克纸牌演示选择排序算法，并认真体会该算法的原理。

（2）假设待排序的序列为2、6、4、7、8，按照从小到大的顺序进行选择排序，第一轮排序时，2处于有序序列的正确位置，不需要进行交换操作。类似的，如果某一轮排序时，未排序区域头部位置的元素处于有序序列的正确位置上，就需要进行交换操作。请根据以上描述对上面编写的选择排序程序进行优化。

12.4　插入排序

算法描述

插入排序（Insertion Sort）是一种简单的排序算法，它的基本思想：把一个待排序的序列划分为已排序和未排序两个区域，再从未排序区域逐个取出元素，把它和已排序区域的元素逐一比较后放到合适位置。

具体如下：一开始把序列中的第1个元素划分到已排序区域，把第2个元素到最后一个元素划分到未排序区域。然后逐个把未排序区域的元素和已排序区域的元素进行比较并插入到合适位置，比较是从已排序区域的尾部向头部进行的。先把第2个元素与它前面的一个元素（第1个）比较，如果第2个元素比它前面的元素小，则把这两个元素交换位置，否则，不用交换，而认为第2个元素已经处在正确位置，把它划入已排序区域。这时已排序区域有了2个元素。接着再把第3个元素与它前面的两个元素比较和交换，并停留在最后一个大于它的元素之前。重复这个过程，直到未排序区域的元素全部放入已排序区域。最终得到一个由小到大排列的有序序列。

编程思路

下面介绍如何使用扑克纸牌演示插入排序算法。

准备扑克纸牌一副,红、蓝色瓶盖各一个。为便于演示,取牌面为 2、4、6、7、8 的 5 张纸牌进行排序操作。将 5 张纸牌打乱顺序,牌面朝下呈一字排开,假设 5 张纸牌从左到右依次为 6、4、8、2、7。

把左端的第 1 张纸牌翻开,作为已排序部分,其他纸牌作为未排序部分。

第一轮排序:将红色瓶盖(标记为 j)和蓝色瓶盖(标记为 i)放在第 2 张纸牌处($j=2$,$i=j$),再将纸牌 4 与左边的纸牌 6 比较大小,将较小的纸牌 4 与纸牌 6 交换位置,将蓝色瓶盖向左移动一步($i=i-1$),这时 $i=1$,结束第一轮排序,纸牌 4 处于正确位置,如图 12-13 所示。

第二轮排序:将红色和蓝色瓶盖右移一步放在第 3 张纸牌上方($j=j+1$),再将纸牌 8 与左边的纸牌 6 比较大小,它比纸牌 6 大故无须交换,结束第二轮排序,纸牌 8 处于正确位置,如图 12-14 所示。

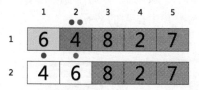

图 12-13 插入排序第一轮排序

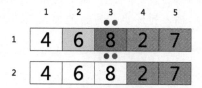

图 12-14 插入排序第二轮排序

第三轮排序:将红色和蓝色瓶盖右移一步放在第 4 张纸牌上方($j=j+1$),再将纸牌 2 与左边的纸牌 8 比较大小,将较小的纸牌 2 与纸牌 8 交换位置,将蓝色瓶盖向左移动一步($i=3$);之后再与纸牌 6 比较大小,并交换位置,将蓝色瓶盖向左移动一步($i=2$);最后与纸牌 4 比较大小,并交换位置,将蓝色瓶盖向左移动一步($i=1$),这时结束第三轮排序,纸牌 2 处于正确位置,如图 12-15 所示。

第四轮排序:将红色和蓝色瓶盖右移一步放在第 5 张纸牌上方($j=j+1$),再将纸牌 7 与左边的纸牌 8 比较大小,将较小的纸牌 7 与纸牌 8 交换位置,将蓝色瓶盖向左移动一步($i=4$);再将纸牌 7 与左边的纸牌 6 比较大小,它比纸牌 6 大故无须交换,这时结束第四轮排序,纸牌 7 处于正确位置,如图 12-16 所示。

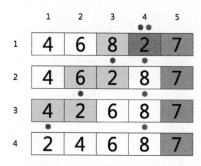

图 12-15 插入排序第三轮排序

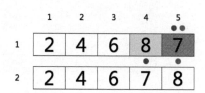

图 12-16 插入排序第四轮排序

至此整个排序过程结束,这时 5 张扑克纸牌已经按照从小到大的顺序排列完毕。

通过观察上述算法演示,可以看到存在以下几种情况。

（1）每一轮排序都是把未排序区域头部的元素移动到已排序区域。

（2）每一轮排序完成后，未排序区域的头部位置向后移动一位。

（3）在已排序区域中由后向前依次比较相邻的两个元素，把小的元素交换到前面。

经过上述分析，可以将插入排序算法的编程思路概括如下。

使用双重循环结构控制排序操作，外层循环控制排序轮数和每一轮排序时未排序区域的头部位置，内层循环用于把未排序区域的一个元素插入到已排序区域的合适位置上。每一轮在已排序区域中排序时，如果待插入的元素不小于它前面的元素，则本轮排序结束。

 编程实现

 Scratch 程序清单（见图 12-17）

在运行程序之前，需要先将一组无序数据 6、4、8、2、7 录入到"数组"列表中，然后运行程序，插入排序算法将会把列表中的无序数据处理成按升序排列的数据。

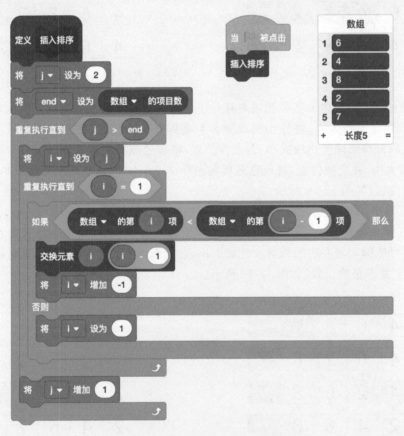

图 12-17 "插入排序"Scratch 程序清单

提示：这个 Scratch 程序中的"交换元素"函数参照冒泡排序程序中的同名函数编写，此处省略。

Python 程序清单

```python
def insertion_sort(a):
    '''插入排序'''
    j = 1                                    #未排序区域起始位置
    end = len(a) - 1                         #未排序区域结束位置
    while j <= end:                          #将未排序区域的元素移到已排序区域
        i = j                                #设定未排序区域的起始位置
        print('第 %d 轮排序' % i)
        while i > 0:                         #把未排序区域头部元素放到已排序区域
            if a[i] < a[i-1]:                #比较相邻两元素
                a[i], a[i-1] = a[i-1], a[i]  #把小的元素交换到前面
                print(j, i, i-1, a, sep=',')
                i = i - 1                    #向前移动已排序区域的游标
            else:
                print('跳过')
                i = 0                        #元素放到正确位置后跳出内循环
        print()
        j = j + 1                            #未排序区域的头部位置向后移动一位


def main():
    '''主程序'''
    a = [6, 4, 8, 2, 7]
    print('排序前: ', a)
    insertion_sort(a)
    print('排序后: ', a)


if __name__ == '__main__':
    main()
```

C++程序清单

```cpp
#include <bits/stdc++.h>
using namespace std;

//将数组序列化
string arr_to_str(int a[], int size)
{
    stringstream ss; ss << "[";
    int i = 0;
    for (; i < size - 1; i++)
        ss << a[i] << ", ";
```

```cpp
        ss << a[i] << "]";
        return ss.str();
}


//插入排序
void insertion_sort(int a[], int size)
{
    int j = 1;                          //未排序区域起始位置
    int end = size - 1;                 //未排序区域结束位置
    while (j <= end) {                  //将未排序区域的元素移到已排序区域
        int i = j;                      //设定未排序区域的起始位置
        cout << "第" << i << "轮排序" << endl;
        while (i > 0) {                 //把未排序区域头部元素放到已排序区域
            if (a[i] < a[i-1]) {        //比较相邻两元素
                int temp = a[i];        //把小的元素交换到前面
                a[i] = a[i-1];
                a[i-1] = temp;
                cout << j << "," << i << "," << i-1 << ","
                    << arr_to_str(a, size) << endl;
                i = i - 1;              //向前移动已排序区域的游标
            }
            else {
                cout << "跳过" << endl;
                i = 0;                  //元素放到正确位置后跳出内循环
            }
        }
        cout << endl;
        j = j + 1;                      //未排序区域的头部位置向后移动一位
    }
}


//主程序
int main()
{
    int a[] = {6, 4, 8, 2, 7};
    int len = sizeof(a) / sizeof(int);
    cout << "排序前: " << arr_to_str(a, len) << endl;
    insertion_sort(a, len);
    cout << "排序后: " << arr_to_str(a, len) << endl;
    return 0;
}
```

拓展练习

（1）练习使用扑克纸牌演示插入排序算法，并认真体会该算法的原理。

（2）在插入排序算法中，将待排序序列分为未排序区域和已排序区域两部分，排序的过程就是将未排序区域中的元素逐个插入到已排序区域中的适当位置。这样就可以采用二分查找算法在已排序区域中寻找一个插入点，然后将插入点之后的元素都向后移动一位，再将某个未排序的元素放入插入点。这个改进的算法被称为二分插入排序算法。请根据以上描述对上面编写的插入排序程序进行优化。

12.5　快速排序

算法描述

快速排序（Quick Sort）是最常用的一种排序算法，它由图灵奖得主托尼·霍尔在 1960 年提出，是对冒泡排序的一种改进。它速度快、效率高，被认为是当前最优秀的内部排序算法，也是当前世界上使用范围最广的算法之一。

快速排序算法的基本思想：在序列中选择未排序区域左端第一个元素作为基准，经过一轮排序后，小于基准的元素移到基准左边，大于基准的元素移到基准右边，而作为基准的元素移到排序后的正确位置。这样整个序列被基准划分为两个未排序的分区。之后依次对未排序的分区以递归方式进行上述操作，每一轮排序都能使一个基准元素放到排序后的正确位置。当所有分区不能再继续划分，则排序完成，就得到一个从小到大排序的序列。

编程思路

下面介绍如何使用扑克纸牌演示快速排序算法。

准备扑克纸牌一副，红、蓝色瓶盖各一个。为便于演示，取牌面为 2、4、6、7、8 的 5 张纸牌进行排序操作。将 5 张纸牌打乱顺序，牌面朝下呈一字排开，假设 5 张牌从左到右依次为 7、6、8、2、4。

第一轮排序：开始时全部 5 张纸牌都未排序，在左右两端的第 1 和第 5 张纸牌上方分别放置红色瓶盖和蓝色瓶盖。翻开红色瓶盖处的第 1 张纸牌 7 作为基准，然后先从右向左移动蓝色瓶盖，将它停留在找到的第一张小于基准的纸牌 4 上方；再从左向右移动红色瓶盖，将它停留在找到的第一张大于基准的纸牌 8 上方。这时红、蓝两个瓶盖没有碰到一起，将它们下方的两张纸牌 8 和 4 交换位置。按上述方法继续移动蓝色瓶盖和红色瓶盖，它们都停留在纸牌 2 的上方。这时两个瓶盖碰到一起，将纸牌 2 和基准纸牌 7 交换位置。至此，基准纸牌 7 移动到了正确的位置，而整个未排序的纸牌被基准纸牌 7 划分为两个未排序的分区，如图 12-18 所示。

第二轮排序：在第 1 和第 3 张纸牌上方分别放置红色瓶盖和蓝色瓶盖，将第 1 张纸牌 2 翻开作为基准，然后按照前面描述的方法移动两个瓶盖，它们都停留在纸牌 2 的上方。这时基准纸牌位置和两个瓶盖相遇的位置相同，不需要处理，基准纸牌 2 已经处于正确位置。如图 12-19 所示。

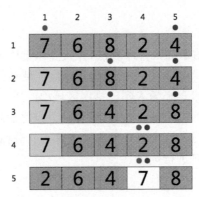

图 12-18　快速排序第一轮排序

　　第三轮排序：在第 2 张和第 3 张纸牌上方分别放置红色和蓝色瓶盖，将第 2 张纸牌 6 翻开作为基准，然后按照前面描述的方法移动两个瓶盖，它们相遇在纸牌 4 上方。这时将基准纸牌 6 和纸牌 4 交换位置，至此，基准纸牌 6 移动到了正确的位置。如图 12-20 所示。

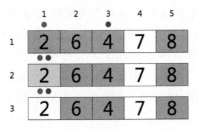

图 12-19　快速排序第二轮排序

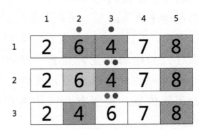

图 12-20　快速排序第三轮排序

　　最后剩下第 2 张和第 5 张纸牌这两个未排序的分区，由于这两个分区都只有一张纸牌，无法继续进行分区，因此它们已经处于正确的位置。而整个快速排序的过程也就此结束，5 张纸牌已经按照从小到大的顺序排列完毕。

　　通过观察上述算法演示，可以看到存在以下几种情况。

　　（1）每一轮排序时选取未排序区域左端第一个元素作为基准，然后从右向左找出一个小于基准的元素，再从左向右找出一个大于基准的元素。如果找到的两个元素位置不相同，交换两个元素的位置；如果两个元素位置相同（此时为同一个元素），将该元素与基准元素交换位置。这样就完成了一次交换排序。

　　（2）每一轮排序结束后，作为基准的元素被移到有序序列的正确位置上，同时以基准元素为中心分割出一个或两个未排序区域。

　　（3）不断地操作未排序区域，让基准元素归位，直到所有未排序区域不可分割时，就完成整个排序过程。

　　经过上述分析，可以将快速排序算法的编程思路概括如下。

　　首先进行一次交换排序，将一个基准元素归位，并分割出两个未排序区域。之后，使用递归方法不断地对所有未排序区域进行交换排序。直到所有未排序分区不能分割时，整个排序过程结束。

编程实现

Scratch 程序清单(见图 12-21)

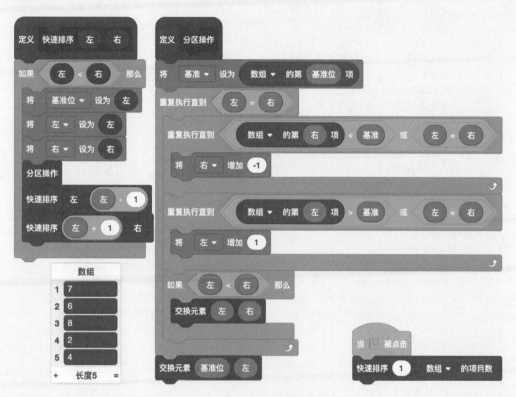

图 12-21 "快速排序"程序清单

提示:这个 Scratch 程序中的"交换元素"函数参照冒泡排序程序中的同名函数编写,此处省略。

在运行程序之前,先将一组无序数据 7、6、8、2、4 录入到"数组"列表中,然后运行程序,快速排序算法将会把列表中的无序数据处理成按升序排列的数据。

Python 程序清单

```python
def swap(a, x, y):
    '''交换元素'''
    if x == y:
        print('不交换: %d, %d' % (a[x], a[y]))
        return
    print('交换: %d, %d' % (a[x], a[y]), a, end = '')
    a[x], a[y] = a[y], a[x]
```

```python
        print(a)

def partition(a, left, right):
    '''一次交换排序'''
    base = left                          #以未排序区域左端第一个元素为基准
    while left < right:
        #从右向左找出一个小于基准的元素
        while a[right] >= a[base] and left < right:
            right = right - 1
        #从左向右找出一个大于基准的元素
        while a[left] <= a[base] and left < right:
            left = left + 1
        #交换位置不同的两个元素
        if left < right:
            swap(a, left, right)
    #位置相同的两个元素(此时为同一元素)与基准元素交换
    swap(a, base, left)
    #返回基准元素所在位置
    return left

def quicksort(a, left, right):
    '''快速排序'''
    if left < right:                     #未排序区域不可分割时排序结束
        base = partition(a, left, right) #让基准元素归位,返回基准位置
        quicksort(a, left, base - 1)     #对基准元素左边的分区进行排序
        quicksort(a, base + 1, right)    #对基准元素右边的分区进行排序

def main():
    '''主程序'''
    a = [7, 6, 8, 2, 4]
    print('排序前: ', a)
    quicksort(a, 0, len(a) - 1)
    print('排序后: ', a)

if __name__ == '__main__':
    main()
```

C++程序清单

```cpp
#include <bits/stdc++.h>
using namespace std;

//将数组序列化
string arr_to_str(int a[], int size)
{
    stringstream ss; ss << "[";
    int i = 0;
    for (; i < size - 1; i++)
```

```
        ss << a[i] << ", ";
    ss << a[i] << "]";
    return ss.str();
}


//交换元素
void swap(int a[], int x, int y)
{
    if (x == y) {
        cout << "不交换: " << a[x] << "," << a[y] << endl;
        return;
    }
    cout << "交换: " << a[x] << "," << a[y] << endl;
    int temp = a[x]; a[x] = a[y]; a[y] = temp;
    return;
}


//一次交换排序
int partition(int a[], int left, int right)
{
    int base = left;                           //以未排序区域左端第一个元素为基准
    while (left < right) {
        //从右向左找出一个小于基准元素的元素
        while (a[right] >= a[base] and left < right)
            right = right - 1;
        //从左向右找出一个大于基准元素的元素
        while (a[left] <= a[base] and left < right)
            left = left + 1;
        //交换位置不同的两个元素
        if (left < right)
            swap(a, left, right);
    }
    //位置相同的两个元素(此时为同一元素)与基准元素交换
    swap(a, base, left);
    //返回基准元素所在位置
    return left;
}


//快速排序
void quicksort(int a[], int left, int right)
{
    if (left < right) {                        //未排序区域不可分割时排序结束
        int base = partition(a, left, right);  //让基准元素归位,返回基准位置
        quicksort(a, left, base - 1);          //对基准元素左边的分区进行排序
        quicksort(a, base + 1, right);         //对基准元素右边的分区进行排序
    }
}


//主程序
```

```
int main()
{
    int a[] = {7, 6, 8, 2, 4};
    int len = sizeof(a) / sizeof(int);
    cout << "排序前: " << arr_to_str(a, len) << endl;
    quicksort(a, 0, len - 1);
    cout << "排序后: " << arr_to_str(a, len) << endl;
    return 0;
}
```

拓展练习

（1）练习使用扑克纸牌演示快速排序算法，并认真体会该算法的原理。

（2）使用随机函数生成一定数量的数据，比较冒泡排序、选择排序、插入排序和快速排序这几种算法的执行效率。

参考文献

[1] 徐品方,徐伟.古算诗题探源[M].北京:科学出版社,2008.

[2] 谢声涛."编"玩边学:Scratch 趣味编程进阶——妙趣横生的数学和算法[M].北京:清华大学出版社,2018.

[3] 谢声涛.Scratch 编程从入门到精通[M].北京:清华大学出版社,2018.

[4] 谢声涛.Python 趣味编程:从入门到人工智能[M].北京:清华大学出版社,2019.

[5] 百度百科.https://baike.baidu.com [EB/OL].